工程量计算与定额应用实例导读系列丛书

装饰装修工程工程量计算与定额应用实例导读

（第2版）

张国栋　主编

中国建材工业出版社

图书在版编目(CIP)数据

装饰装修工程工程量计算与定额应用实例导读 / 张国栋主编. —2 版. — 北京 : 中国建材工业出版社,2015.1 (2019.2 重印)
(工程量计算与定额应用实例导读系列丛书)
ISBN 978-7-5160-0989-5

Ⅰ. ①装… Ⅱ. ①张… Ⅲ. ①建筑装饰-工程造价-计算方法②建筑装饰-工程装修-建筑预算定额 Ⅳ. ①TU723.3

中国版本图书馆 CIP 数据核字(2014)第 238153 号

内 容 简 介

本书是根据《建设工程工程量清单计价规范》(GB 50500—2013)、《房屋建筑与装饰工程工程量计算规范》(GB 50854—2013)和《全国统一建筑工程基础定额》(GJD 101—95)土建·上下册为依据编写的,在每一章的开始采用框架形式将本章所含知识点罗列汇总在一起,每个知识点对应的例题题号,清晰地标在该知识点的框架内,给读者一种层次分明的知识框架体系。

本书在编写的过程中力求循序渐进、层层剖析,尽可能全面系统地阐明装饰装修工程各分部分项工程清单工程量与定额工程量计算。在学会正确计算工程量的同时,还教读者怎样正确套用定额子目,从而正确且快速地进行算价。该系列书简单易懂、实用性强、实际可操作性强。

本书可供建筑施工、监理(督)、工程咨询单位的工程造价人员、工程造价管理人员、工程审计人员等相关专业人士参考,也可作为高等院校经济类、工程管理类相关专业师生的实用参考书。

装饰装修工程工程量计算与定额应用实例导读(第 2 版)
张国栋　主编

出版发行:中国建材工业出版社
地　　址:北京市海淀区三里河路 1 号
邮　　编:100044
经　　销:全国各地新华书店
印　　刷:北京鑫正大印刷有限公司
开　　本:787mm×1092mm　1/16
印　　张:13.75
字　　数:330 千字
版　　次:2015 年 1 月第 2 版
印　　次:2019 年 2 月第 2 次
定　　价:42.00 元

本社网址:www.jccbs.com.cn　　微信公众号:zgjcgycbs
本书如出现印装质量问题,由我社营销部负责调换。联系电话(010)88386906

编写人员名单

主　编　张国栋

参　编　赵小云　郭芳芳　马　波　洪　岩　郭小段
李　锦　荆玲敏　李　雪　杨进军　冯雪光
蔡利红　张　涛　刘海永　张甜甜　刘金玲
李振阳　刘晓锐　何婷婷　惠　丽　后亚男
李晶晶　王春花　武　文　高印喜　唐　晓
李　瑶　吕艳艳　高朋朋　王文芳　郑倩倩
李丹娅　邓　磊

前　言

在工作和教学中我们发现:一方面,许多从事与工程建设相关专业的人员预算编制水平较低,造成所编制的预算不能反映施工的实际情况,不利于企业控制成本,降低造价,为企业创造效益;另一方面,大量初学人员和取得预算员岗位证书人员,由于没有实际施工或预算编制经验,不了解施工工艺、规范和预算如何结合,不能及时胜任与预算、造价相关的工作 。鉴于此,我们特组织编写了此系列书。

本书具有不同于其他造价类书的显著特点如下:

1. 通过具体的工程实例,依据清单工程量计算规则和定额工程量计算规则把装饰装修工程各分部分项工程的工程量计算进行了详细讲解,手把手教读者学预算,从根本上帮读者解决实际问题,特别适合初学预算人员使用学习。

2. 本书图文表并举,简明易懂,每章的例题统一按照《建设工程工程量清单计价规范》(GB 50500—2013)、《房屋建筑与装饰工程工程量计算规范》(GB 50854—2013)及《全国统一建筑工程基础定额》(GJD 101—95)土建 · 上下册中相应的内容所设置的项目编码排列,所选例题全而精,别出心裁的是每道例题的题号都按清单项目划分罗列在框架内和每个知识点一一对应,在阅读中给读者提供极大的方便。

3. 一切以《建设工程工程量清单计价规范》(GB 50500—2013)、《房屋建筑与装饰工程工程量计算规范》(GB 50854—2013)及《全国统一建筑工程基础定额》(GJD 101—95)土建 · 上下册为准则,捕捉最新信息,把握新动向,对清单中出现的新情况、新问题加以分析,开拓实践工作者的思路,以使他们能及时了解实际操作过程中清单的最新发展情况。

4. 详细的工程量计算为读者提供了便利,同时将清单工程量与定额工程量对照,让读者可以在理想的时间内达到事半功倍的效果。

5. 在解析的过程当中,对个别的疑难点、易错项以及清单工程量计算规则与定额工程量计算规则的不同之处都加有小注或说明,做到逐一解决。

6. 该书结构清晰、层次分明、内容丰富、覆盖面广,适用性和实用性强,简单易懂,是初学造价工作者的一本实用参考书。

本书在编写过程中得到了许多同行的支持与帮助,在此表示感谢。由于编者水平有限和时间紧迫,书中难免有错误和不妥之处,望广大读者批评指正。如有疑问,请与编者联系。

编　者

2014.10

我们提供

图书出版、图书广告宣传、企业/个人定向出版、设计业务、企业内刊等外包、代选代购图书、团体用书、会议、培训，其他深度合作等优质高效服务。

编辑部 010-88386119

宣传推广 010-68361706

出版咨询 010-68343948

图书销售 010-88386906

设计业务 010-68361706

邮箱：jccbs-zbs@163.com　　网址：www.jccbs.com.cn

发展出版传媒　服务经济建设

传播科技进步　满足社会需求

（版权专有，盗版必究。未经出版者预先书面许可，不得以任何方式复制或抄袭本书的任何部分。举报电话：010-68343948）

目　　录

前　言

第一章　楼地面工程 …………………………………………………… (1)

　第一节　楼地面工程定额项目划分 ………………………………… (1)

　第二节　楼地面工程清单项目划分 ………………………………… (2)

　第三节　楼地面工程定额与清单工程量计算规则对照 …………… (3)

　第四节　楼地面工程经典实例导读 ………………………………… (4)

第二章　墙、柱面工程 ………………………………………………… (27)

　第一节　墙、柱面工程定额项目划分 ……………………………… (27)

　第二节　墙、柱面工程清单项目划分 ……………………………… (28)

　第三节　墙、柱面工程定额与清单工程量计算规则对照 ………… (29)

　第四节　墙、柱面工程经典实例导读 ……………………………… (31)

第三章　天棚工程 ……………………………………………………… (54)

　第一节　天棚工程定额项目划分 …………………………………… (54)

　第二节　天棚工程清单项目划分 …………………………………… (54)

　第三节　天棚工程定额与清单工程量计算规则对照 ……………… (55)

　第四节　天棚工程经典实例导读 …………………………………… (55)

第四章　门窗工程 ……………………………………………………… (75)

　第一节　门窗工程定额项目划分 …………………………………… (75)

　第二节　门窗工程清单项目划分 …………………………………… (75)

　第三节　门窗工程定额与清单工程量计算规则对照 ……………… (77)

　第四节　门窗工程经典实例导读 …………………………………… (77)

第五章　油漆、涂料、裱糊工程 ……………………………………… (106)

　第一节　油漆、涂料、裱糊工程定额项目划分 …………………… (106)

　第二节　油漆、涂料、裱糊工程清单项目划分 …………………… (106)

　第三节　油漆、涂料、裱糊工程定额与清单工程量计算规则对照 … (107)

　第四节　油漆、涂料、裱糊工程经典实例导读 …………………… (110)

第六章　其他工程 ……………………………………………………… (128)

　第一节　其他工程定额项目划分 …………………………………… (128)

　第二节　其他工程清单项目划分 …………………………………… (128)

　第三节　其他工程定额工程量与清单工程量计算规则对照 ……… (130)

　第四节　其他工程经典实例导读 …………………………………… (131)

第七章　装饰装修工程工程量清单计价实例讲解 …………………… (140)

第一章　楼地面工程

第一节　楼地面工程定额项目划分

楼地面工程在《全国统一建筑工程基础定额 》土建 GJD 101 - 1995 · 下册中具体项目划分如图 1-1 所示(其中栏杆、扶手在定额划分中属于本章,但因为 2013 清单项目划分在第六章,为了方便定额清单对比,把此部分放在第六章)。

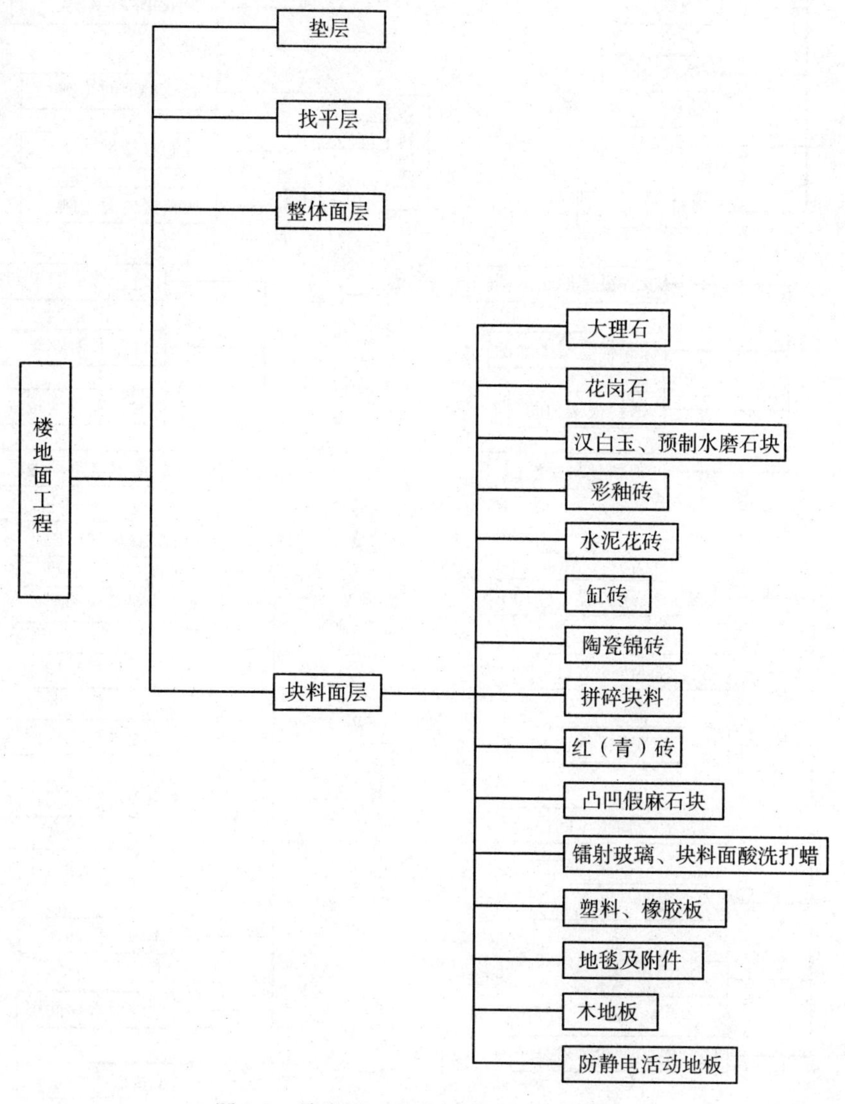

图 1-1　楼地面工程定额项目划分示意图

第二节　楼地面工程清单项目划分

楼地面工程在《房屋建筑与装饰工程工程量计算规范》GB50854—2013 中具体项目划分如图 1-2 所示。

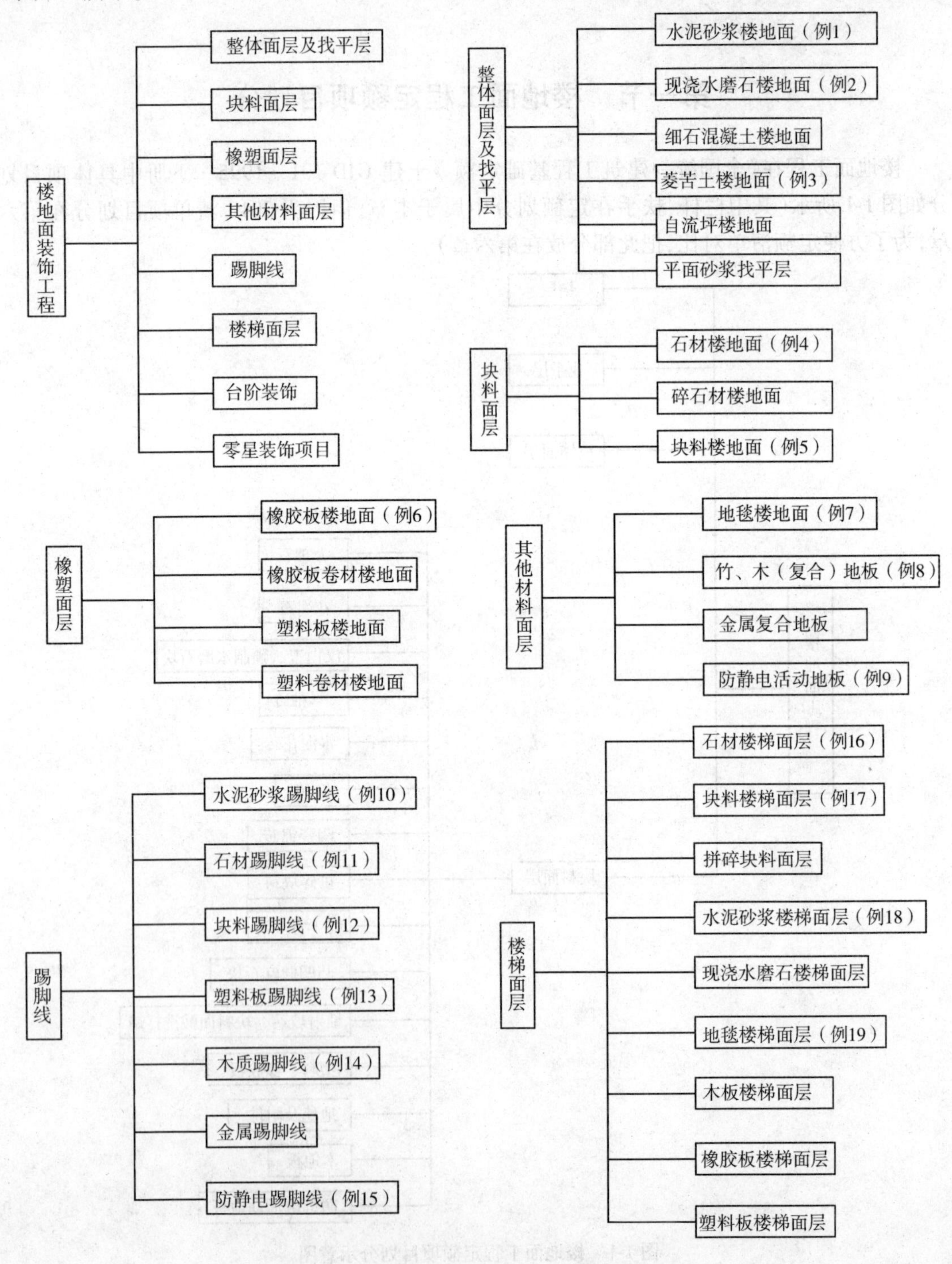

图 1-2　楼地面工程量清单项目划分示意图

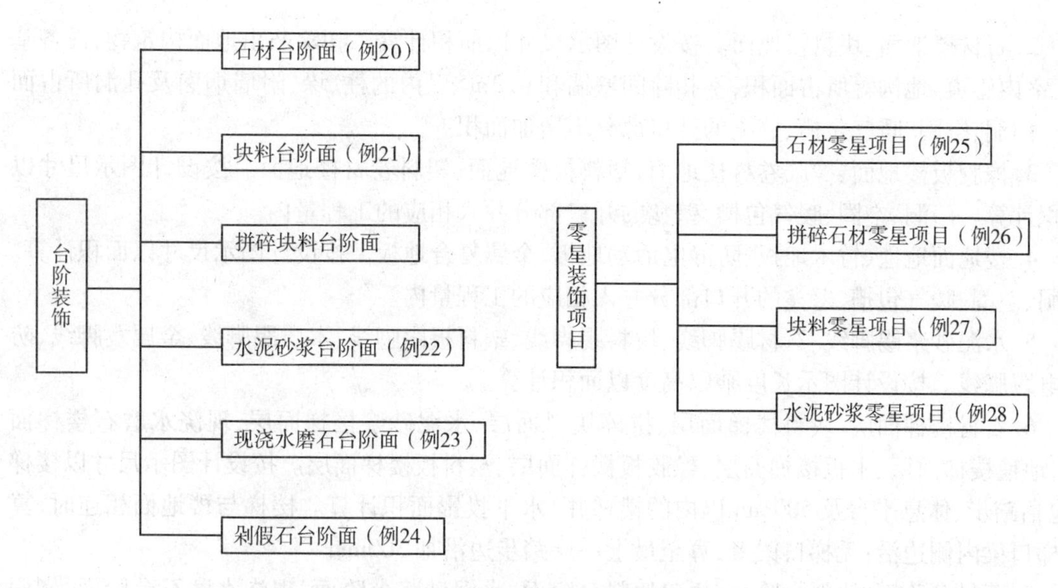

图1-2　楼地面工程量清单项目划分示意图(续)

第三节　楼地面工程定额与清单工程量计算规则对照

一、楼地面工程定额工程量计算规则：

1. 地面垫层按室内主墙间净空面积乘以设计厚度以立方米计算。应扣除凸出地面的构筑物、设备基础、室内铁道、地沟等所占体积，不扣除间壁墙及面积在 0.3m^2 以内柱、垛、附墙烟囱及孔洞所占体积。

2. 整体面层、找平层均按主墙间净空面积以平方米计算。应扣除凸出地面构筑物、设备基础、室内铁道、地沟等所占面积，不扣除间壁墙及面积在 0.3m^2 以内的柱、垛、附墙烟囱及孔洞所占面积，但门洞、空圈、暖气包槽、壁龛的开口部分亦不增加。

3. 块料面层，按图示尺寸实铺面积以平方米计算，门洞、空圈、暖气包槽和壁龛的开口部分的工程量并入相应的面层内计算。

4. 楼梯面层（包括踏步、休息平台以及小于等于 500mm 宽的楼梯井）按水平投影面积计算。

5. 台阶面层（包括踏步及最上一层踏步沿 300mm）按水平投影面积计算。

6. 踢脚板按延长米计算，洞口、空圈长度不予扣除，洞口、空圈、垛、附墙烟囱等侧壁长度亦不增加。

7. 散水、防滑坡道按图示尺寸以平方米计算。

8. 防滑条按楼梯踏步两端距离减 300mm 以延长米计算。

9. 明沟按图示尺寸以延长米计算。

二、楼地面工程清单工程量计算规则：

1. 水泥砂浆楼地面、现浇水磨石楼地面、细石混凝土楼地面、菱苦土楼地面、自流坪楼地面。按设计图示尺寸以面积计算。扣除凸出地面构筑物、设备基础、室内铁道、地沟等所占面积，不扣除间壁墙和 0.3m^2 以内的柱、垛、附墙烟囱及孔洞所占面积。门洞、空圈、暖气包槽、壁龛的开口部分不增加面积。

2. 石材楼地面、块料楼地面。按设计图示尺寸以面积计算。扣除凸出地面构筑物、设备基础、室内管道、地沟等所占面积，不扣除间壁墙和 0.3m^2 以内的柱、垛、附墙烟囱及孔洞所占面积。门洞、空圈、暖气包槽、壁龛的开口部分不增加面积。

3. 橡胶板楼地面、橡胶卷材楼地面、塑料板楼地面、塑料卷材楼地面。按设计图示尺寸以面积计算。门洞、空圈、暖气包槽、壁龛的开口部分并入相应的工程量内。

4. 楼地面地毯、竹木地板、防静电活动地板、金属复合地板。按设计图示尺寸以面积计算。门洞、空圈、暖气包槽、壁龛的开口部分并入相应的工程量内。

5. 水泥砂浆踢脚线、石材踢脚线、块料踢脚线、塑料板踢脚线、木质踢脚线、金属踢脚线、防静电踢脚线。按设计图示长度乘以高度以面积计算。

6. 石材楼梯面层、块料楼梯面层、拼碎块料面层、水泥砂浆楼梯面层、现浇水磨石楼梯面层、地毯楼梯面层、木板楼梯面层、橡胶板楼梯面层、塑料板楼梯面层。按设计图示尺寸以楼梯（包括踏步、休息平台及 500mm 以内的楼梯井）水平投影面积计算。楼梯与楼地面相连时，算至梯口梁内侧边沿；无梯口梁者，算至最上一层踏步边沿加 300mm。

7. 石材台阶面、块料台阶面、拼碎块料台阶面、水泥砂浆台阶面、现浇水磨石台阶面、剁假石台阶面。按设计图示尺寸以台阶（包括最上层踏步边沿加 300mm）水平投影面积计算。

8. 石材零星项目、拼碎石材零星项目、块料零星项目、水泥砂浆零星项目。按设计图示尺寸以面积计算。

第四节　楼地面工程经典实例导读

项目编码：011101001　　项目名称：水泥砂浆楼地面

【例 1】　如图 1-3 所示，求该办公楼二层房间（不包括卫生间）及走廊地面整体面层工程量。（做法：1∶2.5 水泥砂浆面层厚 30mm；素水泥浆一道，C20 细石混凝土找平层厚 30mm；水磨石踢脚线高 180mm）

【解】　(1) 定额工程量

整体面层工程量按主墙间净空面积以平方米计算。

工程量 $=[(6.0-0.24)\times(6.0-0.24)\times7+(3.6-0.24)\times(6.0-0.24)+(27.6-0.24)\times(3.0-0.24)]$

$=327.11m^2$

套用基础定额 8－23

(2) 清单工程量

清单工程量同定额工程量：$S=327.11m^2$

清单工程量计算见表 1-1。

表 1-1　清单工程量计算表

项目编码	项目名称	项目特征描述	计量单位	工程量
011101001001	水泥砂浆楼地面	1∶2.5 水泥砂浆面层厚 30mm；素水泥浆一道，C20 细石混凝土找平层厚 30mm	m^2	327.11

说明：工作内容包括：①基层清理；②垫层铺设；③抹找平层；④防水层铺设；⑤抹面层；⑥材料运输。

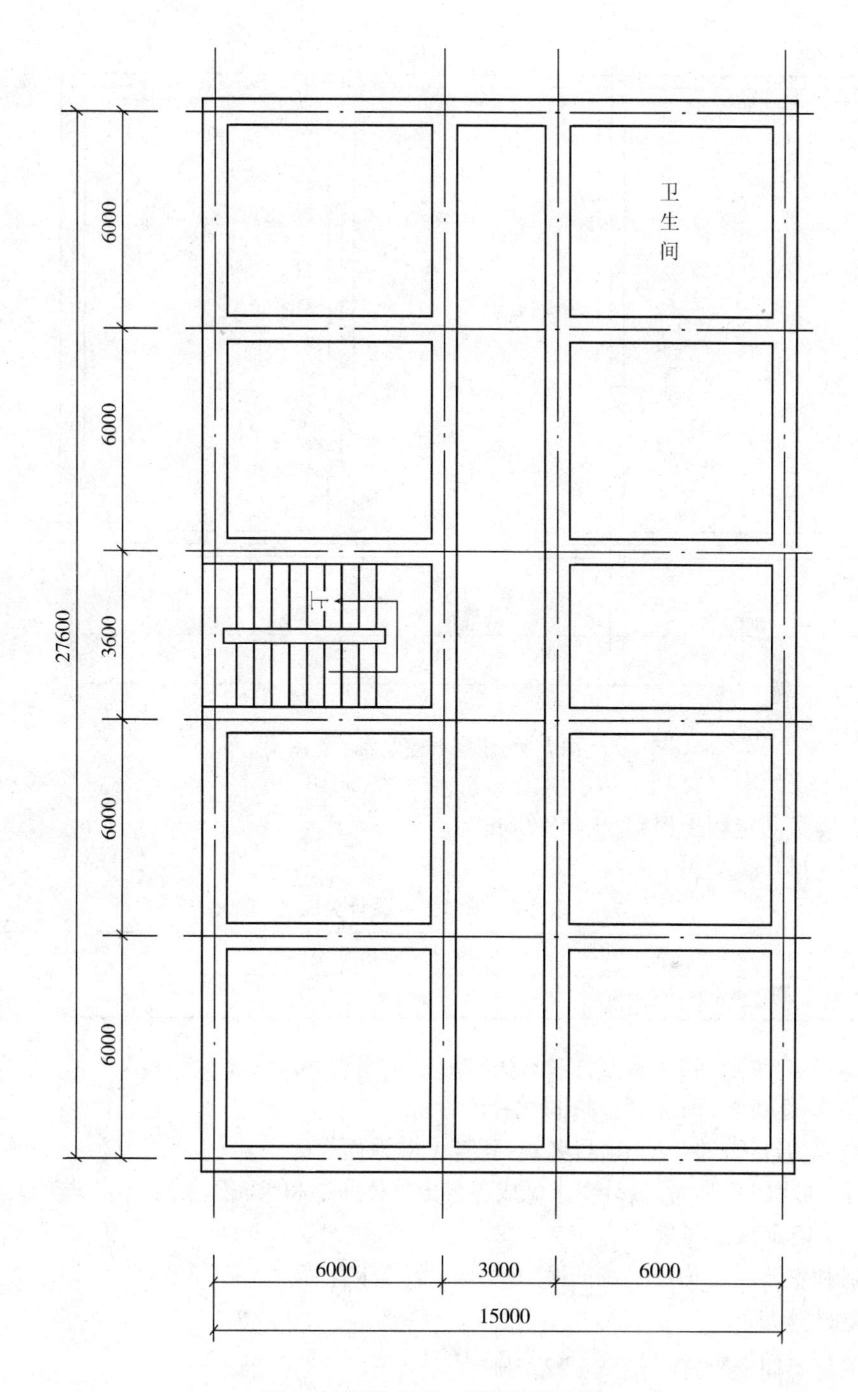

图 1-3　某办公楼二层房间平面图

项目编码:011101002　　项目名称:现浇水磨石楼地面

【例 2】　图 1-4 所示的房间为有嵌条的水磨石楼地面,求其工程量。

【解】　(1)定额工程量

工程量 $=(3.6-0.24)\times(6.0-0.24)\times3=58.06\text{m}^2$

套用基础定额 8－29

(2)清单工程量

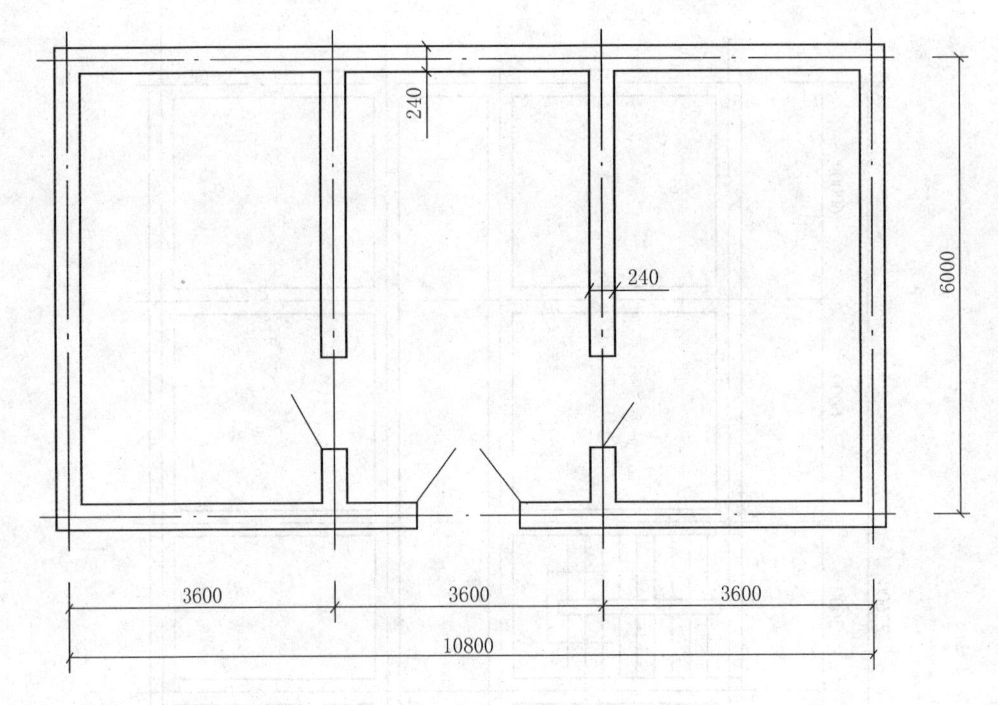

图 1-4　水磨石楼地面示意图

清单工程量同定额工程量：$S=58.06\text{m}^2$

清单工程量计算见表 1-2。

表 1-2　清单工程量计算表

项目编码	项目名称	项目特征描述	计量单位	工程量
011101002001	现浇水磨石楼地面	有嵌条	m^2	58.06

说明：工作内容包括：①基层清理；②垫层铺设；③抹找平层；④防水层铺设；⑤面层铺设；⑥嵌缝条安装；⑦磨光、酸洗、打蜡；⑧材料运输。

项目编码：011101004　　项目名称：菱苦土楼地面

【例 3】　如图 1-5 所示，设计要求做成菱苦土整体面层和水泥砂浆找平层，求其工程量。

【解】　(1)定额工程量

找平层和整体面层均按主墙间净空面积以平方米计算。

工程量计算如下：

建筑面积 $=(12.6+0.12\times2)\times(7.2+0.12\times2)=95.53\text{m}^2$

外墙中心线长度 $=(12.6+7.2)\times2=39.6\text{m}$

内墙净长线长度 $=(7.2-2\times0.12)\times2=13.92\text{m}$

主墙间净空面积 = 建筑面积 − 主墙面积

$=(95.53-39.6\times0.24-13.92\times0.24)$

$=82.69\text{m}^2$

或　工程量 $=(7.2-0.24)\times(4.2-0.24)\times3$

$=82.69\text{m}^2$

套用基础定额 8−18、8−45

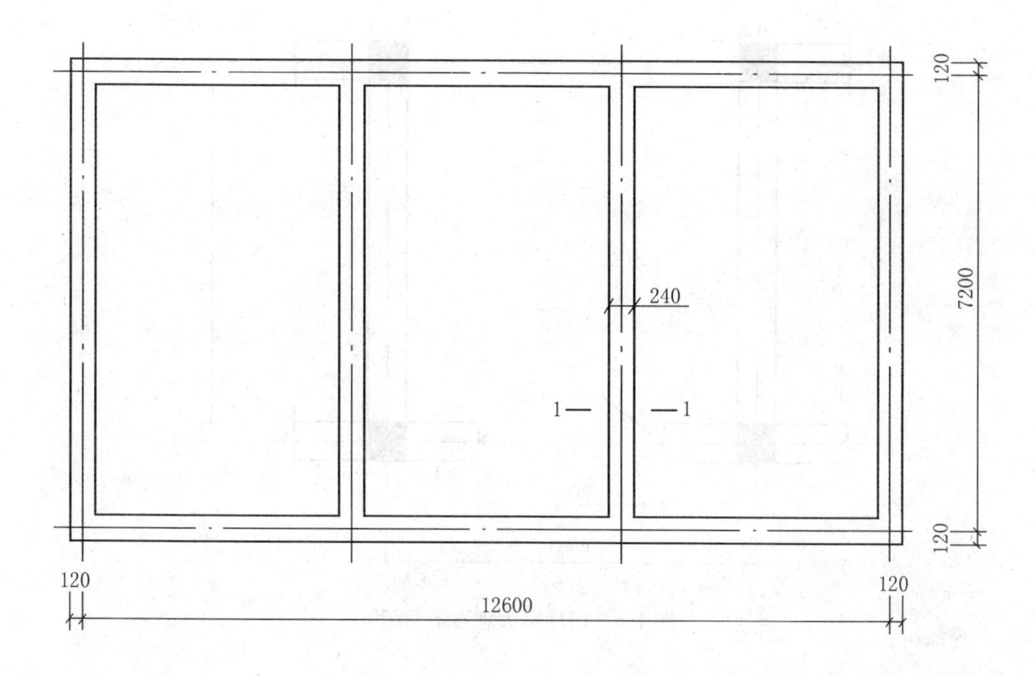

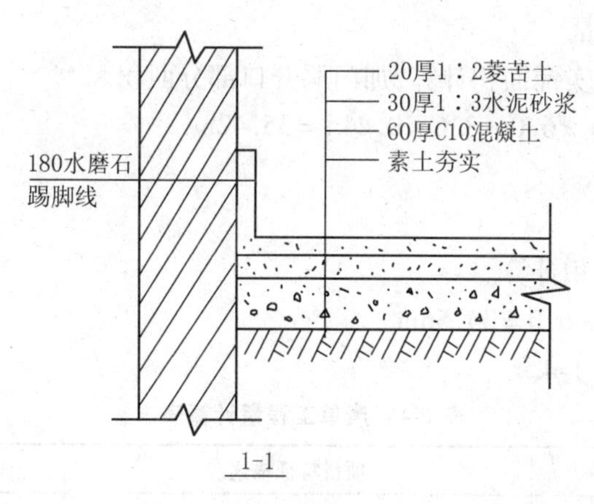

图 1-5　某建筑整体面层示意图

(2)清单工程量

清单工程量同定额工程量：$S = 82.69\text{m}^2$

清单工程量计算见表 1-3。

表 1-3　清单工程量计算表

项目编码	项目名称	项目特征描述	计量单位	工程量
011101004001	菱苦土楼地面	20 厚 1∶2 菱苦土，30 厚 1∶3 水泥砂浆，60 厚 C10 混凝土	m^2	82.69

说明：工作内容包括：①清理基层；②垫层铺设；③抹找平层；④防水层铺设；⑤面层铺设；⑥打蜡；⑦材料运输。

项目编码：011102001　　项目名称：石材楼地面

【例 4】　如图 1-6 所示，门厅贴有大理石地面面层，求大理石面层工程量。

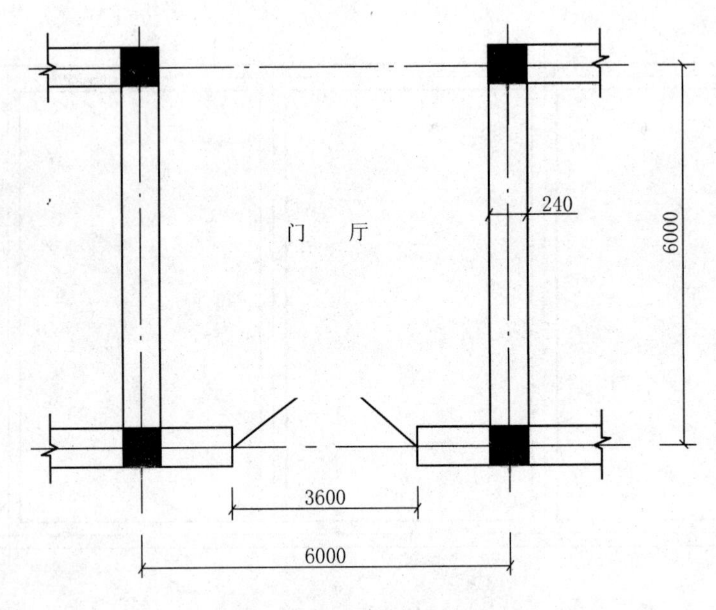

图 1-6　门厅贴大理石示意图

【解】　(1)定额工程量

大理石面层工程量按实铺面积计算,加门洞开口部分面积。

工程量 $=[(6-0.24)\times6.0+3.6\times0.24]=35.42\text{m}^2$

套用基础定额 8－50

(2)清单工程量

按设计图示尺寸以面积计算。

工程量 $=(6-0.24)\times6.0=34.56\text{m}^2$

清单工程量计算见表 1-4。

表 1-4　清单工程量计算表

项目编码	项目名称	项目特征描述	计量单位	工程量
011102001001	石材楼地面	大理石	m^2	34.56

说明:工作内容包括:①基层清理、铺设垫层、抹找平层;②防水层铺设、填充层;③面层铺设;④嵌缝;⑤刷防护材料;⑥酸洗、打蜡;⑦材料运输。

项目编码:011102003　　项目名称:块料楼地面

【例 5】　如图 1-7 所示,某建筑平面图,内、外墙体厚均为 240mm,室内地面采用勾缝缸砖楼地面,试计算其工程量。

【解】　(1)定额工程量

块料面层工程量按图示尺寸实铺面积以平方米计算。

门洞、空圈等开口部分的工程量并入相应的面层内计算。

$$\begin{aligned}\text{工程量} &=[(7.2-0.24)\times(3.6-0.24+4.2-0.24)+(3.6-0.24)\times(2.1-0.24+5.1-\\&\quad 0.24)+1.0\times0.24\times3+1.26\times0.24]\\&=74.55\text{m}^2\end{aligned}$$

套用基础定额 8－85

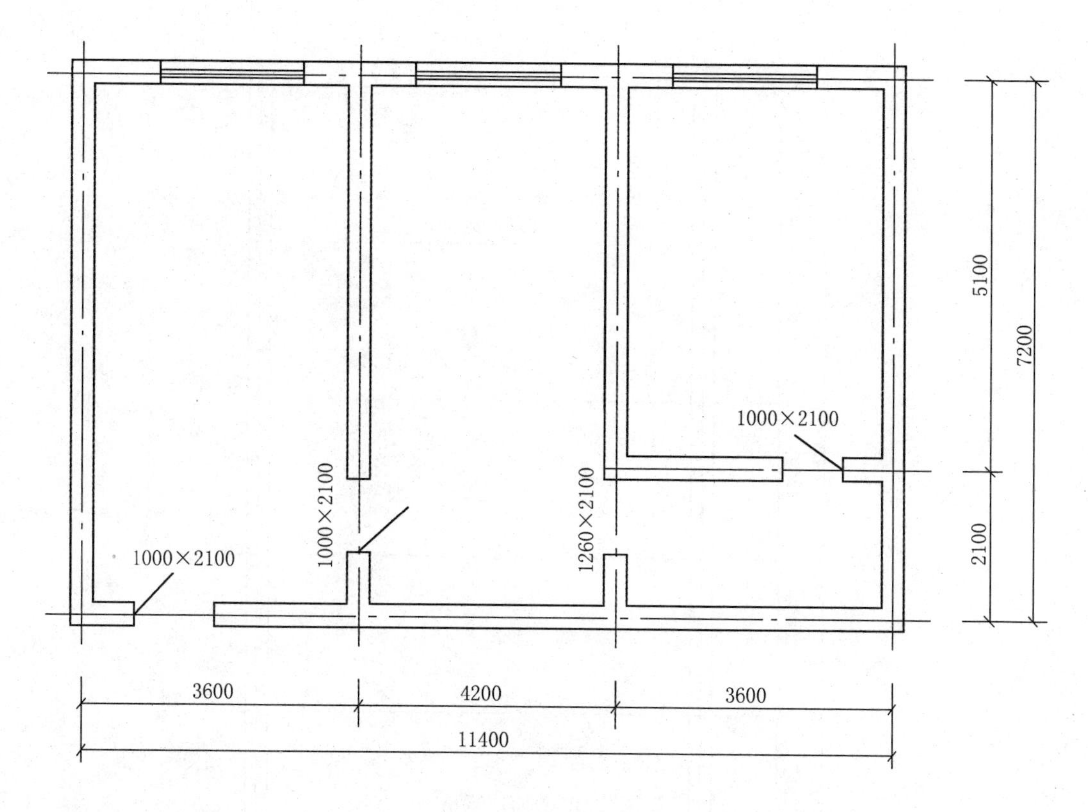

图 1-7 某建筑平面图

(2)清单工程量

面层工程量 $=[(7.2-0.24)\times(3.6-0.24+4.2-0.24)+(3.6-0.24)\times(2.1-0.24+5.1-0.24)]$

$=73.53\text{m}^2$

清单工程量见表 1-5。

表 1-5 清单工程量计算表

项目编码	项目名称	项目特征描述	计量单位	工程量
011102003001	块料楼地面	勾缝缸砖	m^2	73.53

项目编码:011103001　　项目名称:橡胶板楼地面

【例 6】 如图 1-8 所示,地面贴橡胶板面层,求其工程量。

【解】 (1)定额工程量

工程量按设计图示尺寸以面积计算。

工程量 $=(18-0.24)\times(29.4-0.24)=517.88\text{m}^2$

套用基础定额 8－115

(2)清单工程量

清单工程量同定额工程量:$S=517.88\text{m}^2$

清单工程量计算见表 1-6。

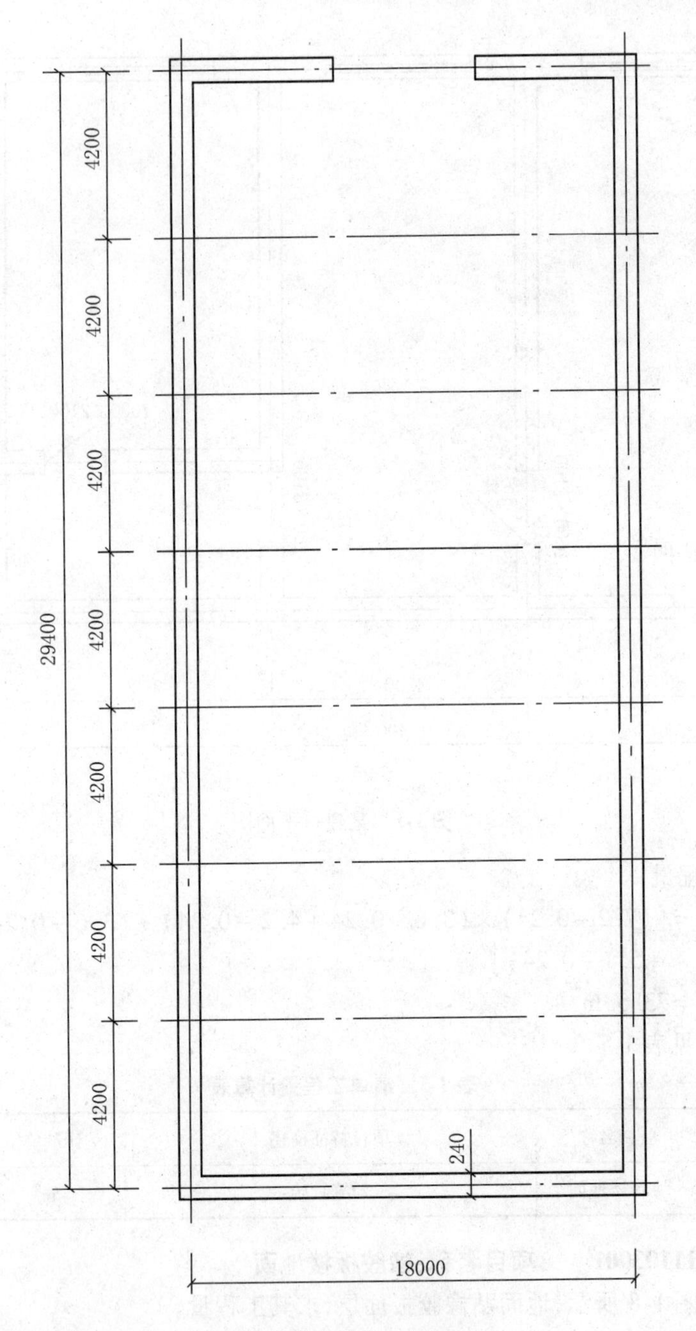

图 1-8 某地面示意图

表 1-6 清单工程量计算表

项目编码	项目名称	项目特征描述	计量单位	工程量
011103001001	橡胶板楼地面	压缝条装钉	m^2	517.88

说明:工作内容包括:①基层清理,抹找平层;②铺设填充层;③面层铺贴;④压缝条装钉;⑤材料运输。

项目编码:011104001　　项目名称:地毯楼地面

【**例 7**】 如图 1-9 所示,计算铺设活动式地毯的工程量。

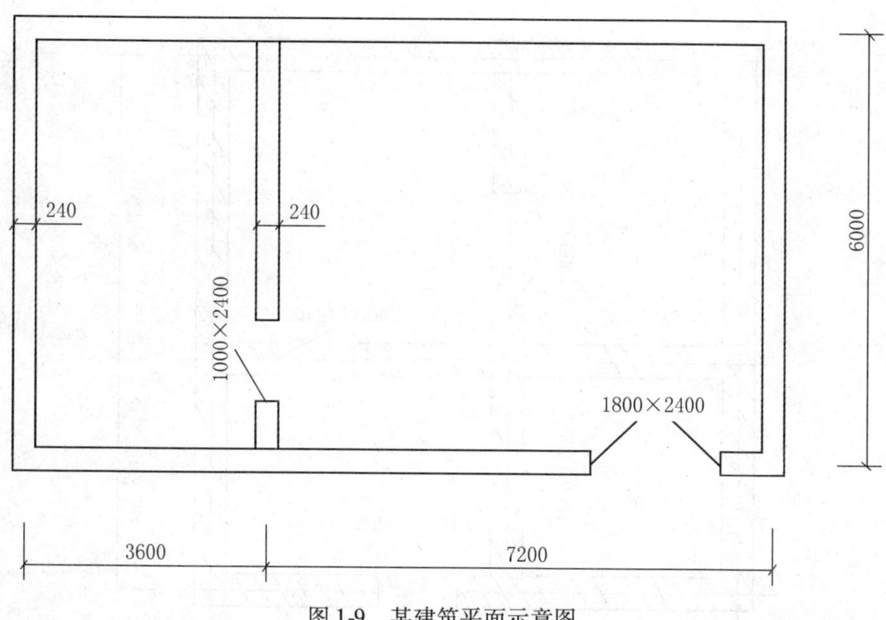

图 1-9　某建筑平面示意图

【解】 (1)定额工程量

地毯工程量按实铺面积计算并增加门洞口所占面积。

工程量 $=[(3.6-0.24)\times(6.0-0.24)+(7.2-0.24)\times(6.0-0.24)+1.0\times0.24+1.8\times0.24]$
$=60.12\text{m}^2$

套用基础定额 8－120

(2)清单工程量

清单工程量同定额工程量:$S=60.12\text{m}^2$

清单工程量计算见表 1-7。

表 1-7　清单工程量计算表

项目编码	项目名称	项目特征描述	计量单位	工程量
011104001001	楼地面地毯	活动式地毯	m^2	60.12

说明:工作内容包括:①基层清理,抹找平层;②铺设填充层;③铺贴面层;④刷防护材料;⑤装钉压条;⑥材料运输。

项目编码:011104002　　项目名称:竹木地板

【例 8】 如图 1-10 所示,若室内地面采用木地板面层,试计算其工程量。

【解】 (1)定额工程量

块料面层工程量 = 主墙间净空面积 + 门洞开口面积

门洞开口面积 $=(1.5\times0.24+1.0\times0.24\times3)=1.08\text{m}^2$

则木地板面层工程量 $=(3.6-0.24)^2+(4.2-0.24)\times(3.6-0.24)\times2+(4.2-0.24)^2$
$=53.58\text{m}^2$

套用基础定额 8－127

(2)清单工程量

清单工程量同定额工程量:$S=53.58+1.08=54.66\text{m}^2$

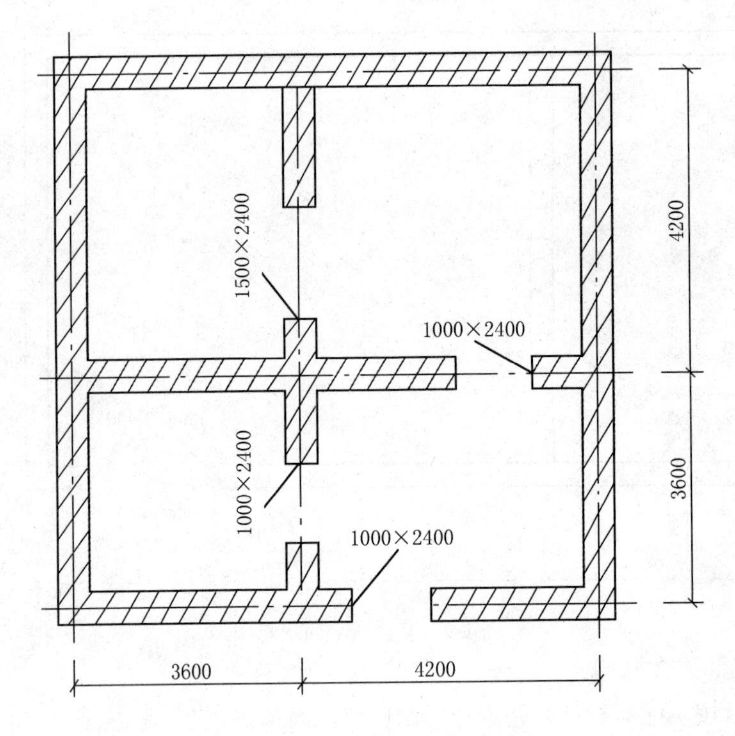

图 1-10　某建筑室内地面示意图

清单工程量计算见表 1-8。

表 1-8　清单工程量计算表

项目编码	项目名称	项目特征描述	计量单位	工程量
011104002001	竹木地板	木地板面层	m^2	54.66

说明：工作内容包括：①基层清理、铺设垫层、抹找平层；②防水层铺设、填充层；③面层铺设；④嵌缝；⑤刷防护材料；⑥酸洗、打蜡；⑦材料运输。

项目编码：011104004　　项目名称：防静电活动地板

【**例 9**】　某办公楼计算机房如图 1-11 所示，地面面层为防静电活动地板，求其工程量。

【**解**】　(1)定额工程量

工程量按设计图示尺寸以面积计算，门洞、空圈、暖气包槽、壁龛开口部分的工程量应并入相应的面层内计算。

工程量 $=[(10.8-0.24)\times(6.3-0.24)+1.8\times0.24\times2]=64.86m^2$

套用基础定额 8 －139

(2)清单工程量

清单工程量同定额工程量：$S=64.86m^2$

说明：工作内容包括：①清理基层，抹找平层；②铺设填充层；③固定支架安装；④活动面层安装；⑤刷防护材料；⑥材料运输。

清单工程量计算见表 1-9。

表 1-9　清单工程量计算表

项目编码	项目名称	项目特征描述	计量单位	工程量
011104004001	防静电活动地板	防静电活动地板	m^2	64.86

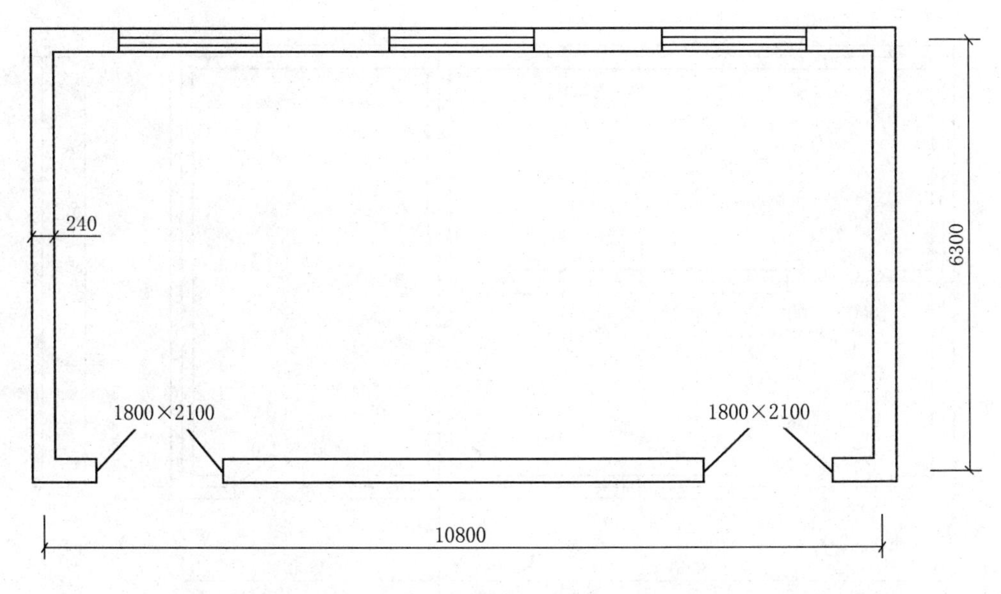

图 1-11　某办公楼计算机房平面示意图

项目编码:011105001　　项目名称:水泥砂浆踢脚线

【例 10】 如图 1-4 所示,房间内踢脚线为水泥砂浆踢脚线,踢脚线高 150mm,试求其踢脚线工程量。

【解】 (1)定额工程量

踢脚线按室内净长以延长米计算。

工程量 $=(3.6-0.24+6.0-0.24)\times2\times3=54.72\text{m}$

套用基础定额 8-27

(2)清单工程量

工程量按设计图示长度乘以高度以面积计算。

工程量 $=(3.6-0.24+6.0-0.24)\times2\times3\times0.15$

$=8.21\text{m}^2$

清单工程量计算见表 1-10。

表 1-10　清单工程量计算表

项目编码	项目名称	项目特征描述	计量单位	工程量
011105001001	水泥砂浆踢脚线	高 150mm	m^2	8.21

说明:工作内容包括:①基层清理;②底层抹灰;③面层铺贴;④勾缝;⑤磨光、酸洗、打蜡;⑥刷防护材料

项目编码:011105002　　项目名称:石材踢脚线

【例 11】 如图 1-12 所示,计算花岗岩踢脚线(高 150mm)的工程量。

【解】 (1)定额工程量

踢脚线按室内净长以延长米计算。

工程量 $=[(6-0.24)\times4+(3.6-0.24)\times6+(7.2-0.24)\times2]$

$=57.12\text{m}$

套用基础定额 8-61

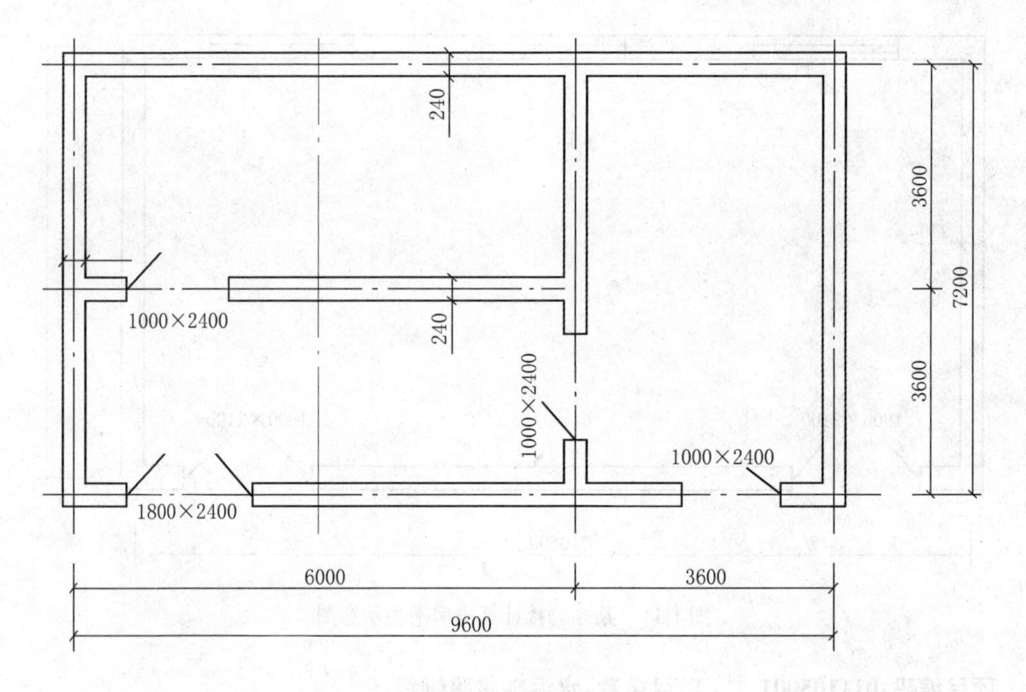

图 1-12　某建筑物平面示意图

(2)清单工程量

工程量按设计图示长度乘以高度以面积计算。

工程量 $=[57.12-(1.8+1\times3+0.24\times4)]\times0.15$

$=7.70\text{m}^2$

清单工程量计算见表 1-11。

表 1-11　清单工程量计算表

项目编码	项目名称	项目特征描述	计量单位	工程量
011105002001	石材踢脚线	花岗岩,高 150mm	m^2	7.70

说明:工作内容包括:①基层清理;②底层抹灰;③面层铺贴;④勾缝;⑤磨光、酸洗、打蜡;⑥刷防护材料;⑦材料运输。

项目编码:011105003　　项目名称:块料踢脚线

【例 12】　如图 1-9 所示,求预制水磨石踢脚板工程量(高度为 150mm)。

【解】　(1)定额工程量

踢脚板工程量按延长米计算,洞口、空圈长不予扣除,洞口、空圈、垛、附墙烟囱等侧壁长度亦不增加。

工程量 $=[(3.6-0.24+6.0-0.24)\times2+(7.2-0.24+6.0-0.24)\times2]$

$=43.68\text{m}$

套用基础定额 8-69

(2)清单工程量

工程量 $=[(3.6-0.24+6-0.24)\times2+(7.2-0.24+6-0.24)\times2-(1+1+1.8)+0.24\times4]\times0.15$

$=6.13\text{m}^2$

清单工程量计算见表 1-12。

表 1-12 清单工程量计算表

项目编码	项目名称	项目特征描述	计量单位	工程量
011105003001	块料踢脚线	预制水磨石踢脚板	m^2	6.13

项目编码:011105004　　项目名称:塑料板踢脚线

【例 13】 如图 1-10 所示,室内采用 150mm 塑料板踢脚线,试计算踢脚线工程量。

【解】 (1)定额工程量

工程量按延长米计算,洞口、空圈长度不予扣除,其侧壁长度亦不增加。

工程量 = [(4.2 − 0.24) × 4 + (3.6 − 0.24) × 4] × 2

= 58.56m

套用基础定额 8 − 119

(2)清单工程量

工程量 = [(4.2 − 0.24) × 8 + (3.6 − 0.24) × 8 − 1.5 × 2 − 1 × 5 + 6 × 0.24] × 0.15

= 7.80m^2

清单工程量计算见表 1-13。

表 1-13 清单工程量计算表

项目编码	项目名称	项目特征描述	计量单位	工程量
011105004001	塑料板踢脚线	高 150mm	m^2	7.80

项目编码:011105005　　项目名称:木质踢脚线

【例 14】 如图 1-10 所示,室内采用 150mm 木质踢脚线,试计算其踢脚线工程量。

【解】 (1)定额工程量

工程量按图示尺寸长度以延长米计算。

工程量 = [(4.2 − 0.24 + 3.6 − 0.24) × 8] = 58.56m

套用基础定额 8 − 137

(2)清单工程量

工程量按设计图示长度乘以高度以面积计算。

工程量 = [(4.2 − 0.24 + 3.6 − 0.24) × 8 − (1.5 × 2 + 1.0 × 2 + 1.0 × 2 + 1.0) + 6 × 0.24] × 0.15

= 7.80m^2

清单工程量计算见表 1-14。

表 1-14 清单工程量计算表

项目编码	项目名称	项目特征描述	计量单位	工程量
011105005001	木质踢脚线	高 150mm	m^2	7.80

说明:工作内容包括:①基层清理;②底层抹灰;③基层铺贴;④面层铺贴;⑤刷防护材料;⑥刷油漆;⑦材料运输。

项目编码:011105007　　项目名称:防静电踢脚线

【例 15】 如图 1-11 所示,踢脚线为 150mm 高的防静电踢脚线,试计算其工程量。

【解】 (1)定额工程量

踢脚线工程量按设计图示长度以延长米计算。

工程量 = (10.8 − 0.24 + 6.3 − 0.24) × 2 = 33.24m

套用基础定额 8 − 137

(2)清单工程量

踢脚线工程量按设计图示长度乘以高度以面积计算。

工程量 = [(10.8 − 0.24 + 6.3 − 0.24) × 2 − 1.8 × 2 + 4 × 0.24] × 0.15

　　= 4.59m^2

清单工程量计算见表 1-15。

表 1-15　清单工程量计算表

项目编码	项目名称	项目特征描述	计量单位	工程量
011105007001	防静电踢脚线	高 150mm	m^2	4.59

说明:工作内容包括:①基层清理;②底层抹灰;③基层铺贴;④面层铺贴;⑤刷防护材料;⑥刷油漆;⑦材料运输。

项目编码:011106001　　项目名称:石材楼梯面层

【例 16】 如图 1-13 所示,求某办公楼大理石楼梯面层工程量。(已知:建筑为四层、平台梁宽 250mm,楼梯井宽 300mm)

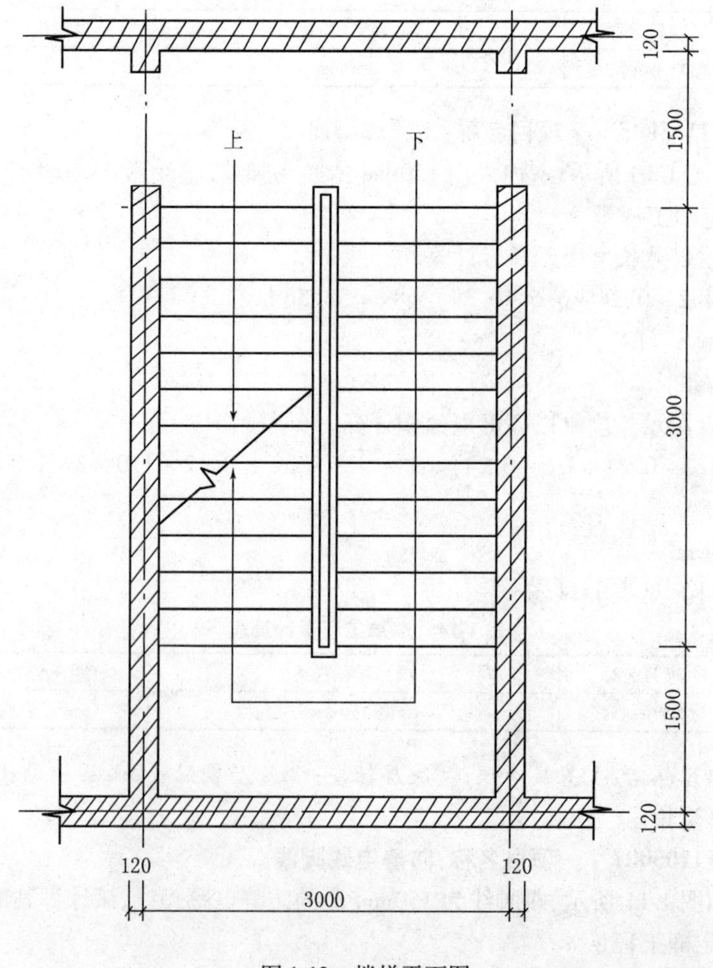

图 1-13　楼梯平面图

【解】 (1)定额工程量

楼梯按水平投影面积计算其工程量。

工程量 $=(1.5+3.0-0.12+0.25)\times(3.0-0.24)\times(4-1)$

$=38.34m^2$

套用基础定额 8－51

(2)清单工程量

清单工程量同定额工程量:$S=38.34m^2$

清单工程量计算见表 1-16。

表 1-16 清单工程量计算表

项目编码	项目名称	项目特征描述	计量单位	工程量
011106001001	石材楼梯面层	大理石,贴嵌防滑条	m^2	38.34

说明:工作内容包括:①基层清理;②抹找平层;③面层铺贴;④贴嵌防滑条;⑤勾缝;⑥刷防护材料;⑦酸洗、打蜡;⑧材料运输。

项目编码:011106002　　项目名称:块料楼梯面层

【例 17】 如图 1-13 中的楼梯若改为四层缸砖面层楼梯,求楼梯工程量。

【解】 (1)定额工程量

楼梯面层(包括踏步、休息平台以及小于等于 500mm 宽的楼梯井),按水平投影面积计算。

工程量 $=(3.0-0.24)\times(3.0+1.5-0.12+0.25)\times(4-1)$

$=38.34m^2$

套用基础定额 8－89

(2)清单工程量

工程量按设计图示尺寸楼梯(包括踏步、休息平台及 500mm 以内的楼梯井)水平投影面积计算。

清单工程量同定额工程量:$S=38.34m^2$

清单工程量计算见表 1-17。

表 1-17 清单工程量计算表

项目编码	项目名称	项目特征描述	计量单位	工程量
011106002001	块料楼梯面层	缸砖,贴嵌防滑条	m^2	38.34

说明:工作内容包括:①基层清理;②抹找平层;③面层铺贴;④贴嵌防滑条;⑤勾缝;⑥刷防护材料;⑦酸洗、打蜡;⑧材料运输。

项目编码:011106004　　项目名称:水泥砂浆楼梯面层

【例 18】 如图 1-14 所示,设计为普通水泥砂浆面层,楼层共六层,计算水泥砂浆楼梯面层工程量(不包括楼梯踢脚线,底面,侧面抹灰)。

【解】 (1)定额工程量

楼梯面层工程量按水平投影面积计算。

工程量 $=(2.4-0.12\times2)\times(2.6+1.35+0.3)\times(6-1)$

$=45.9m^2$

套用基础定额 8－24

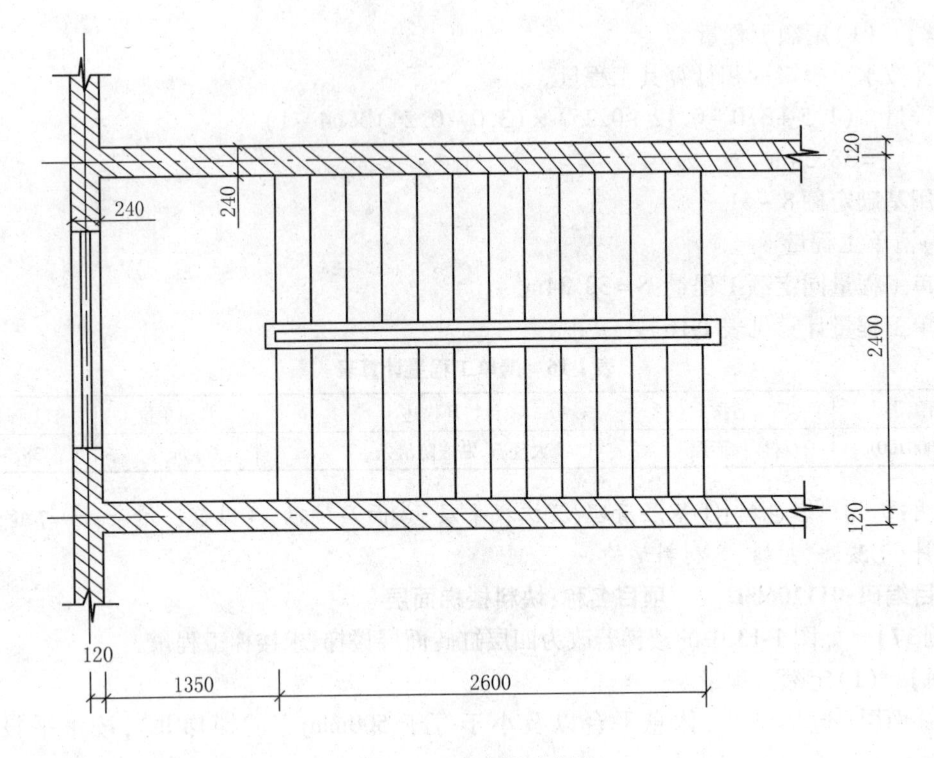

图 1-14　某楼梯示意图

(2)清单工程量

清单工程量同定额工程量：$S = 45.90\text{m}^2$

清单工程量计算见表 1-18。

表 1-18　清单工程量计算表

项目编码	项目名称	项目特征描述	计量单位	工程量
011106004001	水泥砂浆楼梯面层	贴嵌防滑条	m^2	45.90

说明：工作内容包括：①基层清理；②抹找平层；③抹面层；④贴嵌防滑条；⑤材料运输。

项目编码：011106006　　项目名称：地毯楼梯面层

【例 19】 如图 1-15 所示的楼梯间平面图，若面层为满铺地毯，试计算其工程量。

【解】 (1)定额工程量

楼梯面层(包括踏步、休息平台以及小于 500mm 宽的楼梯井)按水平投影面积计算。

$$\text{工程量} = (3.6 - 0.12 \times 2) \times (3.6 + 1.8 - 0.12 + 0.3)$$
$$= 18.75\text{m}^2$$

套用基础定额 8－123

(2)清单工程量

清单工程量同定额工程量：$S = 18.75\text{m}^2$

清单工程量计算见表 1-19。

表 1-19　清单工程量计算表

项目编码	项目名称	项目特征描述	计量单位	工程量
011106006001	地毯楼梯面层	满铺	m^2	18.75

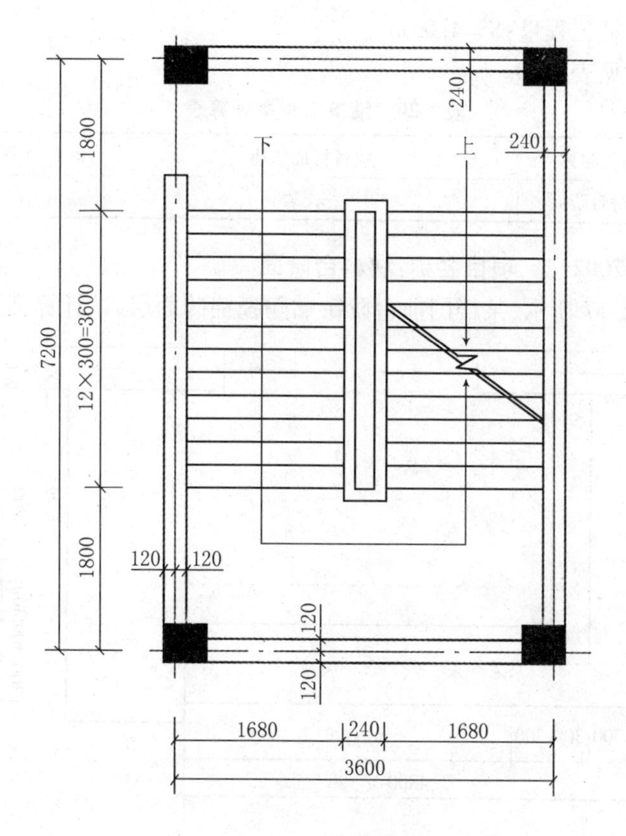

图 1-15　某楼梯间平面图

项目编码:011107001　　项目名称:石材台阶面

【例 20】　如图 1-16 所示,某门前采用花岗岩面层台阶,试计算其工程量(踏步高 150mm)。

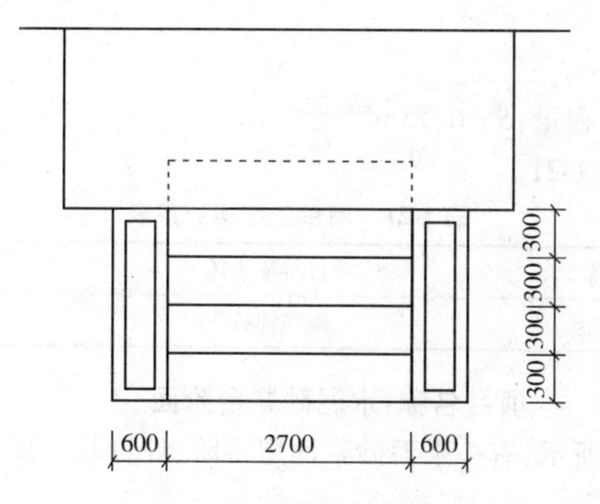

图 1-16　某台阶示意图

【解】　(1)定额工程量

台阶面层工程量算至最上一层踏步加 300mm,按水平投影面积计算。

工程量 $=2.7\times(1.2+0.3)=4.05\text{m}^2$

套用基础定额 8－59

(2)清单工程量

清单工程量同定额工程量:$S=4.05\text{m}^2$

清单工程量计算见表 1-20。

表 1-20　清单工程量计算表

项目编码	项目名称	项目特征描述	计量单位	工程量
011107001001	石材台阶面	花岗岩	m^2	4.05

项目编码:011107002　　项目名称:块料台阶面

【例 21】　如图 1-17 所示,某楼门前台阶镶贴陶瓷锦砖面层,试计算其工程量。

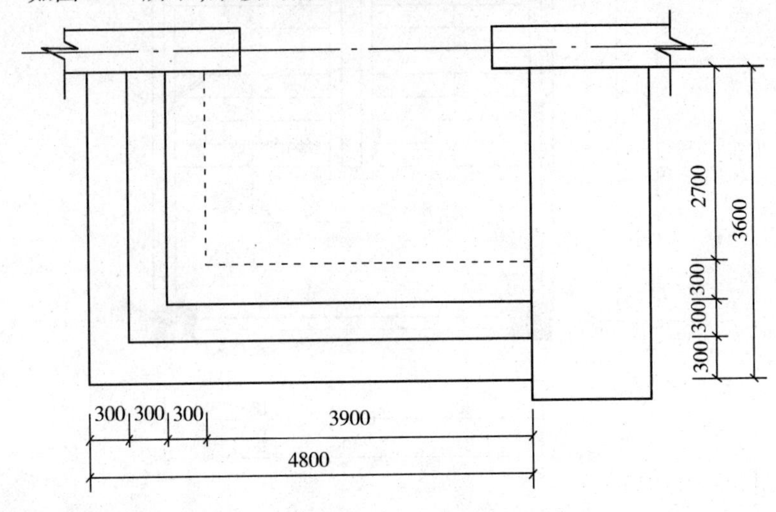

图 1-17　某台阶示意图

【解】　(1)定额工程量

台阶面层工程量包括踏步及最上一层踏步外沿 300mm,按水平投影面积计算。

工程量 $=(4.8\times3.6-3.9\times2.7)=6.75\text{m}^2$

套用基础定额 8－98

(2)清单工程量

清单工程量同定额工程量:$S=6.75\text{m}^2$

清单工程量计算见表 1-21。

表 1-21　清单工程量计算表

项目编码	项目名称	项目特征描述	计量单位	工程量
011107002001	块料台阶面	陶瓷锦砖	m^2	6.75

项目编码:011107004　　项目名称:水泥砂浆台阶面

【例 22】　如图 1-18 所示,有一水泥砂浆面层台阶,计算其工程量。

【解】　(1)定额工程量

台阶面层工程量包括最上一层踏步外沿 300mm,按水平投影面积计算。

工程量 $=(3.6\times1.8-2.4\times1.2)=3.60\text{m}^2$

套用基础定额 8－25

(2)清单工程量

清单工程量同定额工程量:$S=3.60\text{m}^2$

清单工程量计算见表 1-22。

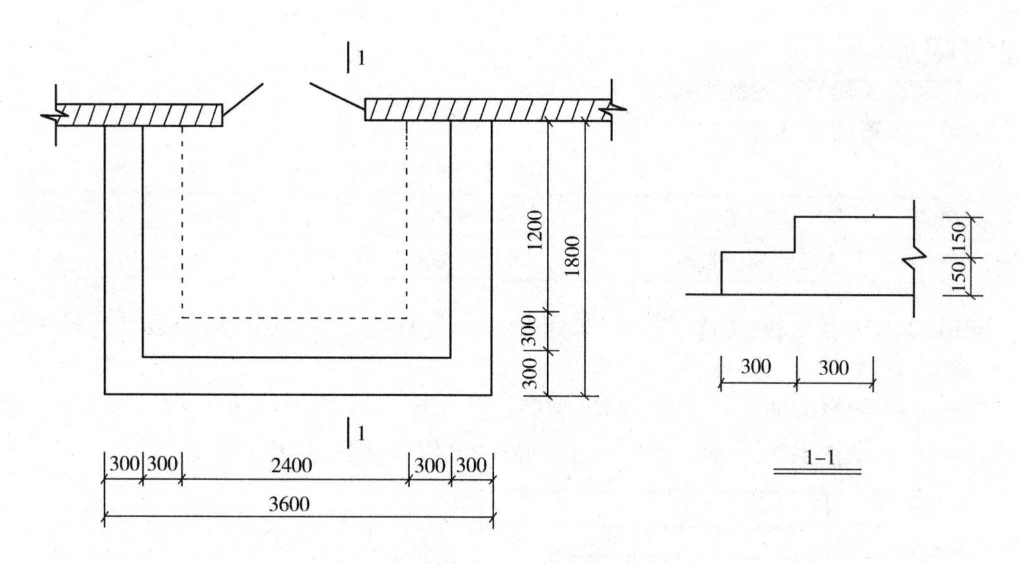

图 1-18　某水泥砂浆台阶面层示意图

表 1-22　清单工程量计算表

项目编码	项目名称	项目特征描述	计量单位	工程量
011107004001	水泥砂浆台阶面	贴嵌防滑条	m^2	3.60

说明：工作内容包括：①清理基层；②铺设垫层；③抹找平层；④贴嵌面层；⑤贴防滑条；⑥材料运输。

项目编码：011107005　　项目名称：现浇水磨石台阶面

【例 23】　如图 1-19 所示，为水磨石面层台阶，试计算其工程量。

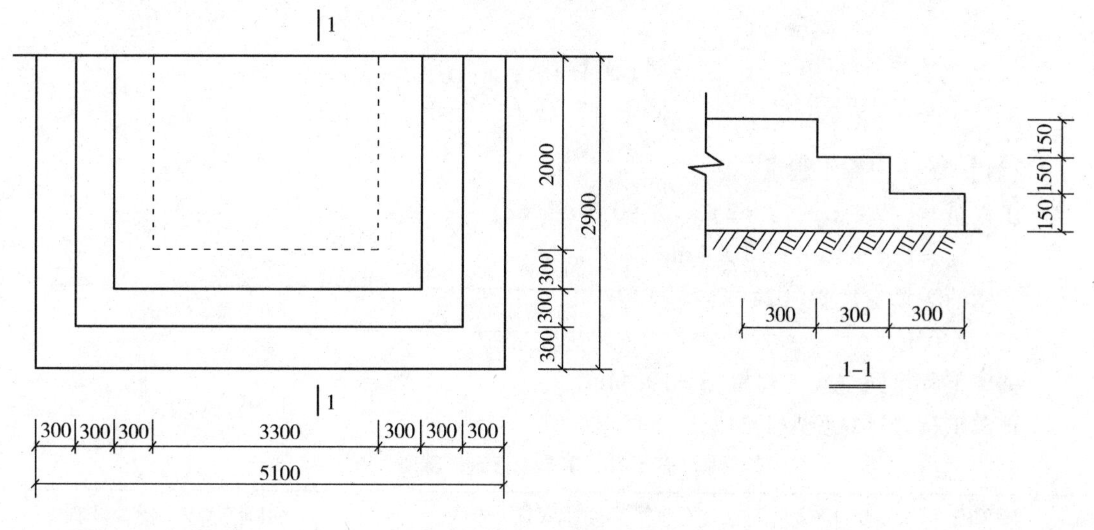

图 1-19　某水磨石台阶面层

【解】　(1)定额工程量

台阶面层工程量按水平投影面积计算，包括踏步及最上一层踏步沿 300mm。

工程量 $=(5.1\times2.9-3.3\times2)=8.19\text{m}^2$

套用基础定额 8－35

(2)清单工程量

台阶面层工程量同定额工程量:$S=8.19\text{m}^2$

清单工程量计算见表1-23。

表1-23 清单工程量计算表

项目编码	项目名称	项目特征描述	计量单位	工程量
011107005001	现浇水磨石台阶面	贴嵌防滑条	m^2	8.19

说明:工作内容包括:①清理基层;②铺设垫层;③抹找平层;④抹面层;⑤贴嵌防滑条;⑥打磨、酸洗、打蜡;⑦材料运输。

项目编码:011107006　　项目名称:剁假石台阶面

【例24】 如图1-20所示,一平台台阶面层为剁假石,试计算其工程量。

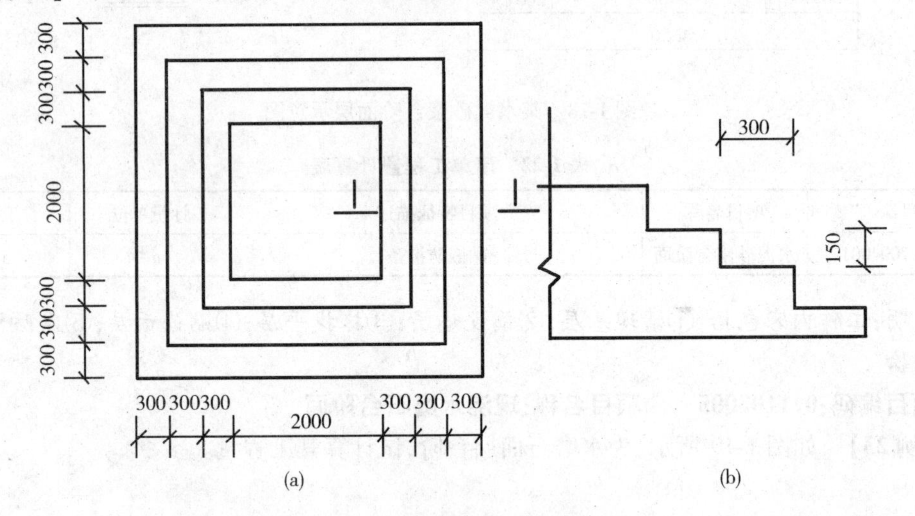

图1-20 台阶平面示意图

(a)平面图;(b)1-1剖面图

【解】 (1)定额工程量

工程量$=[(2+0.3\times3\times2)\times(2+0.3\times3\times2)-2\times2]$

$=(14.44-4)=10.44\text{m}^2$

套用消耗量定额2-024

(2)清单工程量

清单工程量同定额工程量:$S=10.44\text{m}^2$

清单工程量计算见表1-24。

表1-24 清单工程量计算表

项目编码	项目名称	项目特征描述	计量单位	工程量
011107006001	剁假石台阶面	剁假石为一平台台阶面层	m^2	10.44

项目编码:011107001　　项目名称:石材台阶面

项目编码:011108001　　项目名称:石材零星项目

【例25】 如图1-21所示,一台阶面层为花岗岩,台阶牵边的材料相同,试计算台阶面层和牵边的工程量。

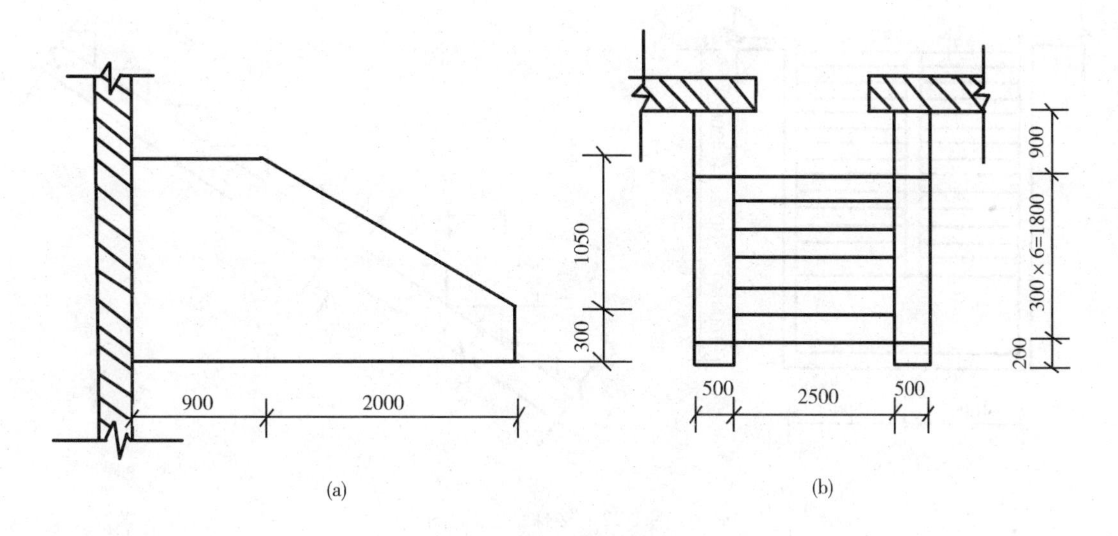

图 1-21　台阶平、立面图

(a)立面图;(b)平面图

【解】 (1)定额工程量

1)台阶面层工程量 $=2.5\times(1.8+0.3)=5.25\text{m}^2$

套用消耗量定额 1－034

2)牵边的工程量 $=(0.3+\sqrt{2^2+1.05^2}+0.9)\times0.5\times2$

$=3.46\text{m}^2$

套用消耗量定额 1－040

(2)清单工程量:

清单工程量同定额工程量。

清单工程量计算见表 1-25。

表 1-25　清单工程量计算表

项目编码	项目名称	项目特征描述	计量单位	工程量
011107001001	石材台阶面	花岗岩台阶面层	m^2	5.25
011108001001	石材零星项目	台阶用花岗岩牵边	m^2	3.46

项目编码:011106001　　项目名称:石材楼梯面层

项目编码:011108002　　项目名称:拼碎石材零星项目

【例 26】 如图 1-22 所示,一楼梯为大理石面层,楼梯侧面也为大理石粘贴,试计算其工程量。

【解】 (1)定额工程量

1)楼梯面层工程量 = 楼梯间水平投影面积

$=[(3.4-0.24)\times(1.6-0.12+4.2)]$

$=17.95\text{m}^2$

2)侧面碎拼石材工程量 $=[\sqrt{4.2^2+(0.15\times15)^2}\times0.12+\frac{1}{2}\times0.15\times0.3\times15]\times2$

$=1.82\text{m}^2$

套用消耗量定额 1－028

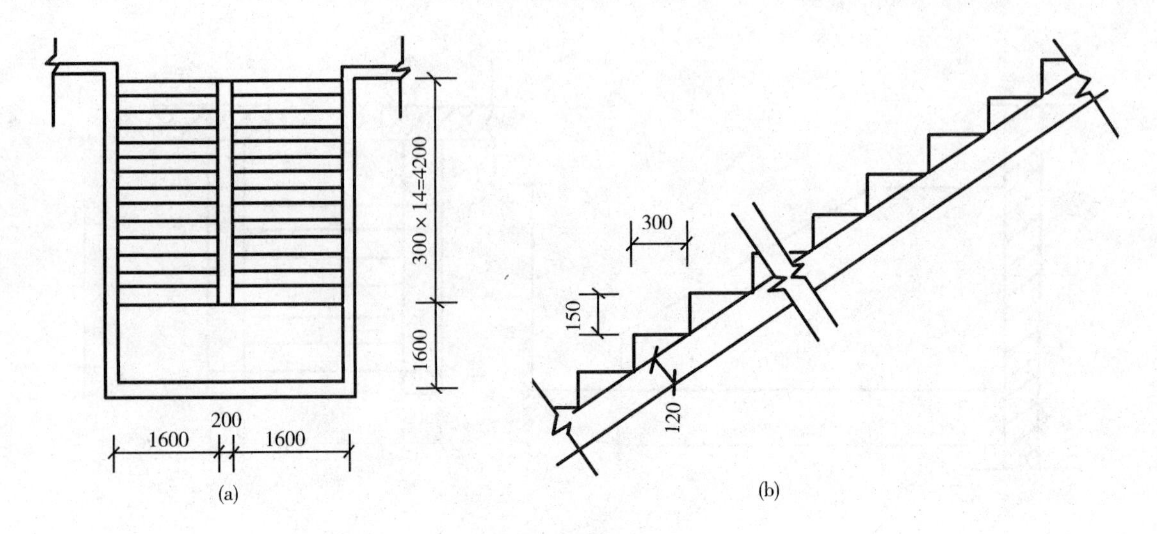

图 1-22　楼梯平、立面图
(a)平面图;(b)立面图

(2)清单工程量

1)面层工程量 $=(3.4-0.24)\times(1.6-0.12+4.2)$
$=17.95\text{m}^2$

2)侧面碎拼石材工程量 $=[\sqrt{4.2^2+(0.15\times15)^2}\times0.12+\frac{1}{2}\times0.15\times0.3\times15]\times2$
$=(0.57+0.34)\times2$
$=1.82\text{m}^2$

清单工程量计算见表 1-26。

表 1-26　清单工程量计算表

项目编码	项目名称	项目特征描述	计量单位	工程量
011106001001	石材楼梯面层	大理石楼梯面层	m^2	17.95
011108002001	碎拼石材零星项目	楼梯侧面为大理石粘贴	m^2	1.82

项目编码:011108003　　项目名称:块料零星项目

【例 27】　如图 1-23 所示,一水槽为缸砖贴面,计算其面层工程量。

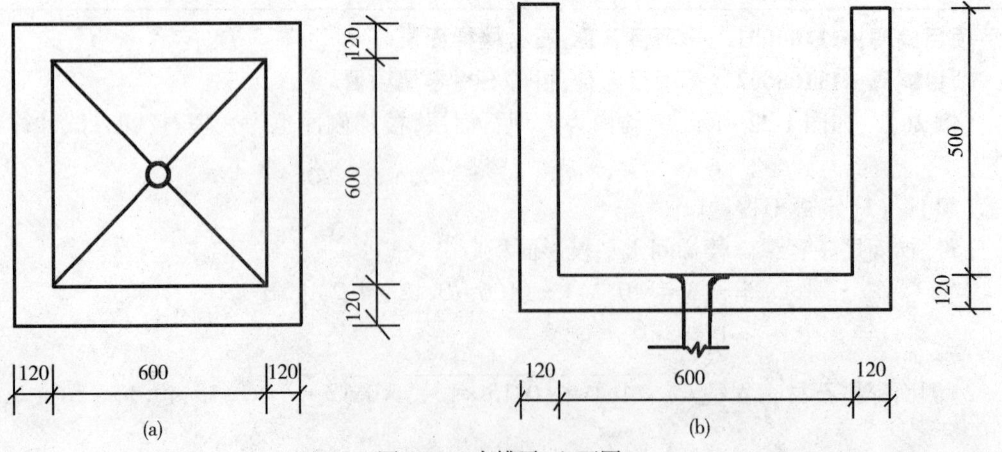

图 1-23　水槽平、立面图
(a)平面图;(b)立面图

【解】 (1)定额工程量

工程量 = 外围面积 + 内壁面积 + 槽底面积 + 槽沿面积

$= [(0.6+0.12\times2)\times(0.5+0.12)\times4+0.6\times0.6\times4+0.6\times0.6+(0.6+0.12)\times0.12\times4]$

$= (2.08+1.44+0.36+0.35)$

$= 4.23\text{m}^2$

套用消耗量定额 1-090

(2)清单工程量

清单工程量计算同定额工程量

清单工程量计算见表 1-27。

表 1-27 清单工程量计算表

项目编码	项目名称	项目特征描述	计量单位	工程量
011108003001	块料零星项目	水槽用缸砖贴面	m^2	4.23

项目编码:011108004　　项目名称:水泥砂浆零星项目

【例 28】 如图 1-24 所示,一小便池面层为 20mm 厚的 1∶2.5 水泥砂浆面层,试计算其面层工程量。

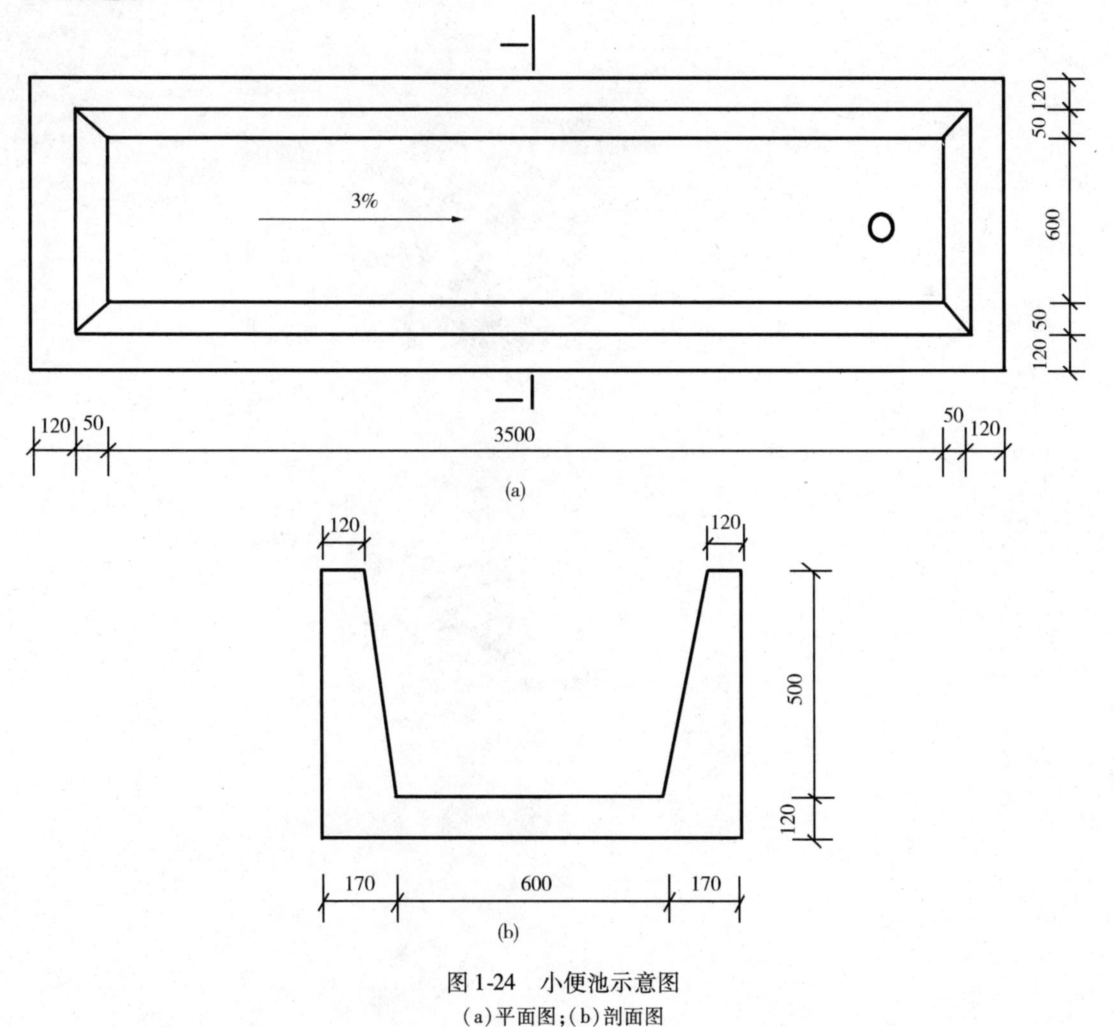

图 1-24 小便池示意图

(a)平面图;(b)剖面图

【解】 (1)定额工程量

工程量＝外壁面积＋内壁面积＋槽底面积＋槽沿面积

$$=\{[(3.5+0.05\times2+0.12\times2+0.6+0.05\times2+0.12\times2)\times(0.5+0.12)\times2]+[\sqrt{(0.05^2+0.5^2)}\times(3.5+0.05+0.6+0.05)\times2]+3.5\times0.6+[(3.5+0.05\times2+0.12+0.6+0.05\times2+0.12)\times2\times0.12]\}$$

$$=(6.42+4.22+2.1+1.19)$$

$$=13.93\text{m}^2$$

(2)清单工程量

清单工程量计算同定额工程量

清单工程量计算见表1-28。

表1-28 清单工程量计算表

项目编码	项目名称	项目特征描述	计量单位	工程量
011108004001	水泥砂浆零星项目	20mm厚1:2.5水泥砂浆小便池面层	m^2	13.93

第二章　墙、柱面工程

第一节　墙、柱面工程定额项目划分

墙、柱面工程在《全国统一建筑工程基础定额 》土建 GJD 101－1995·下册中和天棚装饰工程，油漆、涂料、裱糊工程共同归属在第十一章装饰工程，其中关于墙、柱面工程部分具体定额项目划分如图 2-1 所示。

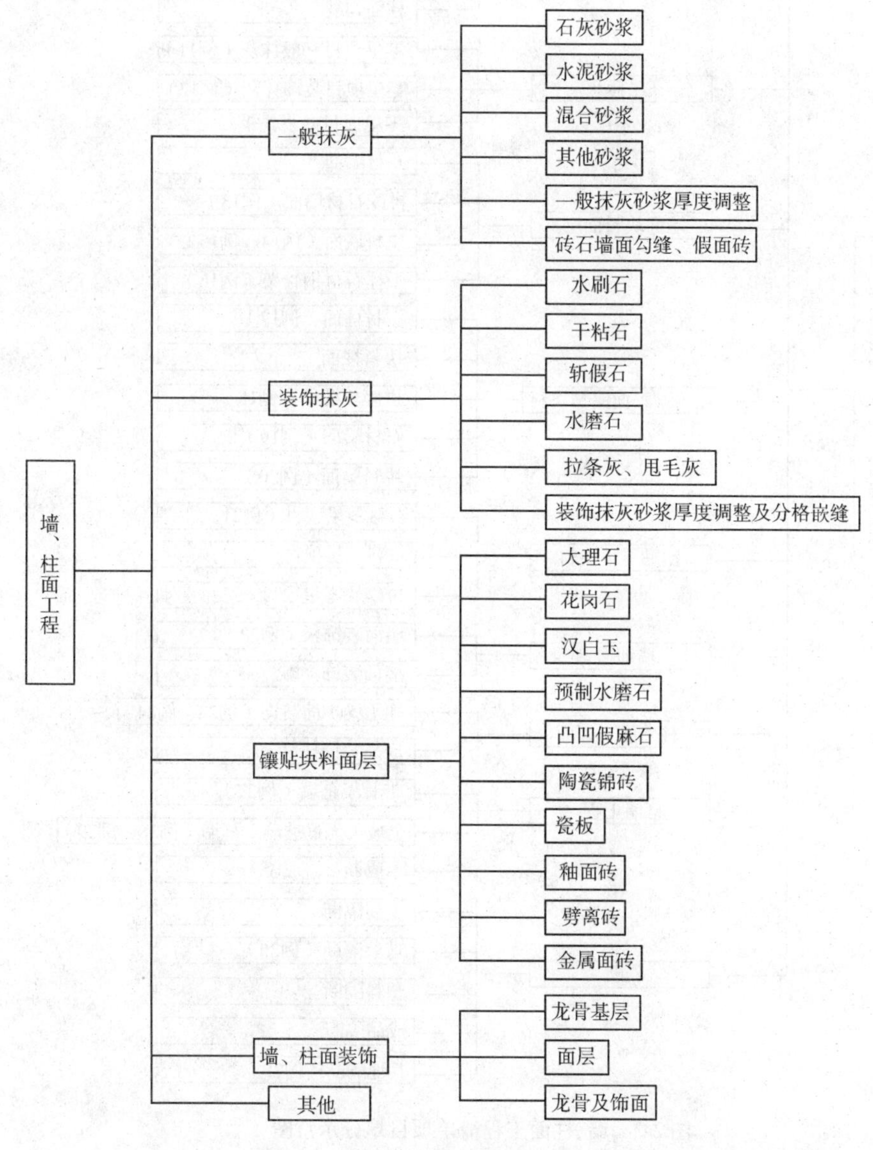

图 2-1　墙、柱面工程定额项目划分示意图

第二节 墙、柱面工程清单项目划分

墙柱面工程在《房屋建筑与装饰工程工程量计算规范》GB 50854—2013 中具体项目划分如图 2-2 所示。

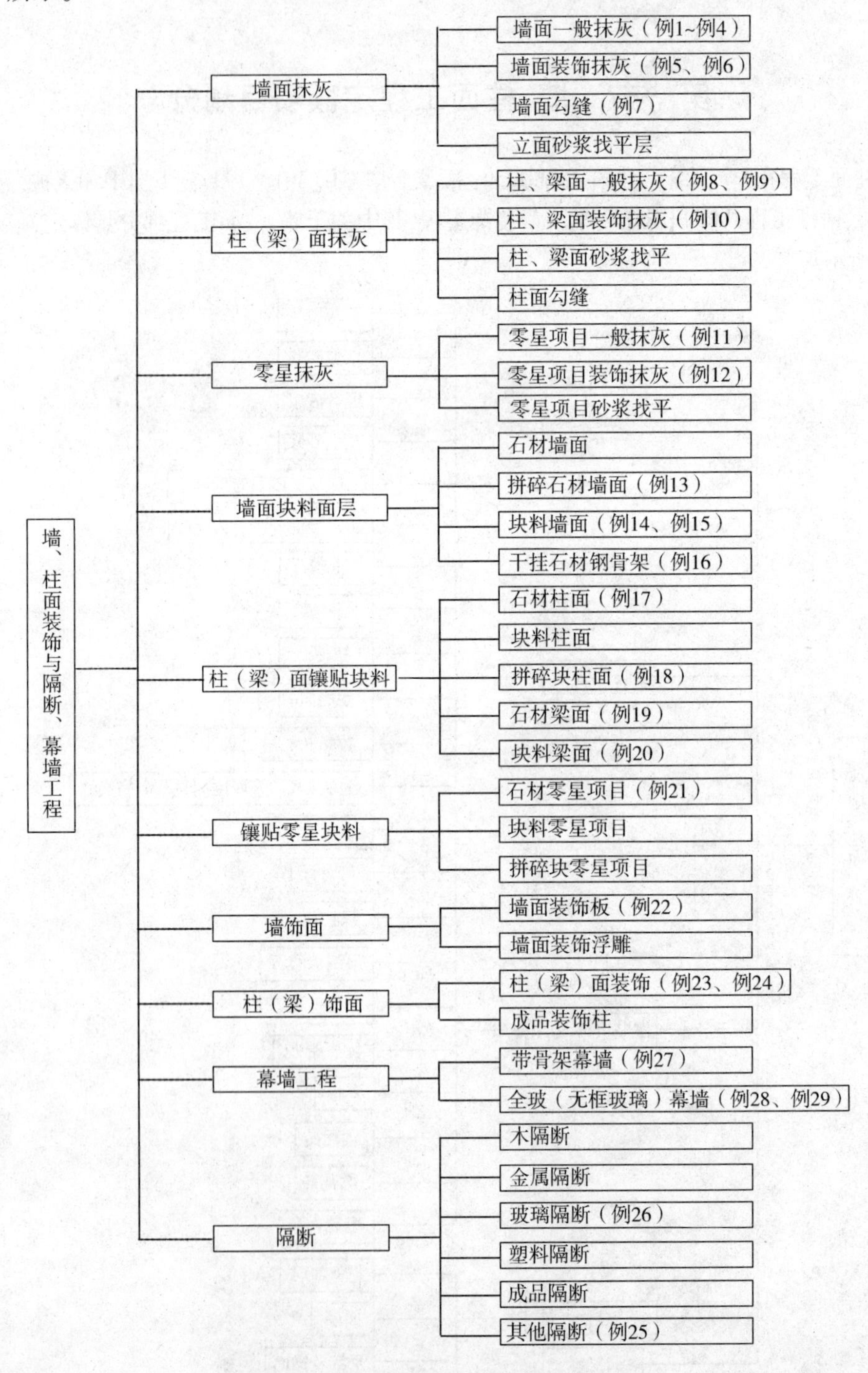

图 2-2 墙、柱面工程清单项目划分示意图

第三节　墙、柱面工程定额与清单工程量计算规则对照

一、墙、柱面工程定额工程量计算规则：

1. 内墙抹灰工程量按以下规定计算：

(1) 内墙抹灰面积，应扣除门窗洞口和空圈所占的面积，不扣除踢脚板、挂镜线，0.3m^2 以内的孔洞和墙与构件交接处的面积，洞口侧壁和顶面亦不增加。墙垛和附墙烟囱侧壁面积与内墙抹灰工程量合并计算。

(2) 内墙面抹灰的长度，以主墙间的图示净长尺寸计算。其高度确定如下：

1) 无墙裙的，其高度按室内地面或楼面至天棚底面之间距离计算。

2) 有墙裙的，其高度按墙裙顶至天棚底面之间距离计算。

3) 钉板条天棚的内墙面抹灰，其高度按室内地面或楼面至天棚底面另加 100mm 计算。

(3) 内墙裙抹灰面积按内墙净长乘以高度计算。应扣除门窗洞口和空圈所占的面积，门窗洞口和空圈的侧壁面积不另增加，墙垛、附墙烟囱侧壁面积并入墙裙抹灰面积内计算。

2. 外墙抹灰工程量按以下规定计算：

(1) 外墙抹灰面积，按外墙面的垂直投影面积以平方米计算。应扣除门窗洞口，外墙裙和大于 0.3m^2 孔洞所占面积，洞口侧壁面积不另增加。附墙垛、梁、柱侧面抹灰面积并入外墙面抹灰工程量内计算。栏板、栏杆、窗台线、门窗套、扶手、压顶、挑檐、遮阳板、突出墙外的腰线等，另按相应规定计算。

(2) 外墙裙抹灰面积按其长度乘高度计算，扣除门窗洞口和大于 0.3m^2 孔洞所占的面积，门窗洞口及孔洞的侧壁不增加。

(3) 窗台线、门窗套、挑檐、腰线、遮阳板等展开宽度在 300mm 以内者，按装饰线以延长米计算，如展开宽度超过 300mm 以上时，按图示尺寸以展开面积计算，套零星抹灰定额项目。

(4) 栏板、栏杆（包括立柱、扶手或压顶等）抹灰按立面垂直投影面积乘以系数 2.2 以平方米计算。

(5) 阳台底面抹灰按水平投影面积以平方米计算，并入相应天棚抹灰面积内。阳台如带悬臂梁者，其工程量乘系数 1.30。

(6) 雨篷底面或顶面抹灰分别按水平投影面积以平方米计算，并入相应天棚抹灰面积内。雨篷顶面带反沿或反梁者，其工程量乘系数 1.20，底面带悬臂梁者，其工程量乘以系数 1.20。雨篷外边线按相应装饰或零星项目执行。

(7) 墙面勾缝按垂直投影面积计算，应扣除墙裙和墙面抹灰的面积，不扣除门窗洞口、门窗套、腰线等零星抹灰所占的面积，附墙柱和门窗洞口侧面的勾缝面积亦不增加。独立柱、房上烟囱勾缝，按图示尺寸以平方米计算。

3. 外墙装饰抹灰工程量按以下规定计算：

(1) 外墙各种装饰抹灰均按图示尺寸以实抹面积计算。应扣除门窗洞口空圈的面积，其侧壁面积不另增加。

(2) 挑檐、天沟、腰线、栏杆、栏板、门窗套、窗台线、压顶等均按图示尺寸展开面积以平方米计算，并入相应的外墙面积内。

4. 块料面层工程量按以下规定计算：

(1) 墙面贴块料面层均按图示尺寸以实贴面积计算。

(2) 墙裙以高度在 1500mm 以内为准，超过 1500mm 时按墙面计算，高度低于 300mm 以内时，按踢脚板计算。

5. 木隔墙、墙裙、护壁板,均按图示尺寸长度乘以高度按实铺面积以平方米计算。

6. 玻璃隔墙按上横档顶面至下横档底面之间高度乘以宽度(两边立梃外边线之间)以平方米计算。

7. 浴厕木隔断,按下横档底面至上横档顶面高度乘以图示长度以平方米计算,门扇面积并入隔断面积内计算。

8. 铝合金、轻钢隔墙、幕墙,按四周框外围面积计算。

9. 独立柱:

(1)一般抹灰、装饰抹灰、镶贴块料按结构断面周长乘以柱的高度以平方米计算。

(2)柱面装饰按柱外围饰面尺寸乘以柱的高度以平方米计算。

10. 各种"零星项目"均按图示尺寸以展开面积计算。

二、墙、柱面工程清单工程量计算规则:

1. 墙面一般抹灰、墙面装饰抹灰、墙面勾缝、立面砂浆找平层。按设计图示尺寸以面积计算。扣除墙裙、门窗洞口及单个 $0.3m^2$ 以外的孔洞面积,不扣除踢脚线、挂镜线和墙与构件交接处的面积,门窗洞口和孔洞的侧壁及顶面不增加面积。附墙柱、梁、垛、烟囱侧壁并入相应的墙面面积内。

1)外墙抹灰面积按外墙垂直投影面积计算。

2)外墙裙抹灰面积按其长度乘以高度计算。

3)内墙抹灰面积按主墙间的净长乘以高度计算。

①无墙裙的,高度按室内楼地面至天棚底面计算。

②有墙裙的,高度按墙裙顶至天棚底面计算。

4)内墙裙抹灰面按内墙净长乘以高度计算。

2. 柱面一般抹灰、柱面装饰抹灰、柱面勾缝。按设计图示柱断面周长乘以高度以面积计算。

3. 零星项目一般抹灰、零星项目装饰抹灰。按设计图示尺寸以面积计算。

4. 石材墙面、碎拼石材墙面、块料墙面。按设计图示尺寸以镶贴表面积计算。

5. 干挂石材钢骨架。按设计图示尺寸以质量计算。

6. 石材柱面、拼碎石材柱面、块料柱面、石材梁面、块料梁面。按设计图示尺寸以镶贴表面积计算。

7. 石材零星项目、拼碎石材零星项目、块料零星项目。按设计图示尺寸以镶贴表面积计算。

8. 装饰板墙面。按设计图示墙净长乘以净高以面积计算。扣除门窗洞口及单个 $0.3m^2$ 以上的孔洞所占面积。

9. 柱(梁)面装饰。按设计图示饰面外围尺寸以面积计算。柱帽、柱墩并入相应柱饰面工程量内。

10. 隔断。按设计图示框外围尺寸以面积计算。扣除单个 $0.3m^2$ 以上的孔洞所占面积;浴厕门的材质与隔断相同时,门的面积并入隔断面积内。

11. 带骨架幕墙。按设计图示框外围尺寸以面积计算。与幕墙同种材质的窗所占面积不扣除。

12. 全玻幕墙。按设计图示尺寸以面积计算。带肋全玻幕墙按展开面积计算。

第四节　墙、柱面工程经典实例导读

项目编码:011201001　　项目名称:墙面一般抹灰

【例1】　如图2-3、图2-4所示,求内墙抹混合砂浆工程量(做法:内墙做1:1:6混合砂浆抹灰$\delta=15\text{mm}$,1:1:4混合砂浆抹灰$\delta=5\text{mm}$)。

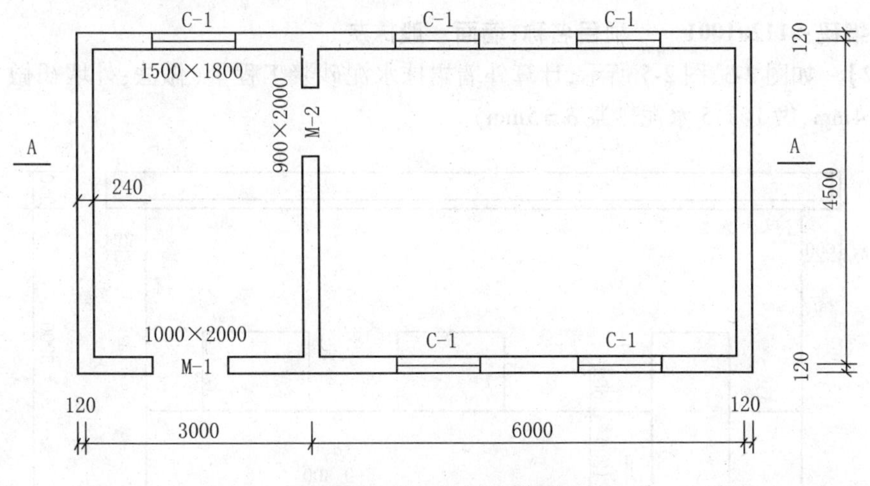

图2-3　某工程平面示意图

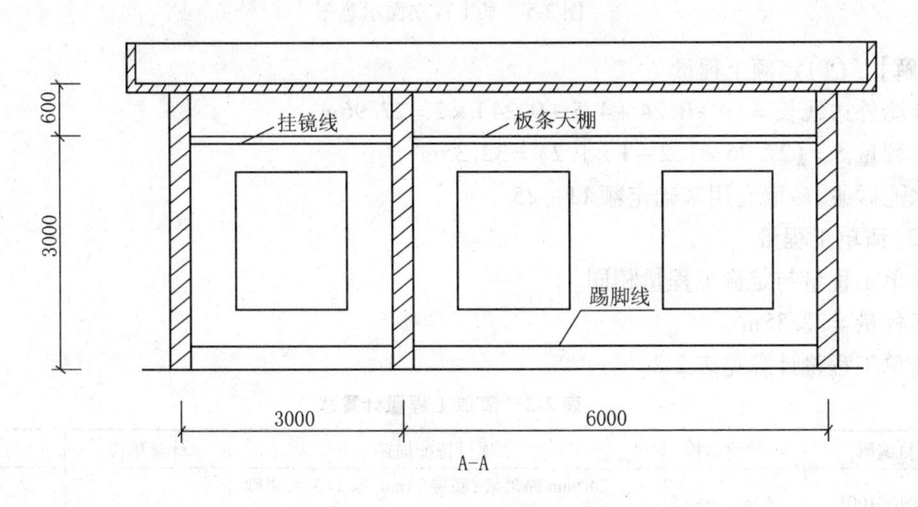

图2-4　某工程A-A剖面示意图

【解】　(1)定额工程量

$$S=[(6.0-0.12\times2+4.5-0.12\times2)\times2\times(3.0+0.1)-1.5\times1.8\times4-0.9\times2+(3.0-0.12\times2+4.5-0.12\times2)\times2\times(3.0+0.1)-1.5\times1.8-1.0\times2-0.9\times2]$$

$$=(10.02\times2\times3.1-6\times1.8-1.8+7.02\times2\times3.1-2.7-2-1.8)$$

$$=86.55\text{m}^2$$

混合砂浆、砖墙套用基础定额11-36

(2)清单工程量

清单工程量与定额工程量相同。

工程量 $=86.55\text{m}^2$

清单工程量计算见表 2-1。

表 2-1　清单工程量计算表

项目编码	项目名称	项目特征描述	计量单位	工程量
011201001001	墙面一般抹灰	240mm 厚内墙，底层 1∶1∶6 混合砂浆，15mm 厚，面层 1∶1∶4 混合砂浆，5mm 厚	m^2	86.55

项目编码:011201001　　项目名称:墙面一般抹灰

【例 2】　如图 2-3、图 2-5 所示，计算外墙裙抹水泥砂浆工程量（做法：外墙裙做 1∶3 水泥砂浆 $\delta=14\text{mm}$，做 1∶2.5 水泥砂浆 $\delta=5\text{mm}$）。

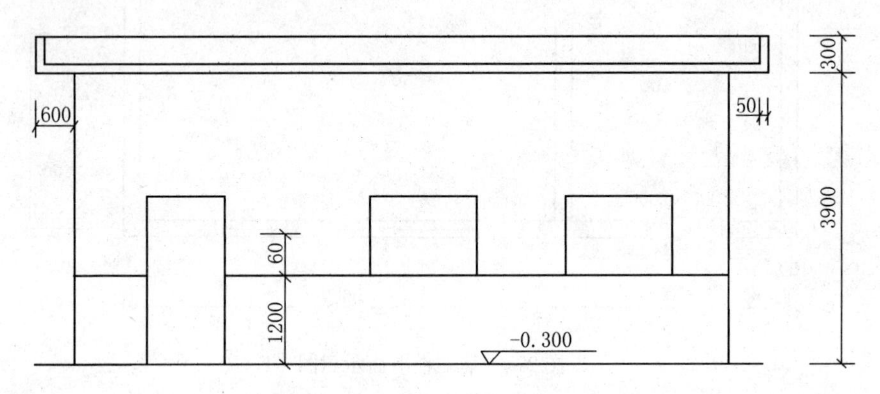

图 2-5　某工程立面示意图

【解】　(1) 定额工程量

外墙外边线长 $=(9+0.24+4.5+0.24)\times 2=27.96\text{m}$

工程量 $S=(27.96\times 1.2-1\times 1.2)=32.35\text{m}^2$

水泥砂浆、砖墙套用基础定额 11－25

(2) 清单工程量

清单工程量与定额工程量相同。

工程量 $=32.35\text{m}^2$

清单工程量计算见表 2-2。

表 2-2　清单工程量计算表

项目编码	项目名称	项目特征描述	计量单位	工程量
011201001001	墙面一般抹灰	240mm 厚外墙，底层 14mm 厚 1∶3 水泥砂浆，面层 5mm 厚 1∶2.5 水泥砂浆	m^2	32.35

项目编码:011201001　　项目名称:墙面一般抹灰

【例 3】　如图 2-3、图 2-5 所示，计算挑檐抹水泥砂浆工程量（做法：挑檐外侧抹1∶2.5水泥砂浆 $\delta=20\text{mm}$）。

【解】　(1) 定额工程量

工程量　$S=(9.0+0.24+0.6+4.5+0.24+0.6)\times 2\times 0.3$

$=9.11\text{m}^2$

墙面、墙裙抹水泥砂浆、砖墙套用基础定额 11－25

(2) 清单工程量

清单工程量与定额工程量相同。

工程量 $=9.11\text{m}^2$

清单工程量计算见表 2-3。

表 2-3 清单工程量计算表

项目编码	项目名称	项目特征描述	计量单位	工程量
011201001001	墙面一般抹灰	外墙挑檐 1∶2.5 水泥砂浆,20mm 厚	m^2	9.11

项目编码:011201001　　项目名称:墙面一般抹灰

【例 4】 如图 2-3、图 2-5 所示,计算腰线抹水泥砂浆工程量。

【解】 (1)定额工程量

本腰线展开宽度小于 300mm,按延长米计算。

腰线工程量 $L=(9.0+0.24+0.06\times2+4.5+0.24+0.06\times2)\times2$

$=28.44\text{m}$

水泥砂浆、零星项目、套用基础定额 11 -30

(2)清单工程量

清单工程量按图示尺寸展开面积计算。

工程量 $=5.12\text{m}^2$

清单工程量计算见表 2-4。

表 2-4 清单工程量计算表

项目编码	项目名称	项目特征描述	计量单位	工程量
011201001001	墙面一般抹灰	腰线抹水泥砂浆,1∶2.5 水泥砂浆,20mm 厚	m^2	5.12

项目编码:011201002　　项目名称:墙面装饰抹灰

【例 5】 如图 2-3、图 2-5 所示,计算外墙水刷石工程量(做法:外墙水刷石墙面,1∶3水泥砂浆 $\delta=12\text{mm}$,1∶1.5 水泥白石子浆 $\delta=10\text{mm}$)。

【解】 (1)定额工程量

1)水刷石工程量:

$S=[(9.0+0.24+4.5+0.24)\times2\times(3.9-1.2-0.06)-1.5\times1.8\times5-1\times(2-1.2-0.06)\times1]$

$=(13.98\times2\times2.64-13.5-0.74)$

$=59.57\text{m}^2$

水刷白石子,砖、混凝土墙面套用基础定额 11 -72

2)腰线:

挑檐、天沟、腰线、栏杆、栏板、门窗套、窗台线、压顶等均按图示尺寸展开面积以平方米计算,并入相应的外墙面积内。

工程量 $S=(9.0+0.24+0.06\times2+4.5+0.24+0.06\times2)\times2\times0.06\times3$

$=5.12\text{m}^2$

水刷白石子、零星项目套用基础定额 11 -75

(2)清单工程量

清单工程量与定额工程量相同。

1)水刷石　工程量 $=59.57\text{m}^2$

2)腰线　工程量 $=5.12\text{m}^2$

清单工程量计算见表 2-5。

表 2-5　清单工程量计算表

项目编码	项目名称	项目特征描述	计量单位	工程量
011201002001	墙面装饰抹灰	外墙水刷石,240mm 厚外墙,底层 12mm 厚,1∶3 水泥砂浆,面层 10mm 厚,1∶1.5 水泥白石子浆	m^2	64.69

项目编码:011201002　　项目名称:墙面装饰抹灰

【例 6】　如图 2-3、图 2-5 所示,求腰线、檐口水刷石工程量(做法:1∶3 水泥砂浆 $\delta = 12mm$,1∶1.5 水泥豆石子 $\delta = 12mm$)。

【解】　(1)定额工程量

腰线 $= (9.0 + 0.24 + 0.06 \times 2 + 4.5 + 0.24 + 0.06 \times 2) \times 2 \times 0.06 \times 3$

$= 5.12m^2$

檐口 $= (9.0 + 0.24 + 0.6 \times 2 + 4.5 + 0.24 + 0.6 \times 2) \times 2 \times 0.3$

$= 9.83m^2$

合计工程量 $= 5.12 + 9.83 = 14.95m^2$

水刷豆石、零星项目套用基础定额 11 - 71

(2)清单工程量

清单工程量同定额工程量。

工程量 $= 14.95m^2$

清单工程量计算见表 2-6。

表 2-6　清单工程量计算表

项目编码	项目名称	项目特征描述	计量单位	工程量
011201002001	墙面装饰抹灰	腰线、檐口水刷石,底层 12mm 厚,1∶3 水泥砂浆,面层 12mm 厚,1∶1.5 水泥豆石子	m^2	14.95

项目编码:011201003　　项目名称:墙面勾缝

【例 7】　如图 2-3、图 2-5 所示,计算墙面勾缝工程量(做法:外墙水刷石改为水泥砂浆勾缝)。

【解】　(1)定额工程量

墙面勾缝按垂直投影面积计算,应扣除墙裙和墙面抹灰的面积,不扣除门窗洞口、门窗套、腰线等零星抹灰所占的面积,附墙柱和门窗洞口侧面,勾缝面积亦不增加。独立柱、房上烟囱勾缝,按图示尺寸以平方米计算。

工程量 $S = (9 + 0.24 + 4.5 + 0.24) \times (3.9 - 1.2) \times 2 = 75.50m^2$

水泥砂浆、勾缝、砖墙套用基础定额 11 - 64

(2)清单工程量

工程量 $= 75.50 - 1.5 \times 1.8 \times 5 - 1 \times (2 - 1.2) = 61.20m^2$

清单工程量计算见表 2-7。

表 2-7　清单工程量计算表

项目编码	项目名称	项目特征描述	计量单位	工程量
011201003001	墙面勾缝	240mm 厚外墙,水泥砂浆勾缝	m^2	61.20

项目编码:011202001　　项目名称:柱、梁面一般抹灰

【例8】 如图2-6所示,计算独立柱面抹混合砂浆工程量。

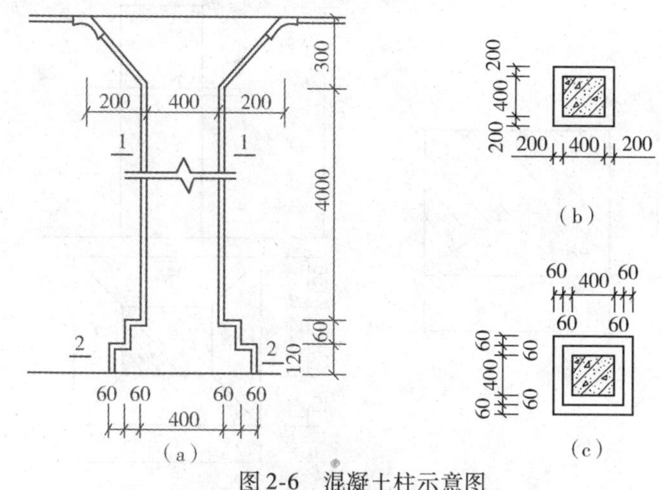

图2-6　混凝土柱示意图

(a)立面图;(b)1-1剖面图;(c)2-2剖面图

【解】 (1)定额工程量

一般抹灰、装饰抹灰、镶贴材料按结构断面周长乘以柱的高度以平方米计算。

柱身:$S_1 = 0.4 \times 4 \times 4 = 6.40\text{m}^2$

柱帽:$S_2 = [(0.4 + 0.2 \times 2) \times 4 + 0.4 \times 4]/2 \times \sqrt{0.2^2 + 0.3^2} \times 4$

$= 3.46\text{m}^2$

柱脚:$S_3 = (0.4 \times 4 + 8 \times 0.06) \times 0.06 + (0.4 \times 4 + 8 \times 0.06 \times 2) \times 0.12$

$= 0.43\text{m}^2$

合计工程量:

$S = 6.40 + 3.46 + 0.43 = 10.29\text{m}^2$

抹混合砂浆、矩形混凝土柱,套用基础定额11-46

(2)清单工程量

清单工程量同定额工程量。

工程量$= 10.29\text{m}^2$

清单工程量计算见表2-8。

表2-8　清单工程量计算表

项目编码	项目名称	项目特征描述	计量单位	工程量
011202001001	柱、梁面一般抹灰	矩形独立柱,15mm厚1:3水泥砂浆打底,1:1:2混合砂浆罩面,5mm厚	m^2	10.29

项目编码:011202001　　项目名称:柱、梁面一般抹灰

【例9】 某建筑物钢筋混凝土柱18根,构造如图2-7所示,柱面抹水泥砂浆,1:3底层,1:2.5面层,厚度为12mm+8mm,计算其工程量。

【解】 (1)定额工程量

1)柱面抹水泥砂浆工程量,按结构尺寸计算,即

工程量$= 0.5 \times 4 \times 3.2 \times 18 = 115.20\text{m}^2$

2)柱帽抹水泥砂浆工程量,按展开面积计算,即

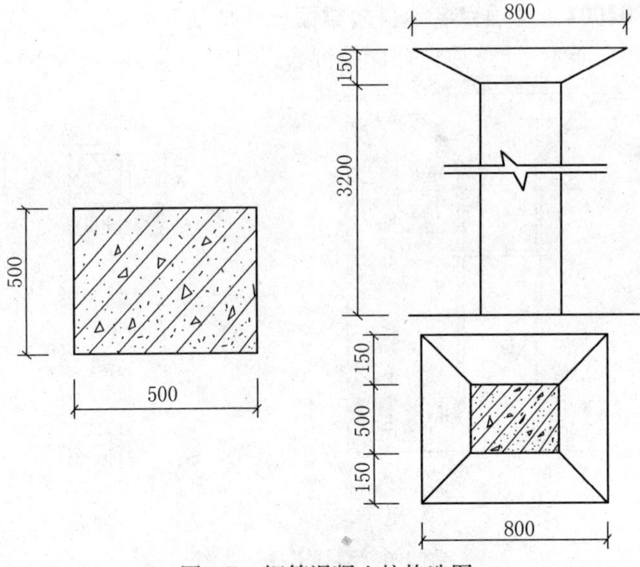

图 2-7　钢筋混凝土柱构造图

$$工程量 = \frac{1}{2} \times \sqrt{0.15^2 + 0.15^2} \times (0.5 \times 4 + 0.8 \times 4) \times 18 = 9.93m^2$$

合计工程量 = 115.20 + 9.93 = 125.13m²

墙面、墙裙抹水泥砂浆、混凝土墙，套用基础定额 11－26

(2)清单工程量

清单工程量同定额工程量。

工程量 = 125.13m²

清单工程量计算见表 2-9。

表 2-9　清单工程量计算表

项目编码	项目名称	项目特征描述	计量单位	工程量
011202001001	柱、梁面一般抹灰	钢筋混凝土柱，底层 12mm 厚 1:3 水泥砂浆，面层 8mm 厚 1:2.5 水泥砂浆	m^2	125.13

项目编码:011202002　　项目名称:柱、梁面装饰抹灰

【例 10】　某独立柱如图 2-8 所示，柱面用干粘石装饰，试求该独立柱装饰面的工程量。

【解】　(1)定额工程量

工程量 = 0.6 × 6 × 4.8 = 17.28m²

柱面装饰套定额：

1)干粘白石子柱面套用消耗量定额 2－015

2)干粘玻璃碴柱面套用消耗量定额 2－019

(2)清单工程量

清单工程量同定额工程量。

清单工程量计算见表 2-10。

表 2-10　清单工程量计算表

项目编码	项目名称	项目特征描述	计量单位	工程量
011202002001	柱、梁面装饰抹灰	正六边形独立柱用干粘石装饰	m^2	17.28

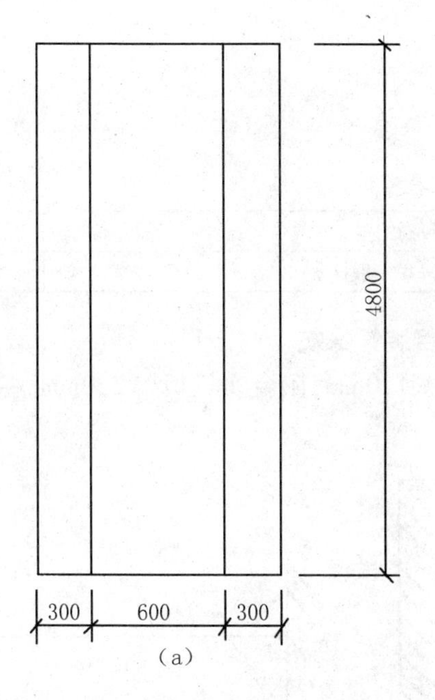

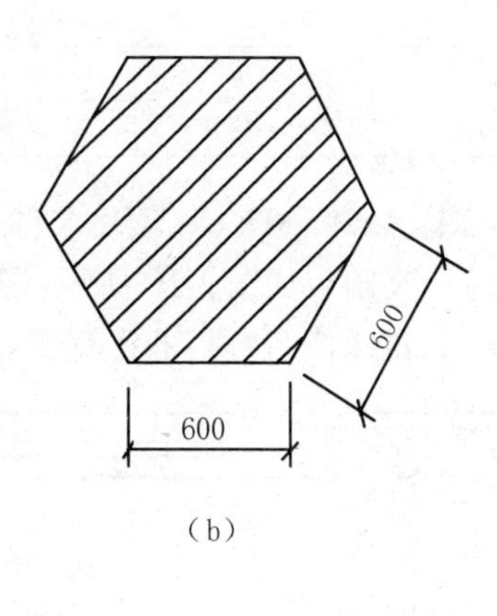

图 2-8　某独立柱示意图

(a)立面图;(b)平面图

项目编码:011203001　　项目名称:零星项目一般抹灰

【例 11】　某壁柜如图 2-9 所示,壁柜内表面采用一般抹灰,试求壁柜抹灰的工程量。

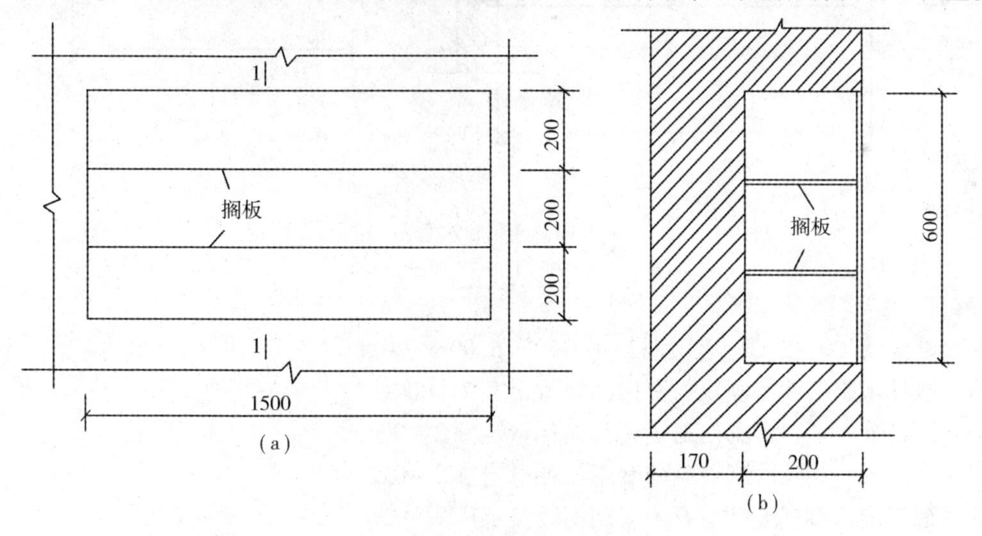

图 2-9　某壁柜示意图

(a)立面图;(b)1-1 剖面图

【解】　(1)定额工程量

工程量 $=[(1.5+0.6)\times2\times0.2+1.5\times0.6]=1.74\text{m}^2$

1)壁柜抹石灰砂浆　　套用基础定额 11－23

2)壁柜抹水泥砂浆　　套用基础定额 11－30

3)壁柜抹混合砂浆　　套用基础定额 11－41

4)壁柜抹石膏砂浆　　套用基础定额 11－49

(2)清单工程量

清单工程量同定额工程量。

清单工程量计算见表 2-11。

表 2-11　清单工程量计算表

项目编码	项目名称	项目特征描述	计量单位	工程量
011203001001	零星项目一般抹灰	壁柜内表面采用一般抹灰	m^2	1.74

项目编码:011203002　　项目名称:零星项目装饰抹灰

【例 12】 某阳台如图 2-10 所示,阳台底板厚 120mm,阳台实栏板厚 120mm,栏板内墙面采用装饰抹灰,试求阳台栏板的工程量。

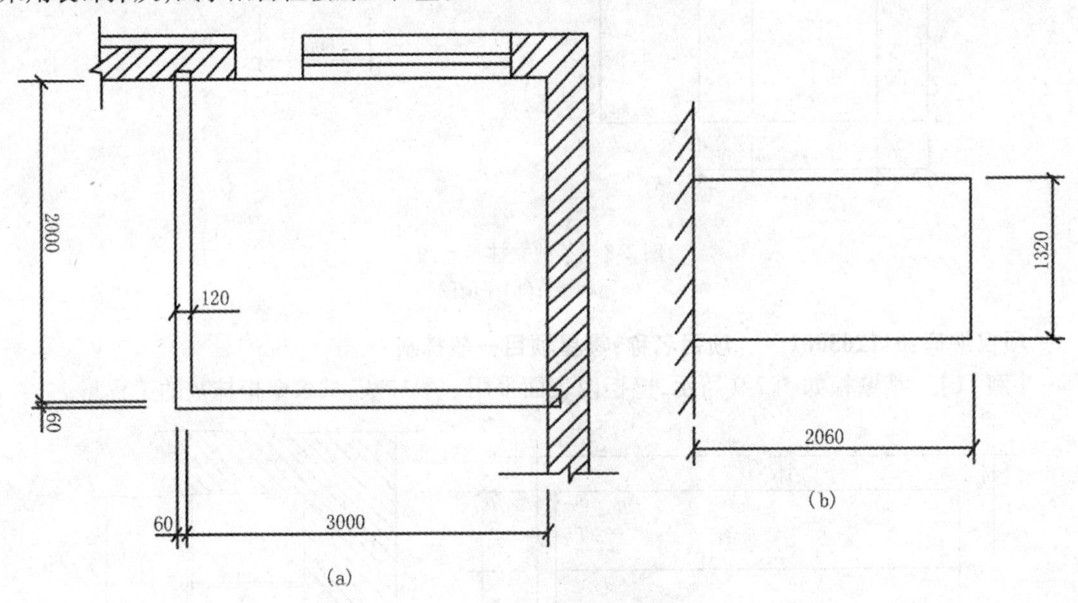

图 2-10　某阳台示意图

(a)平面图;(b)立面图

【解】 (1)定额工程量

工程量 $=(2.00+3.00)\times(1.32-0.12)=6.00m^2$

1)栏板抹水刷石　水刷豆石套用消耗量定额 2－004

水刷白石子套用消耗量定额 2－008

水刷玻璃碴套用消耗量定额 2－012

2)栏板抹干粘石　干粘白石子套用消耗量定额 2－016

干粘玻璃碴套用消耗量定额 2－020

3)栏板抹斩假石套用消耗量定额 2－024

(2)清单工程量

清单工程量同定额工程量。

清单工程量计算见表 2-12。

表 2-12　清单工程量计算表

项目编码	项目名称	项目特征描述	计量单位	工程量
011203002001	零星项目装饰抹灰	阳台栏板厚 120mm,内墙面采用装饰抹灰	m^2	6.00

项目编码:011204002　　项目名称:拼碎石材墙面

【例 13】 某住宅楼如图 2-11 所示,住宅外墙表面采用碎拼石材装饰,试求该住宅楼外墙面装饰工程的工程量。

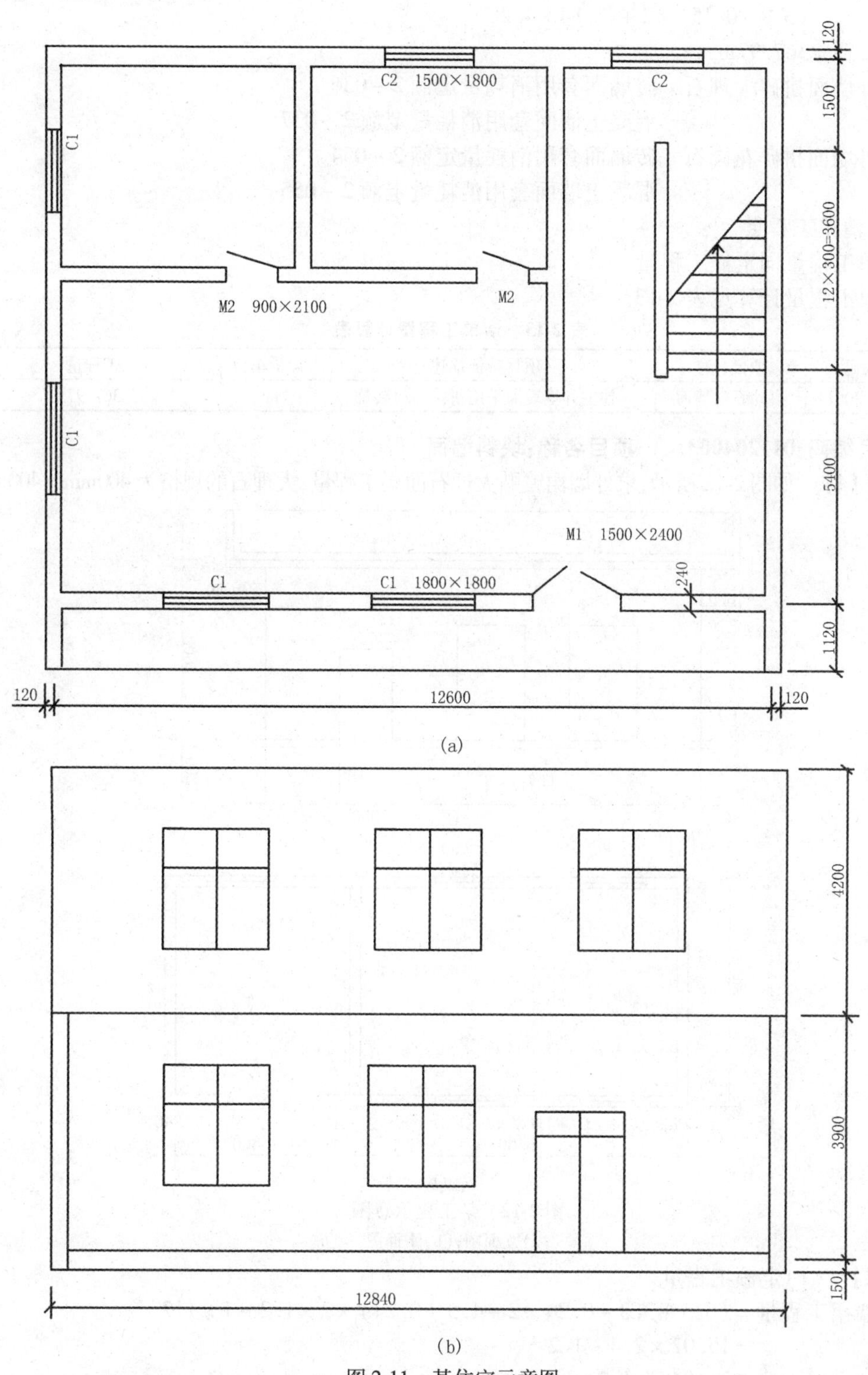

图 2-11　某住宅示意图

(a)平面图;(b)正立面图

【解】 (1)定额工程量

工程量 $=\{(3.9+0.15+4.2)\times[(1.12+5.4+3.6+1.5+0.12)\times2+12.84]+1.0\times3.9\times2+(12.6-0.24)\times3.9-1.8\times1.8\times9-1.5\times1.8\times4-1.5\times2.4\}+0.24\times(3.9+0.15)\times2+12.84\times4.2$

$=367.97\text{m}^2$

1)外墙面拼碎大理石　砖墙面套用消耗量定额 2-036

　　　　　　　　　　混凝土墙面套用消耗量定额 2-037

2)外墙面拼碎花岗石　砖墙面套用消耗量定额 2-054

　　　　　　　　　　混凝土墙面套用消耗量定额 2-055

(2)清单工程量

清单工程量同定额工程量。

清单工程量计算见表 2-13。

表 2-13　清单工程量计算表

项目编码	项目名称	项目特征描述	计量单位	工程量
011204002001	拼碎石材墙面	住宅外墙表面采用拼碎石材装饰	m^2	367.97

项目编码:011204003　　项目名称:块料墙面

【例 14】 如图 2-12 所示,求外墙裙镶贴大理石面层工程量,大理石的规格为 400mm×400mm。

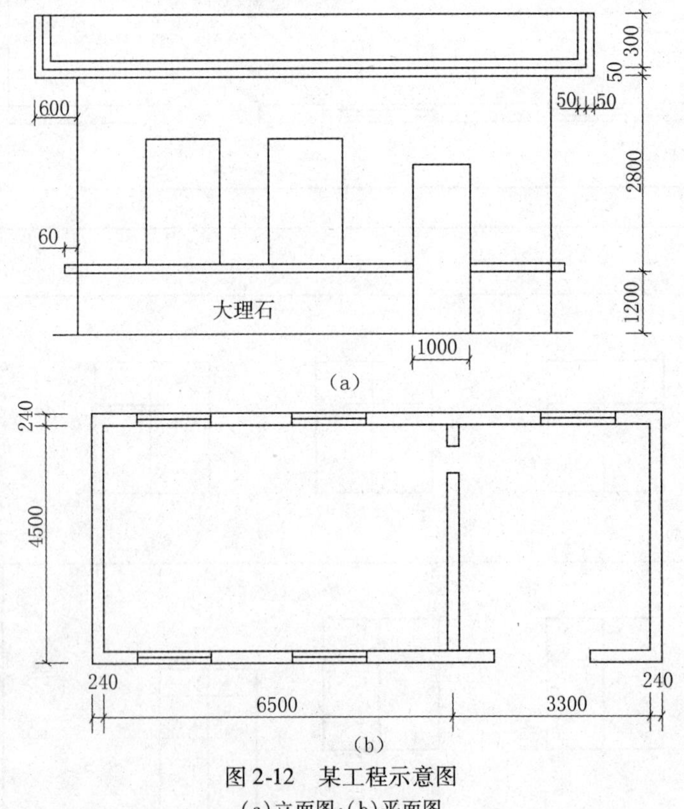

图 2-12　某工程示意图

(a)立面图;(b)平面图

【解】 (1)定额工程量

外墙裙工程量 $=(6.5+3.3+0.24\times2+4.5+0.24)\times2\times1.2-1\times1.2$

$=15.02\times2.4-1.2$

$=36.048-1.2$

$=34.85\text{m}^2$

套用基础定额 11 －120

(2)清单工程量

清单工程量同定额工程量。

清单工程量计算见表 2-14。

表 2-14　清单工程量计算表

项目编码	项目名称	项目特征描述	计量单位	工程量
011204003001	块料墙面	大理石墙裙,1:2 水泥砂浆粘结层,大理石规格:400mm×400mm	m^2	34.85

项目编码:011204003　　项目名称:块料墙面

【例 15】 某居民住宅的一层如图 2-13 所示,已知外墙裙贴釉面砖,外墙裙标高 1.2m,面砖 150mm×75mm,水泥砂浆粘贴,灰缝 10mm。

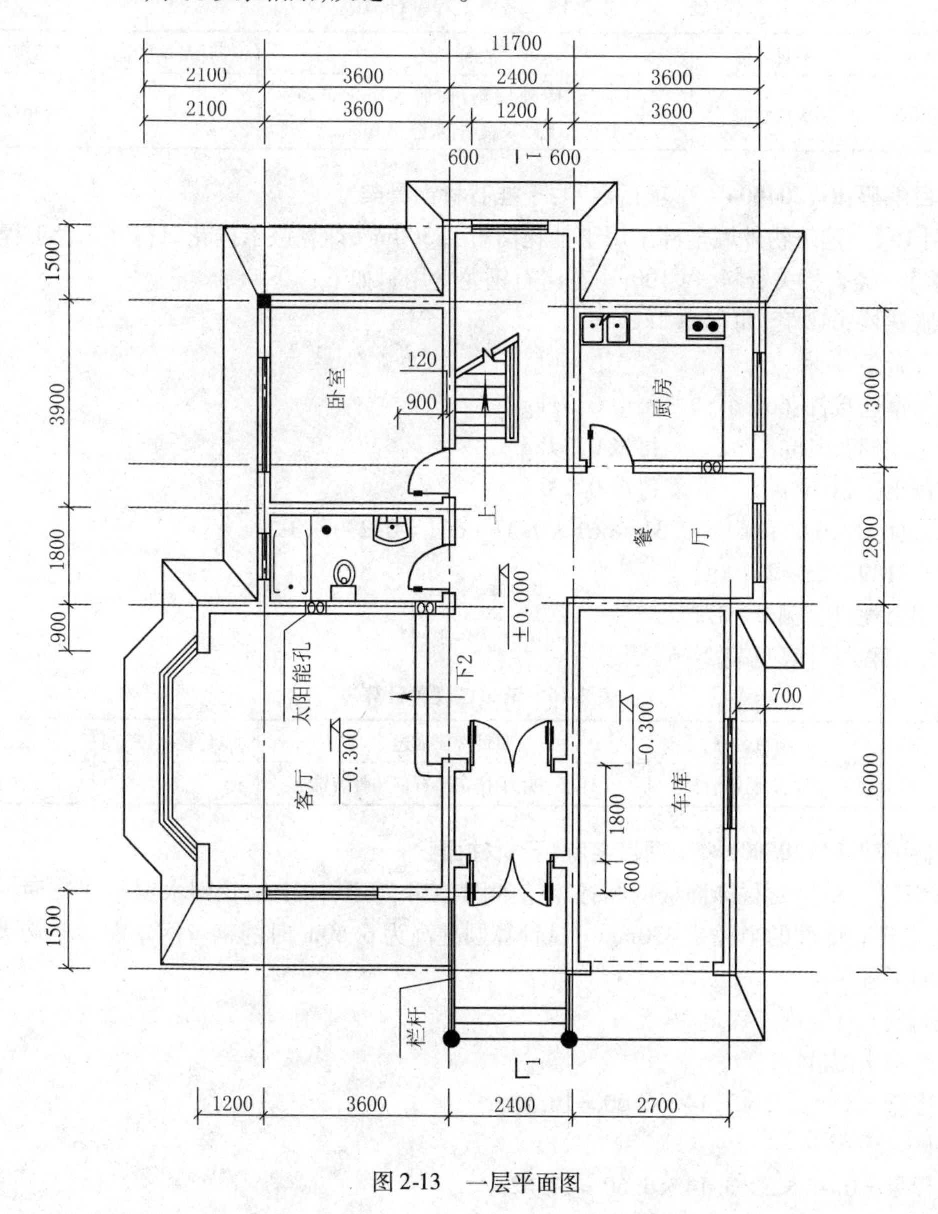

图 2-13　一层平面图

【解】 (1)定额工程量

外墙外边线总长

工程量 $=(3+2.8+6+0.24+0.7+3.6+2.4+3.6+0.24+1.5\times2+3.9+1.8+1.2\times2+0.9\times2+0.24+3.6+0.24)$

$=39.56m$

外墙裙工程量 $=39.56\times1.2=47.47m^2$

套用基础定额 11－175

(2)清单工程量

清单工程量同定额工程量。

清单工程量计算见表 2-15。

表 2-15 清单工程量计算表

项目编码	项目名称	项目特征描述	计量单位	工程量
011204003001	块料墙面	240mm 厚砖外墙裙,面砖规格 150mm × 75mm,1:2 水泥砂浆粘贴,灰缝宽 10mm	m^2	46.27

项目编码:011204004 项目名称:干挂石材钢骨架

【例 16】 建筑物外墙全部采用干挂花岗石共 $300m^2$,计算该干挂花岗石钢龙骨工程量。

【解】 经查相关资料,每 $100m^2$ 花岗石钢龙骨用料如下:

膨胀螺栓:642 套,每套 0.2kg

铝合金条:0 米

不锈钢连接件:661 个 每个 0.31kg

电化角铝:661m 每米 0.37kg

不锈钢插棍:661 个 每个 0.23kg

$M=(0.2\times642+661\times0.31+661\times0.37+661\times0.23)\times3kg$

$=2189.7kg\approx2.190t$

套用消耗量定额 2－071

清单工程量计算见表 2-16。

表 2-16 清单工程量计算表

项目编码	项目名称	项目特征描述	计量单位	工程量
011204004001	干挂石材钢骨架	外墙采用干挂花岗石钢龙骨装饰	t	2.190

项目编码:011205001 项目名称:石材柱面

【例 17】 镶贴石材饰面板的圆柱构造如图 2-14 所示,图中钢丝网水泥砂浆饰面的半径 400mm,大理石饰面的半径是 430mm。试计算圆柱高为 6.60m 时的钢丝网水泥砂浆和大理石装饰面的工程量。

【解】 (1)定额工程量

钢丝网水泥砂浆

工程量 $=0.40\times2\times3.14\times6.60=16.58m^2$

圆柱大理石

工程量 $=0.43\times2\times3.14\times6.60=17.82m^2$

套用基础定额 11－125

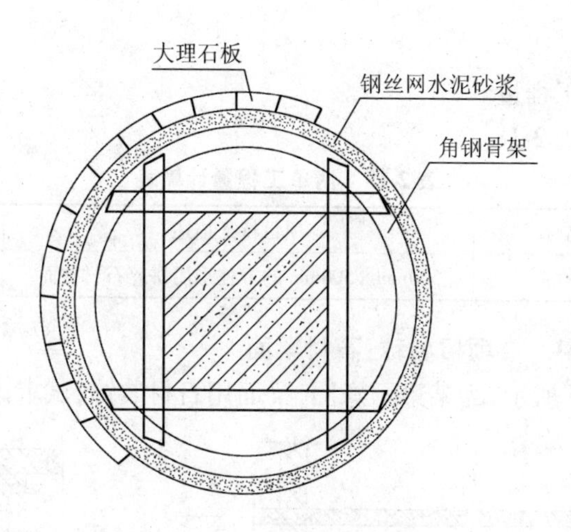

图 2-14　镶贴石材饰面板的圆柱构造示意图

（2）清单工程量

清单工程量同定额工程量。

清单工程量计算见表 2-17。

表 2-17　清单工程量计算表

项目编码	项目名称	项目特征描述	计量单位	工程量
011205001001	石材柱面	混凝土柱，钢丝网水泥砂浆镶贴大理石面板	m^2	34.40

项目编码：011205003　　项目名称：拼碎块柱面

【例 18】　如图 2-15 所示，某柱 6 根，柱面采用拼碎石材柱面，求其工程量。

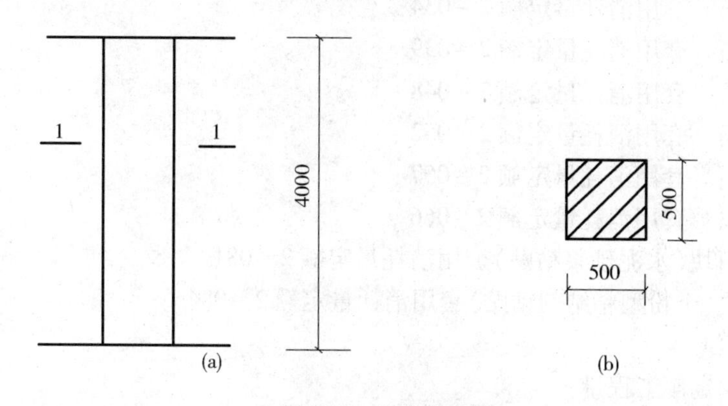

图 2-15　某柱示意图

（a）立面图；（b）1－1 剖面图

【解】　（1）定额工程量

工程量 $=0.5\times4\times4\times6=48.00\text{m}^2$

柱采用拼碎石材柱面套用消耗量定额：

1）拼碎大理石　砖柱面套用消耗量定额 2－038

　　　　　　　混凝土柱面套用消耗量定额 2－039

2）拼碎花岗石　砖柱面套用消耗量定额 2－056

　　　　　　　混凝土柱面套用消耗量定额 2－057

(2)清单工程量

清单工程量同定额工程量。

清单工程量计算见表2-18。

表2-18　清单工程量计算表

项目编码	项目名称	项目特征描述	计量单位	工程量
011205003001	拼碎块柱面	500mm×500mm的方柱采用拼碎石材柱面	m^2	48.00

项目编码:011205004　　项目名称:石材梁面

【例19】　如图2-16所示,为某梁示意图,梁面用石材装饰,试求该装饰工程的工程量。

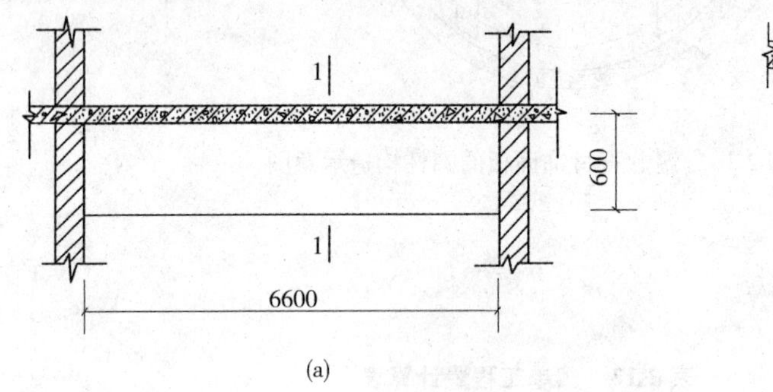

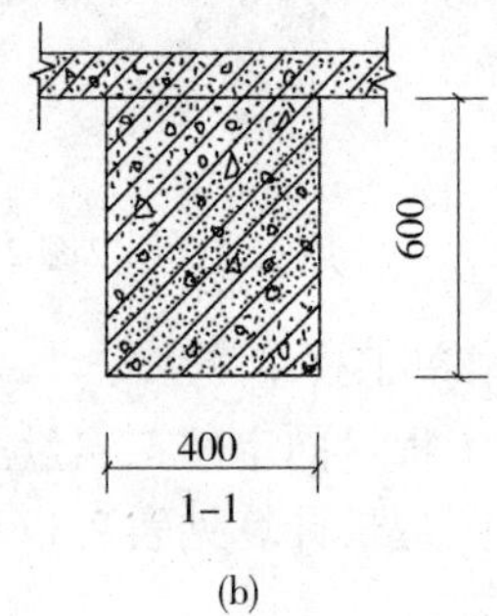

图2-16　某梁示意图

(a)立面图;(b)剖面图

【解】　(1)定额工程量

工程量 $=(0.4+0.6\times2)\times6.6=10.56m^2$

石材梁面套定额:

1)挂贴大理石　套用消耗量定额2-034

2)拼碎大理石　套用消耗量定额2-039

3)干挂大理石　套用消耗量定额2-048

4)挂贴花岗石　套用消耗量定额2-052

5)拼碎花岗石　套用消耗量定额2-057

6)干挂花岗石　套用消耗量定额2-066

7)凹凸假麻石块(水泥砂浆粘贴)套用消耗量定额2-081

凹凸假麻石块(干粉型粘结剂粘贴)套用消耗量定额2-084

(2)清单工程量

清单工程量同定额工程量。

清单工程量计算见表2-19。

表2-19　清单工程量计算表

项目编码	项目名称	项目特征描述	计量单位	工程量
011205004001	石材梁面	400mm×600mm的梁面用石材装饰	m^2	10.56

项目编码:011205005　　项目名称:块料梁面

【例20】　如图2-16所示,为某梁示意图,采用块料梁面,试求其清单工程量及定额工程量。

【解】　(1)定额工程量

工程量 $=(0.4+0.6\times2)\times6.6=10.56\text{m}^2$

块料梁面套定额：

1)陶瓷锦砖(水泥砂浆粘贴)方柱(梁)面　套用消耗量定额 2－087

陶瓷锦砖(干粉型粘结剂粘贴)方柱(梁)面　套用消耗量定额 2－090

2)玻璃马赛克(水泥砂浆粘贴)方柱(梁)面　套用消耗量定额 2－093

玻璃马赛克(干粉型粘结剂粘贴)方柱(梁)面　套用消耗量定额 2－096

3)瓷板 152mm×152mm(水泥砂浆粘贴)柱(梁)面　套用消耗量定额 2－099

瓷板 152mm×152mm(干粉型粘结剂粘贴)柱(梁)面　套用消耗量定额 2－102

(2)清单工程量

清单工程量同定额工程量。

清单工程量计算见表 2-20。

表 2-20　清单工程量计算表

项目编码	项目名称	项目特征描述	计量单位	工程量
011205005001	块料梁面	400mm×600mm 的块料梁面	m^2	10.56

项目编码:011206001　　项目名称:石材零星项目

【例 21】　如图 2-17 所示,为一建筑物底层平面图,门的尺寸 M1 为 1750mm×2075mm, M2 为 1000mm×2400mm,该建筑物自地面到 1.2m 处镶贴大理石墙裙,求大理石镶贴的工程量(墙厚为 240mm)。

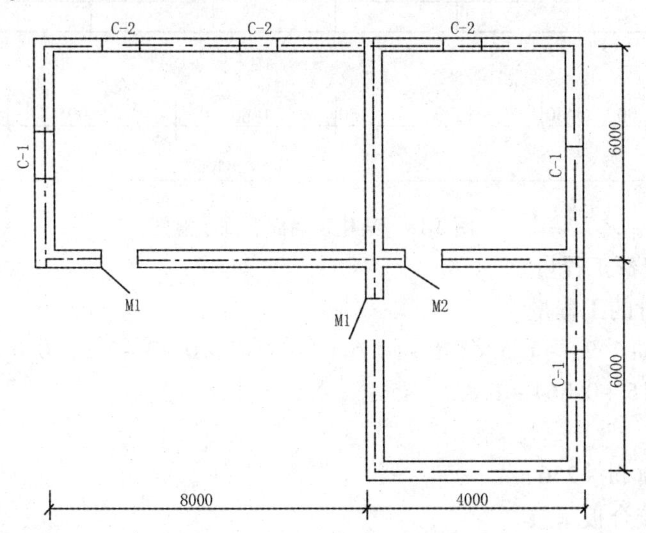

图 2-17　某建筑物底层平面图

【解】　(1)定额工程量

大理石墙裙的工程量为设计图示尺寸以面积计算。墙裙面积为:

$$\begin{aligned} S &= (8+4+0.24+6+6+0.24)\times2\times1.2-1.75\times2\times1.2 \\ &= 58.752-4.2 \\ &= 54.55\text{m}^2 \end{aligned}$$

套用消耗量定额 2－035

(2)清单工程量

清单工程量同定额工程量。

清单工程量计算见表 2-21。

表 2-21 清单工程量计算表

项目编码	项目名称	项目特征描述	计量单位	工程量
011206001001	石材零星项目	墙裙镶贴大理石面层	m^2	54.55

项目编码:011207001　　项目名称:墙面装饰板

【例 22】 图 2-18 所示为某建筑物墙面装饰示意图,计算墙面装饰的工程量。

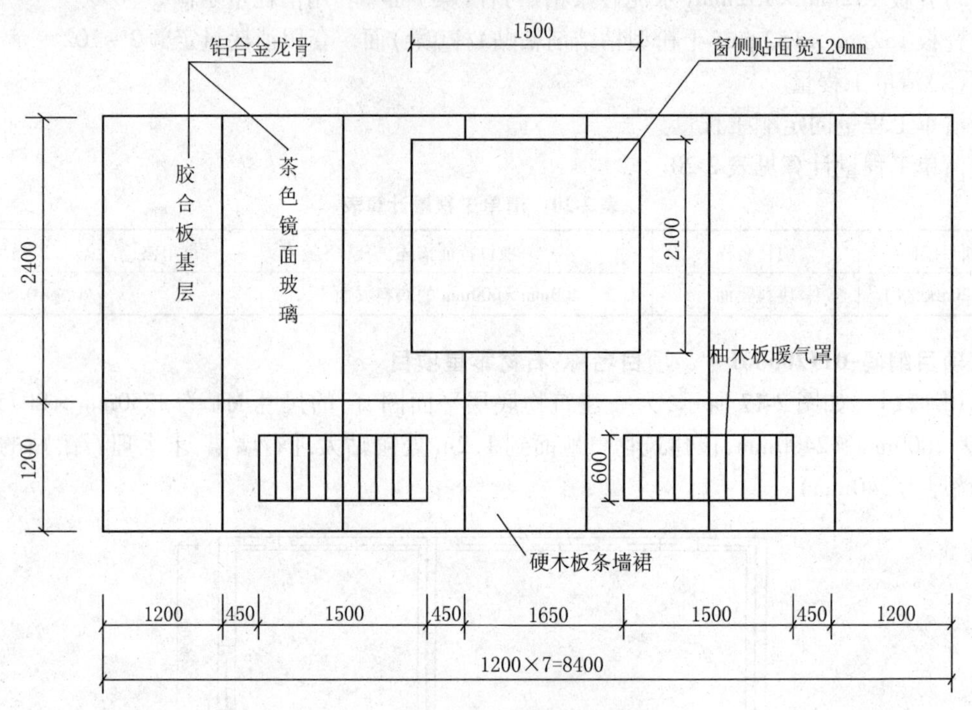

图 2-18 某建筑墙面装饰示意图

【解】 (1)定额工程量

1)铝合金龙骨的工程量

$=8.4\times(2.4+1.2)-1.5\times2.1+(1.5+2.1)\times2\times0.12-1.5\times0.6\times2$

$=30.24-3.15+0.864-1.8$

$=26.15m^2$

套用基础定额 11-256

2)龙骨上钉胶合板基层

工程量 $=8.4\times2.4-1.5\times2.1+(2.1+1.5)\times2\times0.12$

$=20.16-3.15+0.864$

$=17.87m^2$

3)茶色镜面玻璃同胶合板基层

工程量 $=17.87m^2$

套用基础定额 11-252

4)硬木板条墙裙

工程量 $=8.4\times1.2-1.5\times0.6\times2=8.28m^2$

套用基础定额 11-234

5)柚木板暖气罩

工程量 $=1.5\times0.6\times2=1.80m^2$

(2)清单工程量

清单工程量同定额工程量。

清单工程量计算见表2-22。

表2-22 清单工程量计算表

序号	项目编码	项目名称	项目特征描述	计量单位	工程量
1	011207001001	墙面装饰板	铝合金龙骨,胶合板基层,茶色镜面玻璃面层	m^2	61.89
2	011207001002	墙面装饰板	硬木板条墙裙	m^2	8.28

项目编码:011208001　　项目名称:柱(梁)面装饰

【例23】 图2-19所示为一独立方柱圆形饰面示意图,外包不锈钢饰面,内围半径为400mm、柱高4.50m,计算其饰面工程量。

图2-19 方形圆柱饰面示意图

【解】 (1)定额工程量

柱饰面工程量 $=4.5\times2\times0.4\times3.14=11.30=0.113(100m^2)$

套用基础定额11-249

(2)清单工程量

清单工程量同定额工程量。

清单工程量计算见表2-23。

表2-23 清单工程量计算表

项目编码	项目名称	项目特征描述	计量单位	工程量
011208001001	柱(梁)面装饰	混凝土方柱,木龙骨,钉胶合板,不锈钢饰面	m^2	11.30

项目编码:011208001　　项目名称:柱(梁)面装饰

【例24】 某大厅6根钢筋混凝土柱包不锈钢镜面板圆形面层,做法如图2-20所示。圆形木龙骨,夹板基层上包不锈钢镜面板面层,同包圆锥形柱帽、柱脚,计算工程量。

【解】 (1)定额工程量

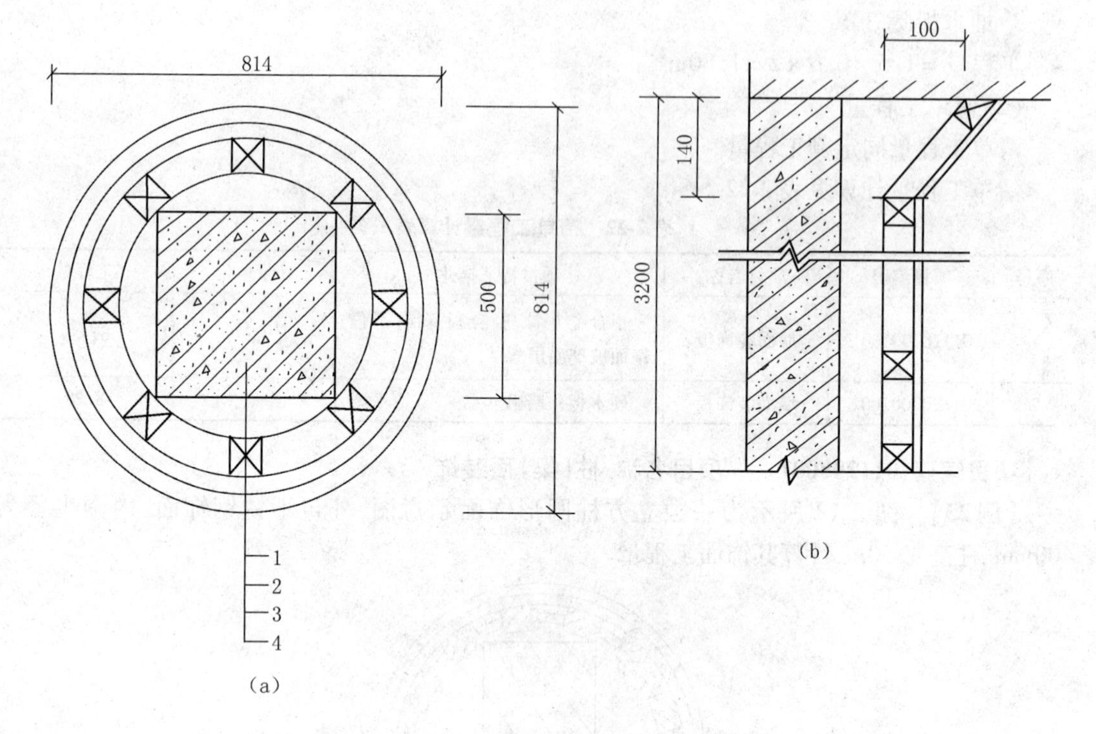

图 2-20　方柱包不锈钢镜面板圆形面示意图

(a)平面图;(b)立面图

1—钢筋混凝土;2—木龙骨;3—夹板基层;4—镀钛不锈钢板包面($\delta = 1.2$mm)

如图 2-20 所示,方柱包圆形面 $\phi = 814\text{mm} > 800\text{mm}$,工程量计算如下:

(1)柱身工程量

木龙骨外围直径按 787.6mm 计算,则

工程量 $= 0.7876 \times \pi \times (3.2 - 0.14) \times 6 = 45.43\text{m}^2$

夹板基层为十二夹板

工程量 $= (0.814 - 0.0012 \times 2) \times \pi \times (3.2 - 0.14) \times 6$

$= 0.8116 \times 3.1416 \times 3.06 \times 6$

$= 46.81\text{m}^2$

不锈钢面层板

工程量 $= 0.814 \times 3.1416 \times 3.06 \times 6 = 46.95\text{m}^2$

(2)柱帽、柱脚工程量

其计算公式为:

$\frac{\pi}{2} \times$ 母线长 $\times$(上面直径 + 下面直径)

木龙骨工程量 $= \frac{\pi}{2} \times \sqrt{0.14^2 + 0.1^2} \times (0.7876 + 0.9876) \times 6 \times 2$

$= 5.77\text{m}^2$

夹板基层工程量 $= \frac{\pi}{2} \times \sqrt{0.14^2 + 0.1^2} \times [(0.814 - 0.0012 \times 2) \times 2 + 0.1 \times 2] \times 6 \times 2$

$= 5.91\text{m}^2$

不锈钢镜面板面层工程量 $=\frac{\pi}{2}\times\sqrt{0.14^2+0.1^2}\times(0.814\times2+0.2)\times6\times2$

$=5.93m^2$

工程量合计：

木龙骨工程量 $=45.43+5.77=51.20m^2$

夹板基层工程量 $=46.81+5.91=52.72m^2$

不锈钢镜面板面层工程量 $=46.95+5.93=52.88m^2$

套用基础定额 11－250

(2)清单工程量

清单工程量同定额工程量。

清单工程量计算见表 2-24。

表 2-24　清单工程量计算表

项目编码	项目名称	项目特征描述	计量单位	工程量
011208001001	柱(梁)面装饰	混凝土方柱，木龙骨，十二夹板基层，镀钛不锈钢板包面，厚 1.2mm	m^2	52.88

项目编码：011210006　　项目名称：其他隔断

【例 25】 图 2-21 所示为一纤维板隔墙示意图，计算纤维板工程量。

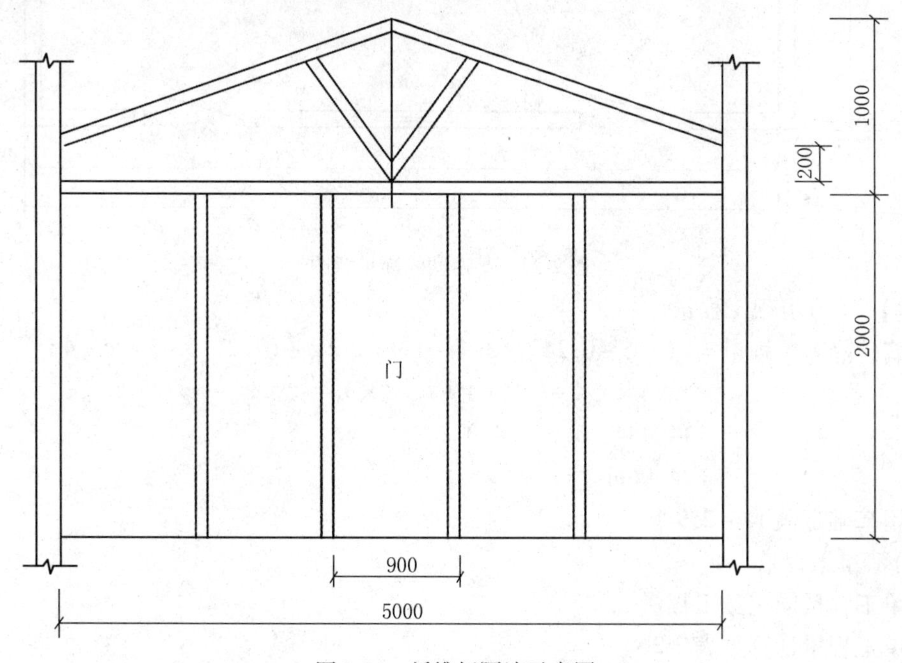

图 2-21　纤维板隔墙示意图

【解】 (1)定额工程量

隔墙工程量 = 长 × 宽净面积

$=[(5-0.9)\times2+5\times0.2+0.5\times5\times0.8]$

$=8.2+1+2$

$=11.20m^2$

套用基础定额 11－240

(2)清单工程量

清单工程量同定额工程量。

清单工程量计算见表 2-25。

表 2-25　清单工程量计算表

项目编码	项目名称	项目特征描述	计量单位	工程量
011210006001	其他隔断	纤维板隔板	m^2	11.20

项目编码:011210003　　项目名称:玻璃隔断

【例 26】　如图 2-22 所示,龙骨截面为 40mm × 35mm,间距为 500mm × 1000mm 的玻璃砖隔断,木压条镶嵌花玻璃,门口尺寸为 900mm × 2000mm,安装艺术门窗,计算玻璃砖隔断的工程量(玻璃砖隔断高度为 3.4m)。

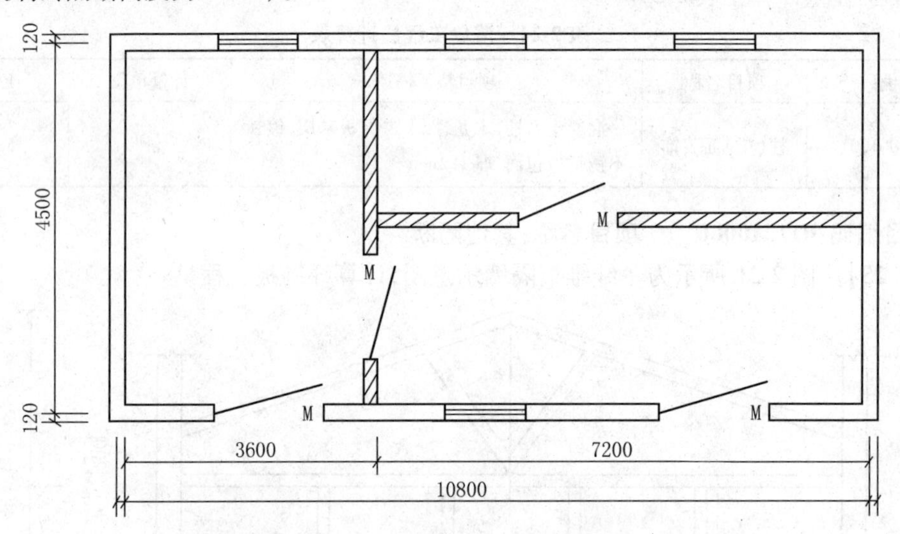

图 2-22　某房间隔断示意图

【解】　(1)定额工程量

玻璃砖隔断工程量 $= [(4.5-0.24)\times3.4-0.9\times2\times2+(7.2-0.12)\times3.4]$

$=4.26\times3.4-0.9\times4+7.08\times3.4$

$=14.484-3.6+24.072$

$=34.96m^2$

套用基础定额 11 - 259

(2)清单工程量

清单工程量同定额工程量。

清单工程量计算见表 2-26。

表 2-26　清单工程量计算表

项目编码	项目名称	项目特征描述	计量单位	工程量
011210003001	玻璃隔断	龙骨截面 40mm × 35mm,玻璃砖隔断,木压条镶嵌花玻璃	m^2	34.96

项目编码:011209001　　项目名称:带骨架幕墙

【例 27】　某大型建筑物设计为铝合金玻璃幕墙,幕墙上带铝合金窗。图 2-23 所示即为该幕墙的立面简图,试计算工程量。

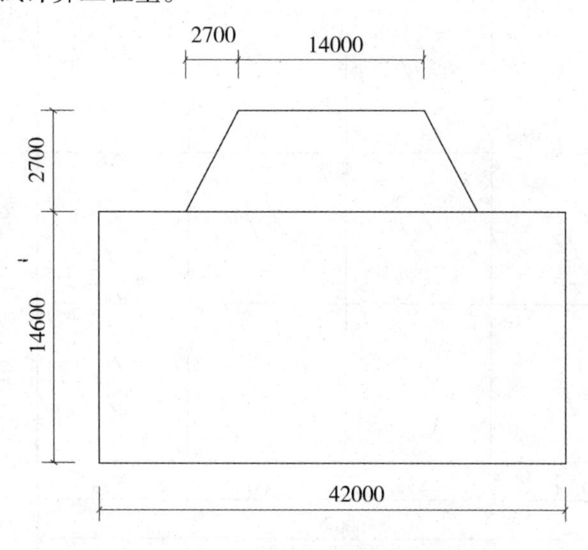

图 2-23　铝合金玻璃幕墙立面示意图

【解】　(1)定额工程量

幕墙工程量 $=42\times14.6+2.7\times2.7+2.7\times14$

$=613.2+7.29+37.8$

$=658.29\text{m}^2$

套用基础定额 11-251

(2)清单工程量

清单工程量同定额工程量。

清单工程量计算见表 2-27。

表 2-27　清单工程量计算表

项目编码	项目名称	项目特征描述	计量单位	工程量
011209001001	带骨架幕墙	铝合金骨架,玻璃面层	m^2	658.29

项目编码:011209002　　项目名称:全玻(无框玻璃)幕墙

【例 28】　如图 2-24 所示,计算全玻幕墙的工程量。

【解】　(1)定额工程量

工程量 $=8\times6=48.00\text{m}^2$

套用消耗量定额 2-275

(2)清单工程量

工程量 $=8\times6=48.00\text{m}^2$

清单工程量计算见表 2-28。

表 2-28　清单工程量计算表

项目编码	项目名称	项目特征描述	计量单位	工程量
011209002001	全玻(无框玻璃)幕墙	全玻幕墙	m^2	48.00

注:全玻(无框玻璃)幕墙的工程量按设计图示尺寸以面积计算,带肋幕墙按展开面积计

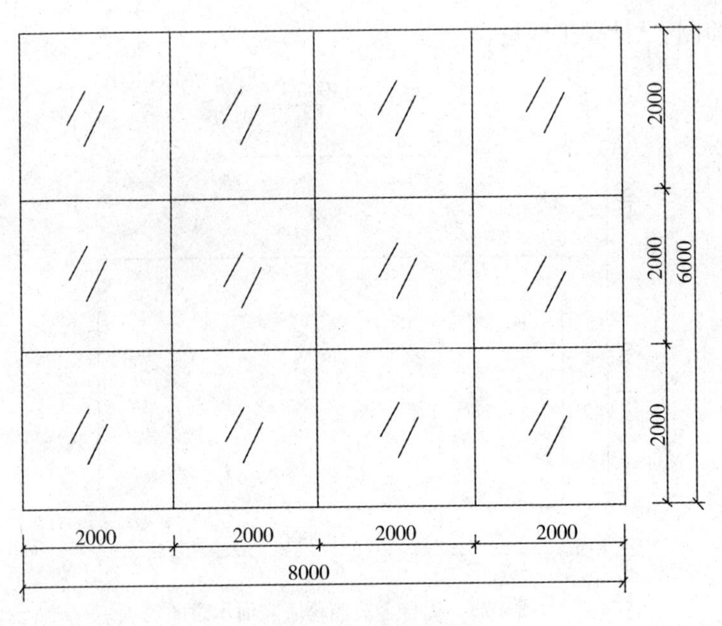

图 2-24　某建筑立面图

算,清单与定额计算规则相同。

项目编码:011209002　　项目名称:全玻(无框玻璃)幕墙

【例 29】 如图 2-25 所示,一幕墙为全玻带肋幕墙,试计算其工程量。

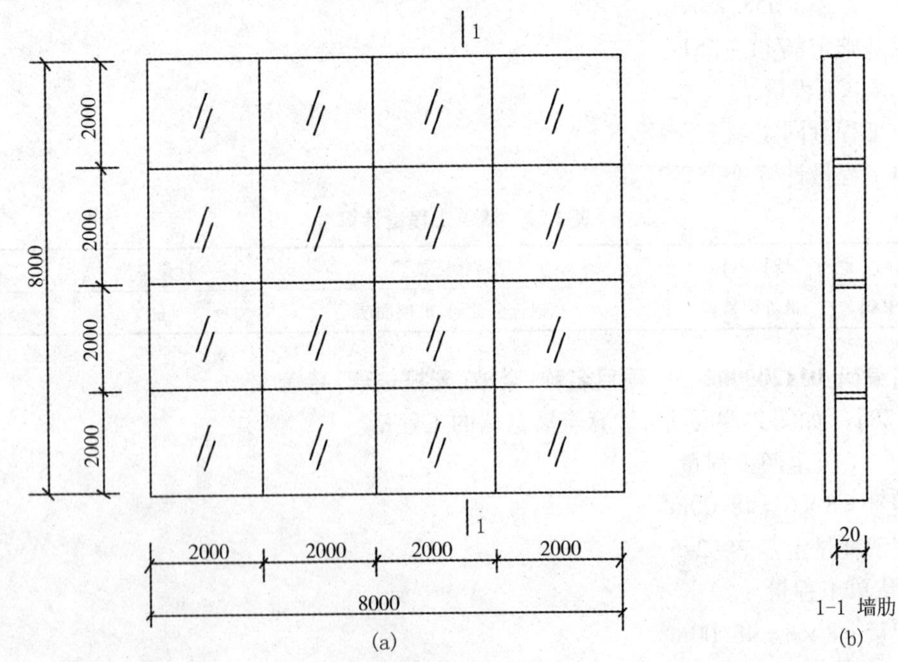

图 2-25　某建筑立面图

(a)平面图;(b)1 - 1 剖面图

【解】 (1)定额工程量

工程量 $=8\times8+8\times0.02\times5$(肋)$=64.80\mathrm{m}^2$

套用消耗量定额 2 - 280

(2)清单工程量

清单工程量同定额工程量。

工程量 $=64.80m^2$

清单工程量计算见表 2-29。

表 2-29　清单工程量计算表

项目编码	项目名称	项目特征描述	计量单位	工程量
011209002001	全玻(无框玻璃)幕墙	全玻带肋幕墙	m^2	64.80

第三章　天棚工程

第一节　天棚工程定额项目划分

天棚工程在《全国统一建筑工程基础定额》土建 GJD 101－1995·下册中归属在第十一章装饰工程，天棚工程在第十一章装饰工程中具体定额划分如图 3-1 所示。

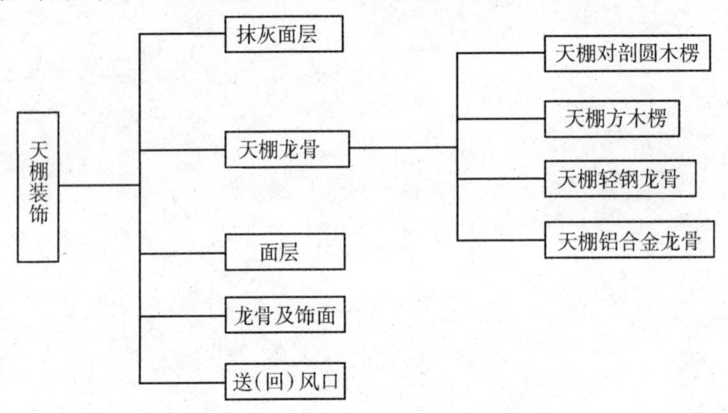

图 3-1　天棚工程定额项目划分示意图

第二节　天棚工程清单项目划分

天棚工程在《房屋建筑与装饰工程工程量计算规范》GB 50854—2013 中具体项目划分如图 3-2 所示。

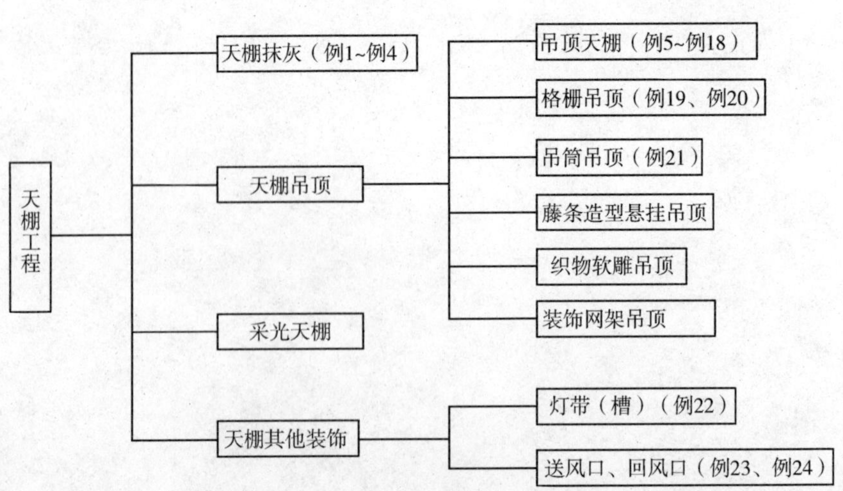

图 3-2　天棚工程清单项目划分示意图

第三节　天棚工程定额与清单工程量计算规则对照

一、天棚工程定额工程量计算规则：

1. 天棚抹灰工程量按以下规定计算：

(1)天棚抹灰面积，按主墙间的净面积计算，不扣除间壁墙、垛、柱、附墙烟囱、检查口和管道所占的面积。带梁天棚、梁两侧抹灰面积，并入天棚抹灰工程量内计算。

(2)密肋梁和井字梁天棚抹灰面积，按展开面积计算。

(3)天棚抹灰如带有装饰线时，区别按三道线以内或五道线以内按延长米计算，线角的道数以一个突出的棱角为一道线。

(4)檐口天棚的抹灰面积，并入相同的天棚抹灰工程量内计算。

(5)天棚中的折线、灯槽线、圆弧形线、拱形线等艺术形式的抹灰，按展开面积计算。

2. 各种吊顶天棚龙骨按主墙间净空面积计算，不扣除间壁墙、检查口、附墙烟囱、柱、垛和管道所占面积。但天棚中的折线、迭落等圆弧形，高低吊灯槽等面积也不展开计算。

3. 天棚面装饰工程量按以下规定计算：

(1)天棚装饰面积，按主墙间实铺面积以平方米计算，不扣除间壁墙、检查口、附墙烟囱、附墙垛和管道所占面积，应扣除独立柱及与天棚相连的窗帘盒所占的面积。

(2)天棚中的折线、迭落等圆弧形、拱形、高低灯槽及其他艺术形式天棚面层均按展开面积计算。

二、天棚工程清单工程量计算规则：

1. 天棚抹灰。按设计图示尺寸以水平投影面积计算。不扣除间壁墙、垛、柱、附墙烟囱、检查口和管道所占的面积，带梁天棚、梁两侧抹灰面积并入天棚面积内，板式楼梯底面抹灰按斜面积计算，锯齿形楼梯底板抹灰按展开面积计算。

2. 天棚吊顶。按设计图示尺寸以水平投影面积计算。天棚面中的灯槽及跌级、锯齿形、吊挂式、藻井式天棚面积不展开计算。不扣除间壁墙、检查口、附墙烟囱、柱垛和管道所占面积，扣除单个面积0.3m^2 以外的孔洞、独立柱及与天棚相连的窗帘盒所占的面积。

3. 格栅吊顶、吊筒吊顶、藤条造型悬挂吊顶、织物软雕吊顶、网架(装饰)吊顶。按设计图示尺寸以水平投影面积计算。

4. 灯带。按设计图示尺寸以框外围面积计算。

5. 送风口、回风口。按设计图示数量计算。

第四节　天棚工程经典实例导读

项目编码:011301001　　项目名称:天棚抹灰

【例1】　如图3-3所示，计算井字梁天棚抹石灰砂浆工程量(板厚为100mm)。

【解】　(1)定额工程量

主墙间水平投影面积 $=(6.26-0.24)\times(5.6-0.24)$

$=6.02\times5.36=32.27\text{m}^2$

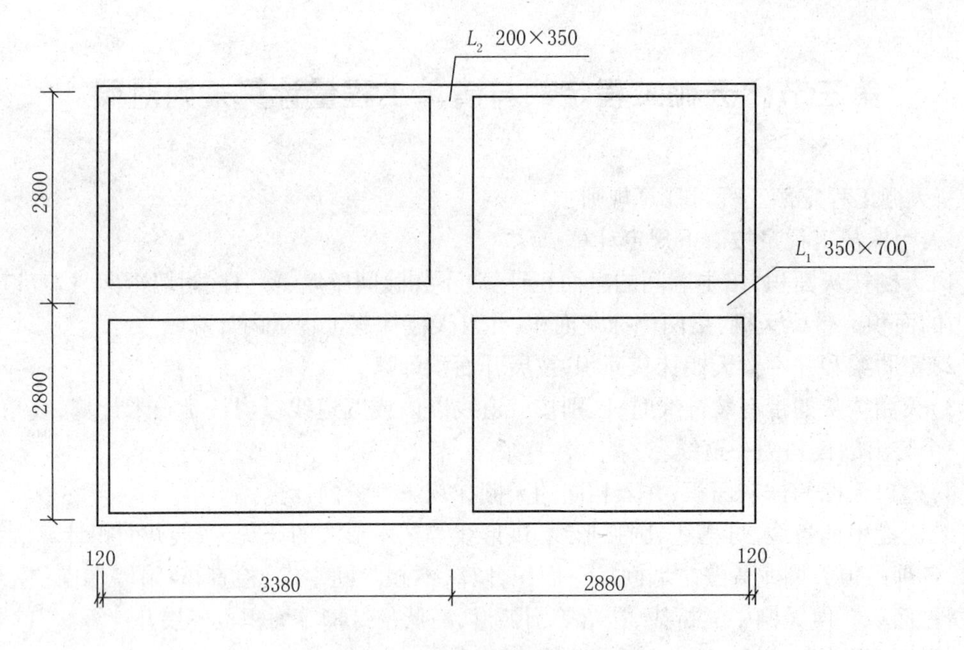

图 3-3 井字梁天棚示意图

主梁侧面展开面积 $= [(6.26-0.24)\times(0.7-0.1)\times2-0.2\times(0.35-0.1)\times2]$

$= (6.02\times0.6\times2-0.1)$

$= 7.124\text{m}^2$

次梁侧面展开面积 $= (5.6-0.24-0.35)\times(0.35-0.1)\times2$

$= 5.01\times0.25\times2$

$= 2.51\text{m}^2$

合计 $= (32.27+7.124+2.51) = 41.90\text{m}^2$

套用基础定额 11 - 287

(2)清单工程量

清单工程量同定额工程量。

清单工程量计算见表 3-1。

表 3-1 清单工程量计算表

项目编码	项目名称	项目特征描述	计量单位	工程量
011301001001	天棚抹灰	10mm 厚石灰砂浆	m^2	41.90

项目编码:011301001　　项目名称:天棚抹灰

【例 2】 如图 3-4 所示,计算天棚抹水泥砂浆的工程量(墙厚为 240mm)。

【解】 (1)定额工程量

工程量 $= [(6.6-0.24)\times(3.5-0.24)+(3.5-0.24)\times(0.12\times2+0.3+0.24\times2+0.12\times\sqrt{2}\times2)]$

$= (6.36\times3.26+3.26\times1.36)$

$= (20.73+4.43)\text{m}^2$

$= 25.16\text{m}^2$

套用基础定额 11 - 289

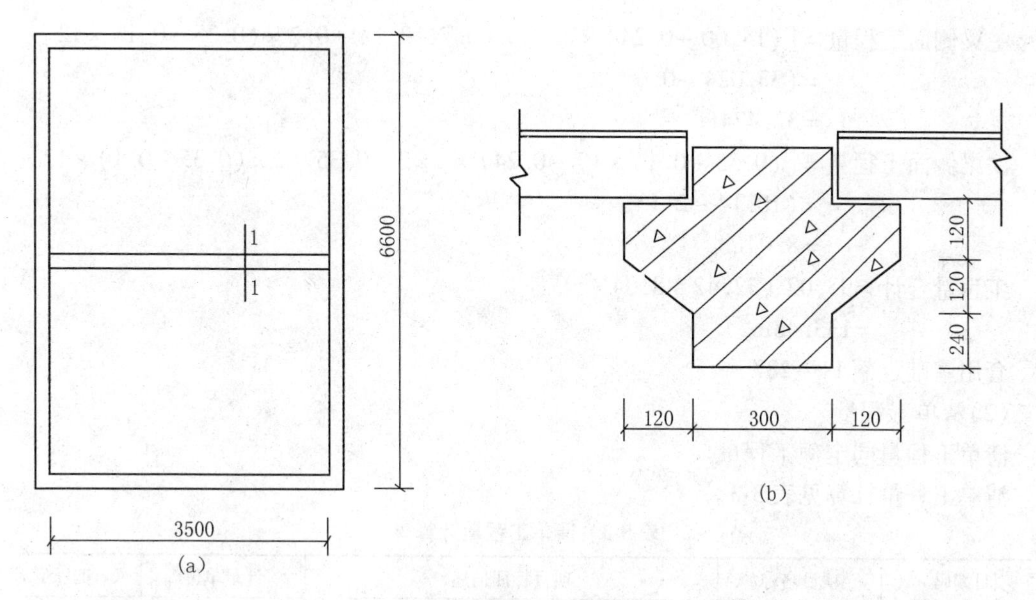

图 3-4 天棚抹灰示意图

(a)平面图;(b)1-1 剖面图

(2)清单工程量

清单工程量同定额工程量。

清单工程量计算见表 3-2。

表 3-2 清单工程量计算表

项目编码	项目名称	项目特征描述	计量单位	工程量
011301001001	天棚抹灰	10mm 厚 1∶2 水泥砂浆	m^2	25.16

项目编码:011301001　　项目名称:天棚抹灰

【例 3】 如图 3-5 所示,已知主梁尺寸为 700mm × 350mm,次梁为 200mm × 350mm,计算井字梁天棚抹灰工程量(板厚为 100mm)。

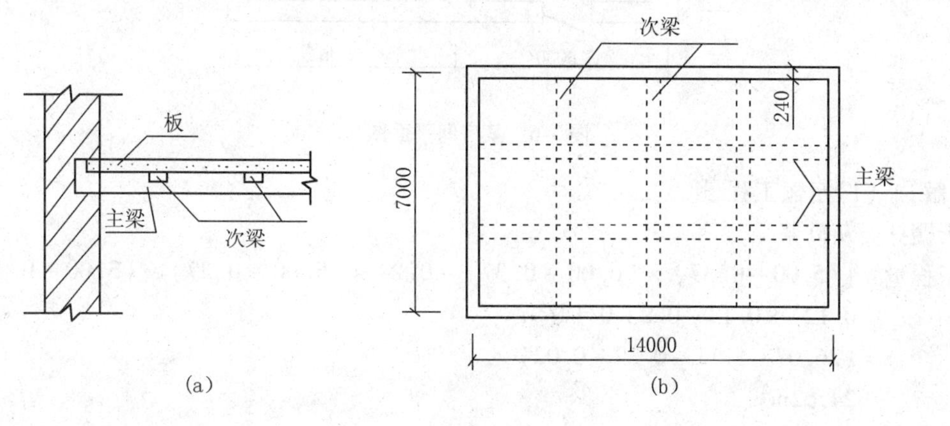

图 3-5 井字梁天棚示意图

(a)立面图;(b)平面图

【解】 (1)定额工程量

天棚及主梁平面工程量 = (14.00 − 0.24) × (7 − 0.24) = 93.02m^2

主梁侧面工程量 $=[(14.00-0.24)\times2\times2\times(0.7-0.1)-0.2\times(0.35-0.1)\times12]$

$=(33.024-0.6)$

$=32.424\text{m}^2$

次梁侧面工程量 $=[(0.35-0.1)\times(7-0.24)\times2\times3-0.35\times2\times(0.35-0.1)\times12]$

$=(10.14-2.1)$

$=8.04\text{m}^2$

工程量合计 $=93.02+32.42+8.04$

$=133.48\text{m}^2$

套用基础定额 11－287

(2)清单工程量

清单工程量同定额工程量。

清单工程量计算见表 3-3。

表 3-3 清单工程量计算表

项目编码	项目名称	项目特征描述	计量单位	工程量
011301001001	天棚抹灰	10mm 厚 1:2 水泥砂浆	m^2	133.48

项目编码:011301001　　项目名称:天棚抹灰

【例 4】 图 3-6 所示为某房间的平面图,各尺寸如图 3-6 所示,计算天棚抹石灰砂浆的工程量(门洞尺寸均为 900mm×2000mm)。

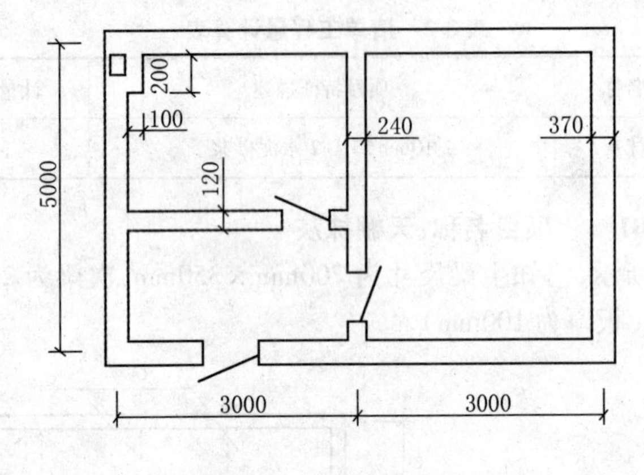

图 3-6　某房间平面图

【解】 (1)定额工程量

天棚抹石灰砂浆

工程量 $=[(5.00-0.37)\times(6.00-0.37)-0.24\times(5.00-0.37)-(3.00-0.185-0.12)\times0.12-0.2\times0.1]$

$=(26.07-1.11-0.32-0.02)$

$=24.62\text{m}^2$

套用基础定额 11－287

(2)清单工程量

清单工程量同定额工程量。

清单工程量计算见表 3-4。

表 3-4　清单工程量计算表

项目编码	项目名称	项目特征描述	计量单位	工程量
011301001001	天棚抹灰	8mm 厚 1∶2 石灰砂浆	m^2	24.62

项目编码:011302001　　项目名称:吊顶天棚

【例 5】　如图 3-7 所示,计算轻钢龙骨天棚工程量(墙厚为 240mm)。

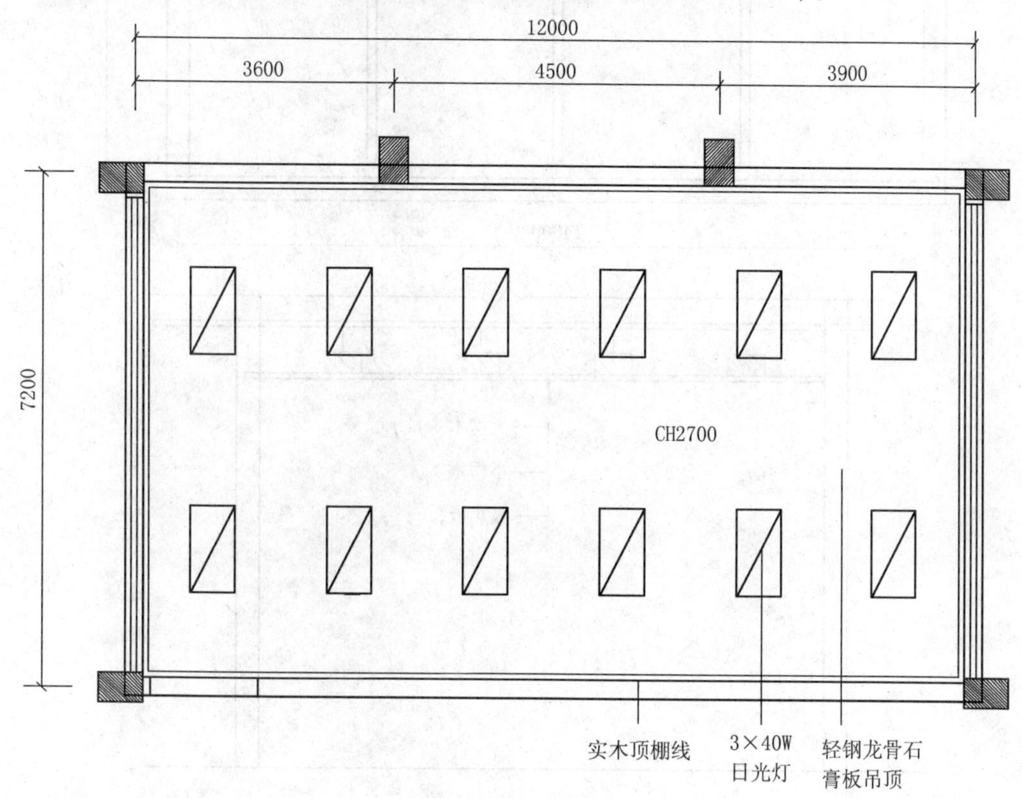

图 3-7　天棚示意图

【解】　(1)定额工程量

工程量 = (12.00 − 0.24) × (7.2 − 0.24)

　　　= 81.85m^2

套用基础定额 11 − 318

(2)清单工程量

清单工程量同定额工程量。

清单工程量计算见表 3-5。

表 3-5　清单工程量计算表

项目编码	项目名称	项目特征描述	计量单位	工程量
011302001001	吊顶天棚	轻钢龙骨,石膏板吊顶	m^2	81.85

项目编码:011302001　　项目名称:吊顶天棚

【例 6】　图 3-8 所示为小型住宅方木楞天棚示意图,计算其工程量(墙厚为 240mm)。

【解】　(1)定额工程量

吊顶天棚龙骨工程量按主墙间净空面积计算,则

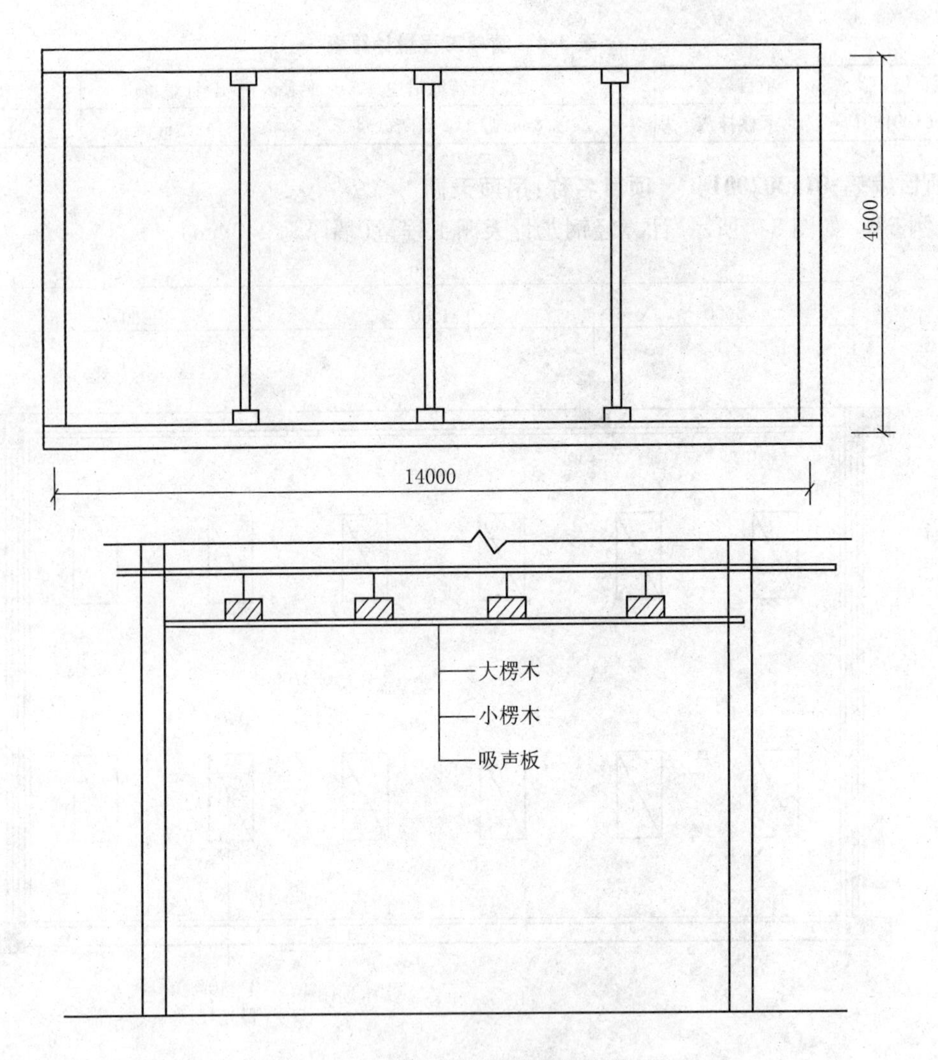

图 3-8　方木楞天棚骨架和面层示意图

工程量 =(14.00 - 0.24) ×(4.50 - 0.24) = 58.62m²

套用基础定额 11 - 313

(2)清单工程量

清单工程量同定额工程量。

清单工程量计算见表 3-6。

表 3-6　清单工程量计算表

项目编码	项目名称	项目特征描述	计量单位	工程量
011302001001	吊顶天棚	木龙骨,吸声板吊顶	m²	58.62

项目编码:011302001　　项目名称:吊顶天棚

【例 7】　某三级天棚尺寸,如图 3-9 所示,钢筋混凝土板下吊双层楞木,求天棚工程量。

【解】　(1)定额工程量

天棚吊顶工程量 = 主墙间净长度 × 主墙间净宽度

= (4.5 - 0.24) × (7.2 - 0.24)

= 29.65m²

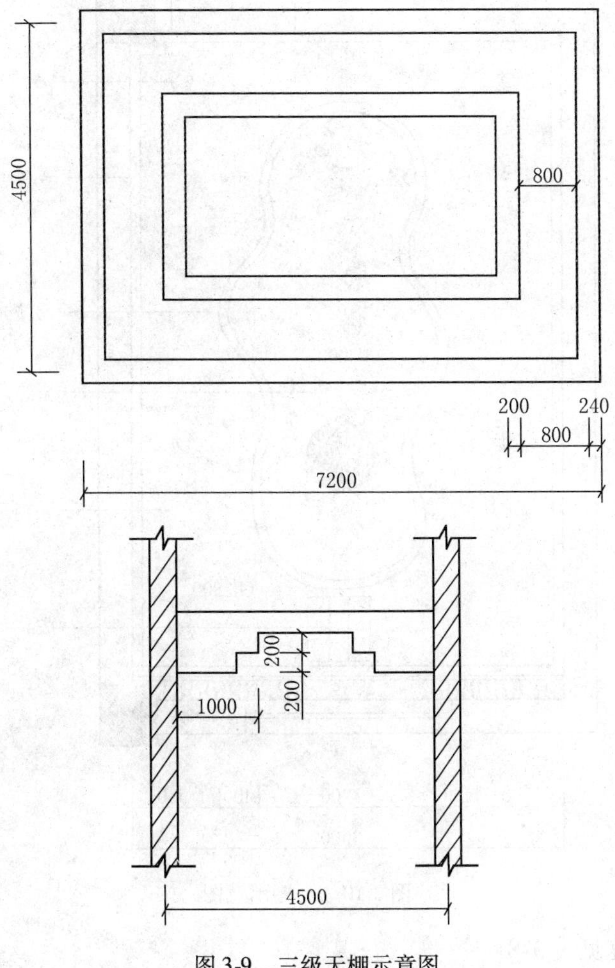

图 3-9　三级天棚示意图

套用基础定额 11－314

(2)清单工程量

清单工程量同定额工程量。

清单工程量计算见表 3-7。

表 3-7　清单工程量计算表

项目编码	项目名称	项目特征描述	计量单位	工程量
011302001001	吊顶天棚	木龙骨,吸声板吊顶	m^2	29.65

项目编码:011302001　　项目名称:吊顶天棚

【例 8】　如图 3-10 所示,为一房间的天棚示意图,计算该室轻钢龙骨吊顶的工程量(墙厚 240mm)。

【解】　(1)定额工程量

工程量 $=3.06\times4.76=14.57m^2$

套用基础定额 11－323

(2)清单工程量

清单工程量同定额工程量。

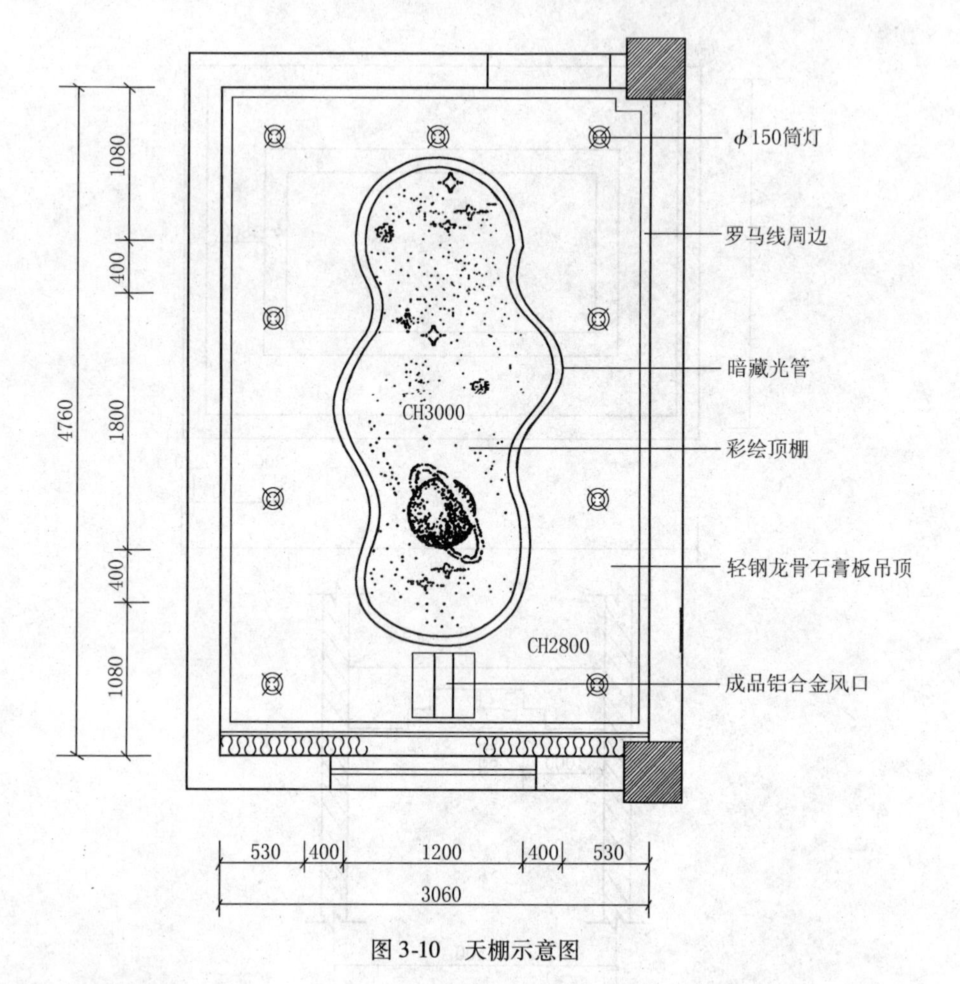

图 3-10 天棚示意图

清单工程量计算见表 3-8。

表 3-8 清单工程量计算表

项目编码	项目名称	项目特征描述	计量单位	工程量
011302001001	吊顶天棚	轻钢龙骨,石膏板吊顶	m^2	14.57

项目编码:011302001　　项目名称:吊顶天棚

【例 9】 图 3-11 所示的一级天棚吊顶为塑料板面层,计算其工程量。

【解】 (1)定额工程量

工程量 $=(6.00-0.24)\times(3.30-0.24)$

$=17.63\text{m}^2$

套用基础定额 11 - 373

(2)清单工程量

清单工程量同定额工程量。

清单工程量计算见表 3-9。

表 3-9 清单工程量计算表

项目编码	项目名称	项目特征描述	计量单位	工程量
011302001001	吊顶天棚	木龙骨,塑料板面层	m^2	17.63

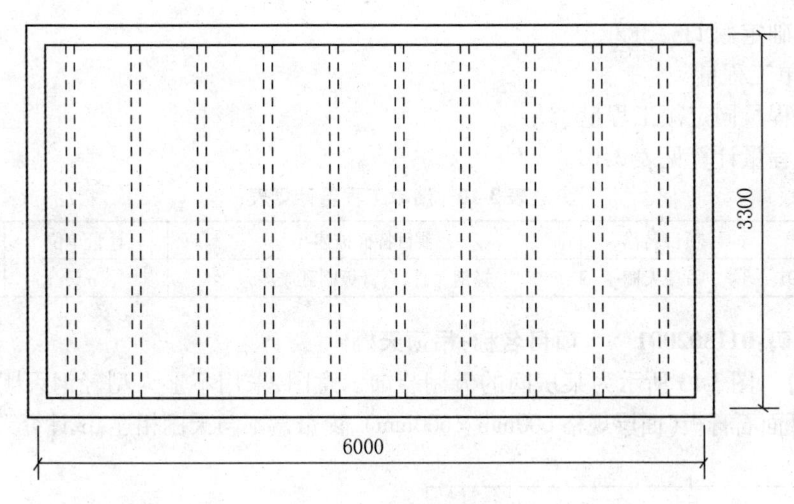

图 3-11 天棚示意图

项目编码:011302001　　项目名称:吊顶天棚

【例 10】 如图 3-12 所示,计算天棚做石膏板面层工程量。

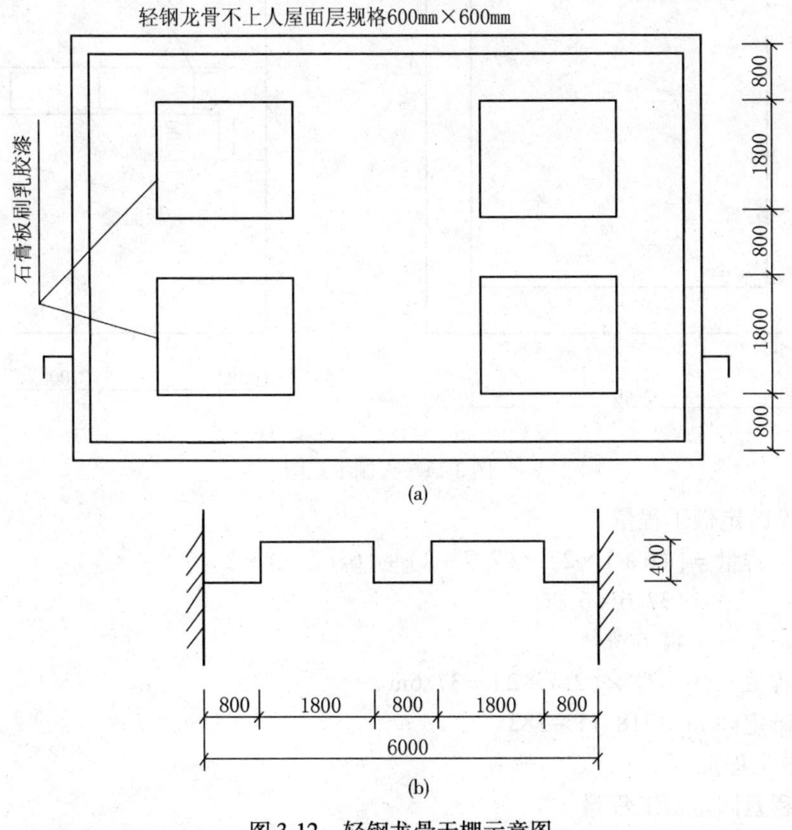

图 3-12 轻钢龙骨天棚示意图

(a)平面图;(b)立面图

【解】 (1)定额工程量

平面工程量 $=6.0\times6.0=36.00\text{m}^2$

迭落工程量 $=1.8\times4\times0.4\times4=11.52\text{m}^2$

工程量合计 $=(36+11.52)=47.52\text{m}^2$

套用基础定额 11－383

(2)清单工程量

清单工程量同定额工程量。

清单工程量计算见表 3-10。

表 3-10　清单工程量计算表

项目编码	项目名称	项目特征描述	计量单位	工程量
011302001001	吊顶天棚	轻钢龙骨,石膏板刷乳胶漆	m^2	36.00

项目编码:011302001　　项目名称:吊顶天棚

【例 11】　图 3-13 所示为某房间的天棚装饰示意图,采用不上人型轻钢天棚龙骨,双层结构,面层用纸面石膏板(面层规格 600mm×600mm),窗帘盒不与天棚相连,试计算天棚工程量。

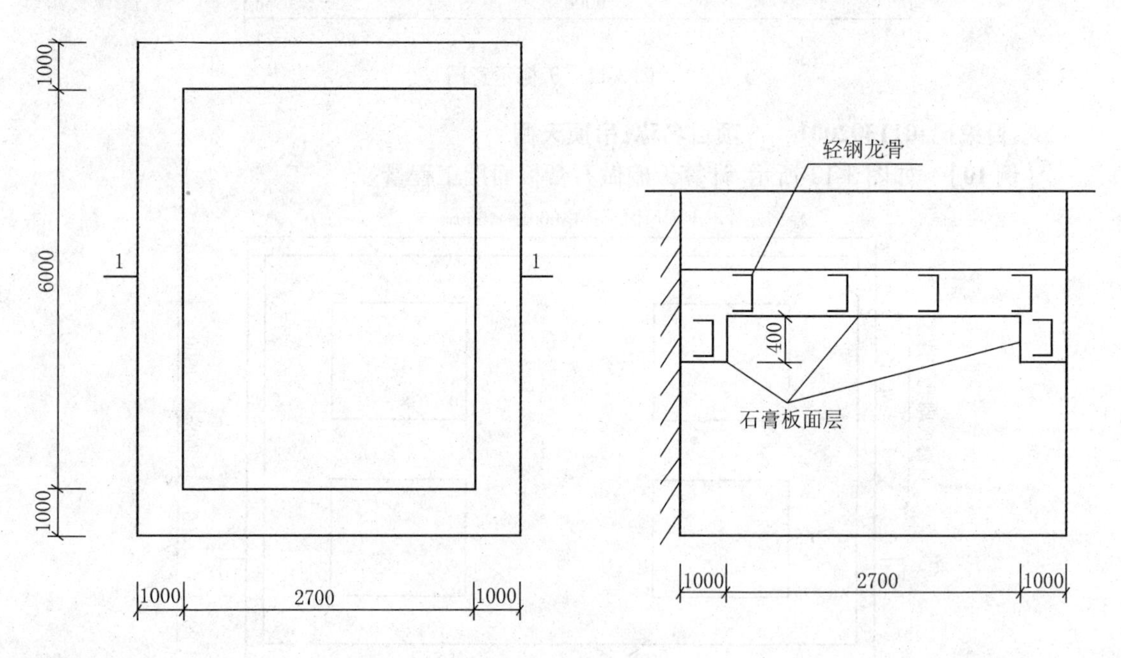

图 3-13　天棚示意图

【解】　(1)定额工程量

石膏板工程量 $=[(6+1\times2)\times(2.7+2)+(6+2.7)\times2\times0.4]$

$=(37.6+6.96)$

$=44.56m^2$

龙骨工程量 $=(6+2)\times(2.7+2)=37.6m^2$

套用基础定额 11－318、11－383

(2)清单工程量

清单工程量同定额工程量。

清单工程量计算见表 3-11。

表 3-11　清单工程量计算表

项目编码	项目名称	项目特征描述	计量单位	工程量
011302001001	吊顶天棚	轻钢龙骨,石膏板面层	m^2	82.16

注:根据定额相关说明,龙骨与面层应分别列项计算。

项目编码:011302001　　项目名称:吊顶天棚

【例 12】 图 3-14 所示为某小会议室二层顶面施工图,中间为不上人型 T 形铝合金龙骨,纸面石膏板(450mm×450mm)面层,边上为不上人型轻钢龙骨吊顶,纸面石膏板面层,方柱断面为 1000mm×1000mm,计算龙骨及面层工程量(墙厚为 240mm)。

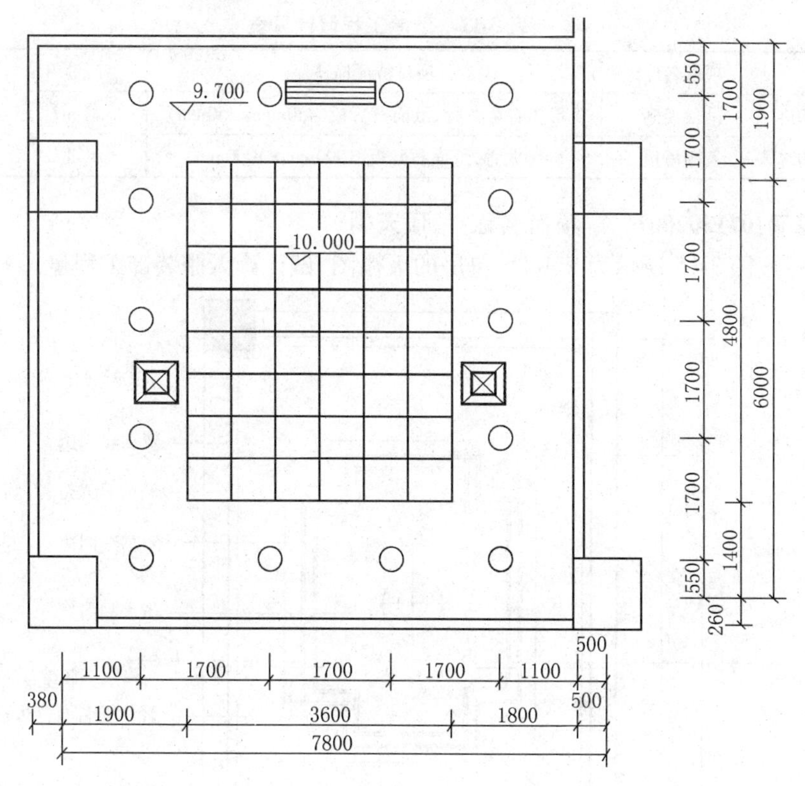

图 3-14　二层会议室顶面图

【解】 (1)定额工程量

由于客房各部位天棚做法不同,应分别计算。

1)龙骨计算

铝合金龙骨工程量 $=3.60\times4.80=17.28\text{m}^2$

轻钢龙骨工程量 $=[(7.80-0.50+0.38-0.24)\times(6.00+0.26+1.90-0.24)-3.60\times4.80]$

$=(58.92-17.28)$

$=41.64\text{m}^2$

2)面层计算

纸面石膏板(铝合金龙骨)

工程量 $=3.60\times4.80$

$=17.28\text{m}^2$

纸面石膏板(轻钢龙骨)

工程量 $=[(7.80-0.5+0.38-0.24)\times(6.0+1.9+0.26-0.24)+(3.60+4.80)\times2\times0.30-3.60\times4.80-(1.00-0.24)\times1.00-(1.00-0.24)\times(1.00-0.24)]$

$=(7.44\times7.92+8.4\times0.60-3.60\times4.80-0.76-0.76\times0.76)$

$=(58.92+5.04-17.28-0.76-0.58)$

$=45.34\text{m}^2$

套用基础定额 11－383、11－384

(2)清单工程量

清单工程量同定额工程量。

清单工程量计算见表 3-12。

表 3-12　清单工程量计算表

项目编码	项目名称	项目特征描述	计量单位	工程量
011302001001	吊顶天棚	T 形铝合金龙骨,纸面石膏板(450mm×450mm)	m^2	62.62
011302001002	天棚吊顶	轻钢龙骨,纸面石膏板(1000mm×1000mm)	m^2	45.34

项目编码:011302001　　项目名称:吊顶天棚

【例 13】 图 3-15 所示为某 KTV 包房的天棚图,试计算天棚装饰工程量。

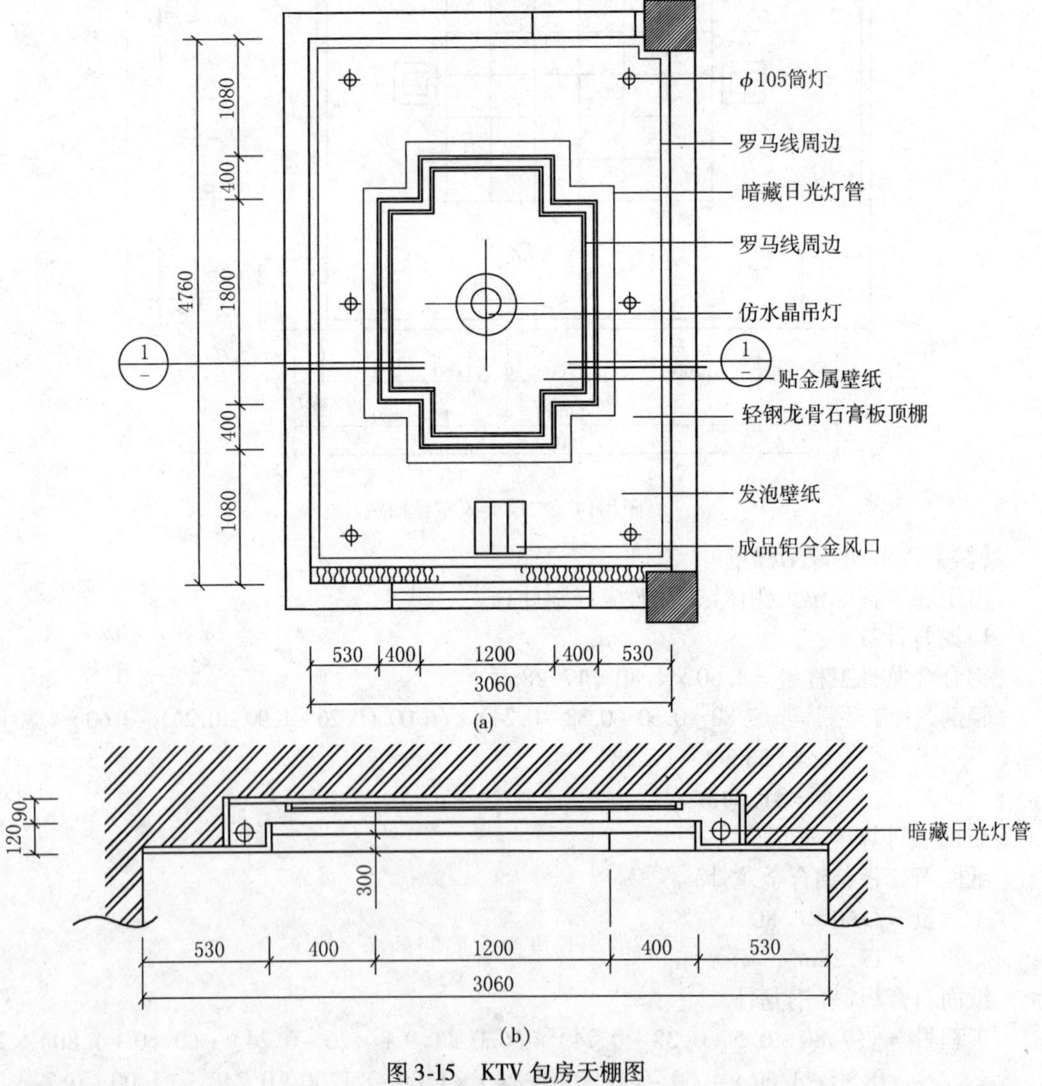

图 3-15　KTV 包房天棚图

(a)平面图;(b)1－1 剖面图

【解】 (1)定额工程量

轻钢龙骨工程量 $=3.06\times4.76=14.57m^2$

金属壁纸工程量 $=[(1.2\times0.4)\times2+(1.8\times0.4)\times2+1.2\times1.8]$
$=0.96+1.44+2.16$
$=4.56\text{m}^2$

发泡壁纸工程量 $=[(14.57-4.56+(1.2\times2+1.8\times2+0.4\times8)\times0.3]$
$=(14.57-4.56+2.76)$
$=12.77\text{m}^2$

套用基础定额 11－383

(2)清单工程量

清单工程量同定额工程量。

清单工程量计算见表 3-13。

表 3-13　清单工程量计算表

项目编码	项目名称	项目特征描述	计量单位	工程量
011302001001	吊顶天棚	轻钢龙骨,石膏板天棚	m^2	14.57

项目编码:011302001　　项目名称:吊顶天棚

【例 14】 预制钢筋混凝土板底吊不上人型装配式 U 形轻钢龙骨,间距 600mm×600mm,龙骨上钉中密度板,面层粘贴 6mm 厚铝塑板,如图 3-16 所示,试计算天棚面层工程量。

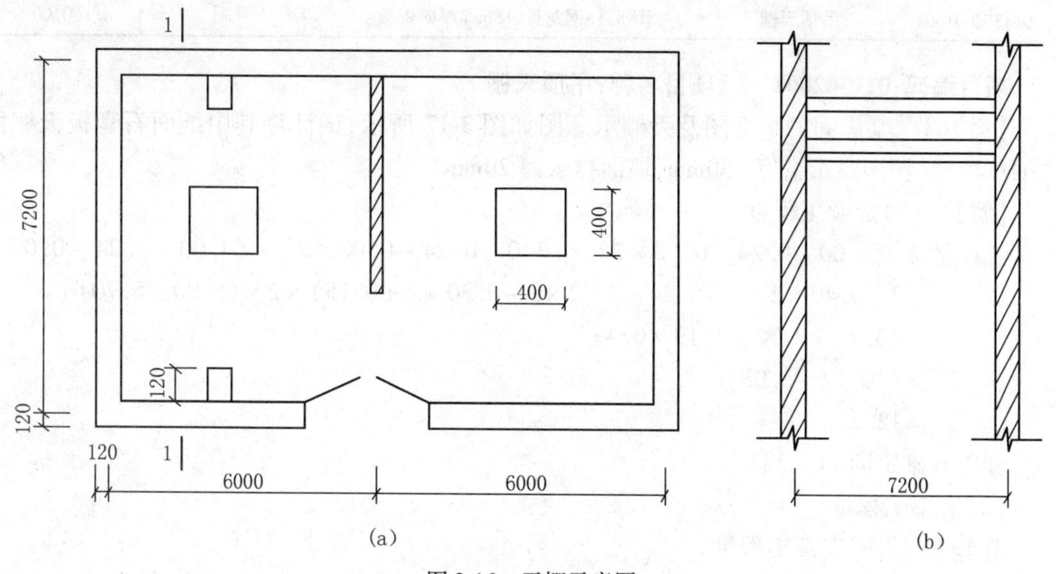

图 3-16　天棚示意图

(a)平面图;(b)1－1 剖面图

【解】 (1)定额工程量

天棚吊顶面层工程量 = 主墙间的净长度 × 主墙间的净宽度 － 独立柱及相连窗帘盒等所占面积
$=[(12.00-0.24)\times(7.20-0.24)-0.40\times0.40\times2]$
$=(81.85-0.32)$
$=81.53\text{m}^2$

套用基础定额 11－383、11－378

(2)清单工程量

清单工程量同定额工程量。

清单工程量计算见表 3-14。

表 3-14 清单工程量计算表

项目编码	项目名称	项目特征描述	计量单位	工程量
011302001001	吊顶天棚	U 形轻钢龙骨,6mm 厚铝塑板	m^2	81.53

项目编码:011302001　　项目名称:吊顶天棚

【例 15】 某宾馆洗衣间吊 U 形轻钢龙骨,双层(450mm×450mm)不上人一级天棚,上搁 18mm 厚矿棉板,每间 $4m^2$,共 40 间,试计算其工程量。

【解】 (1)定额工程量

工程量 $=4\times40=160m^2$

套用基础定额 11-380

(2)清单工程量

清单工程量同定额工程量。

清单工程量计算见表 3-15。

表 3-15 清单工程量计算表

项目编码	项目名称	项目特征描述	计量单位	工程量
011302001001	吊顶天棚	U 形轻钢龙骨,18mm 厚矿棉板	m^2	160.00

项目编码:011302001　　项目名称:吊顶天棚

【例 16】 某房间的平面图及天棚示意图如图 3-17 所示,试计算其中纸面石膏板天棚面层的工程量(图中窗帘盒宽 150mm,墙面抹灰厚 20mm)。

【解】 (1)定额工程量

$$工程量=[(4.00-0.24-0.02\times2)\times(3.0-0.24-0.02\times2)+(4.00-0.24-0.02\times2-0.40\times2+3-0.24-0.02\times2-0.30\times2+0.15)\times2\times(5.90-5.70)]$$

$$=(3.72\times2.72+5.19\times0.4)$$

$$=(10.12+2.08)$$

$$=12.20m^2$$

套用基础定额 11-383

(2)清单工程量

清单工程量同定额工程量。

清单工程量计算见表 3-16。

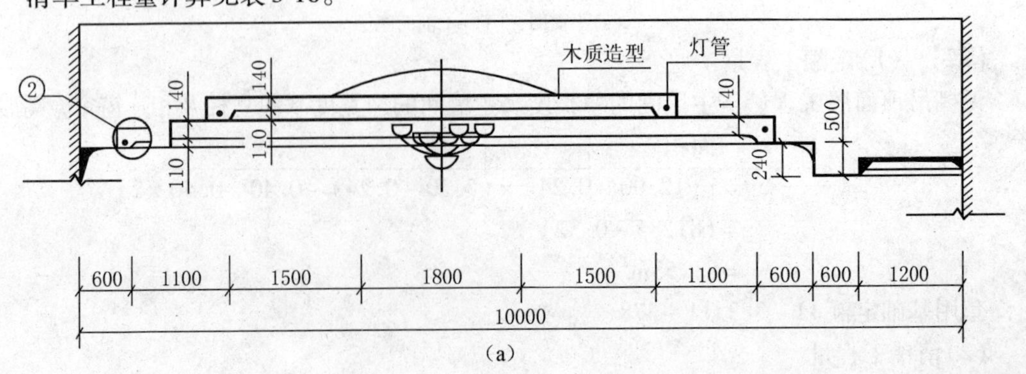

(a)

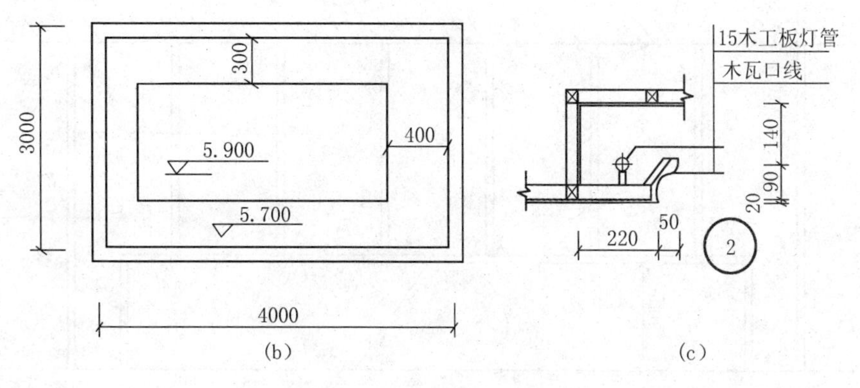

图 3-17　艺术造型天棚示意图

(a)艺术造型天棚剖面图;(b)平面图;(c)灯光槽

表 3-16　清单工程量计算表

项目编码	项目名称	项目特征描述	计量单位	工程量
011302001001	吊顶天棚	木龙骨,纸面石膏板天棚面层	m^2	12.20

项目编码:011302001　　项目名称:吊顶天棚

【例 17】　如图 3-18 所示,某建筑物安装天棚,采用不上人型轻钢龙骨及 450mm×450mm 的石膏板面层,小开间为平顶,大开间为二级吊顶,试计算石膏板面层的工程量。

【解】　(1)定额工程量

天棚轻钢龙骨工程量 = [(12.00 - 0.37) × (6 - 0.24) + (12.00 - 0.37) × (6.00 + 2.00 - 0.24)]

= (11.63 × 5.76 + 11.63 × 7.76)

= (66.99 + 90.25)

= 157.24m^2

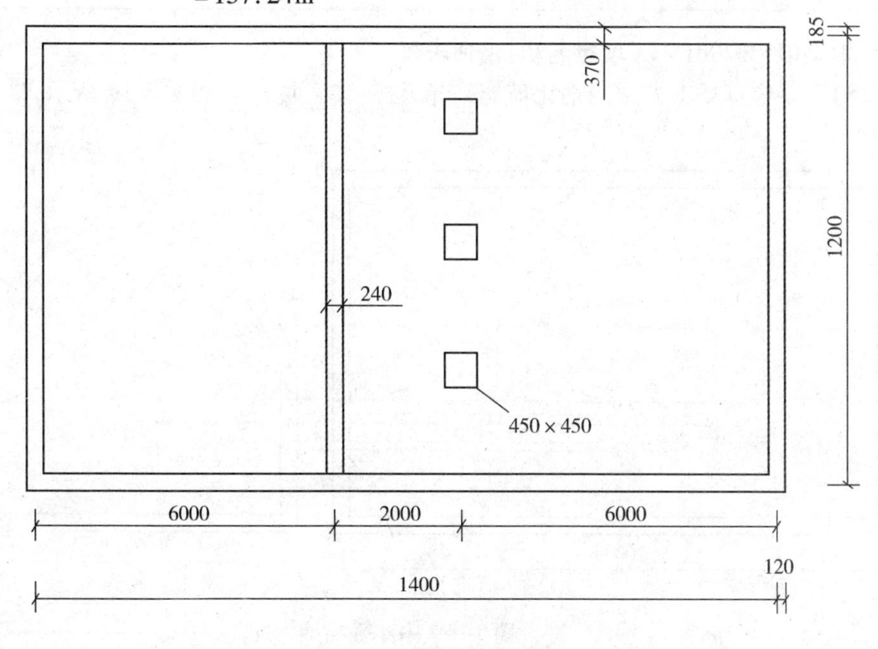

图 3-18　天棚吊顶示意图

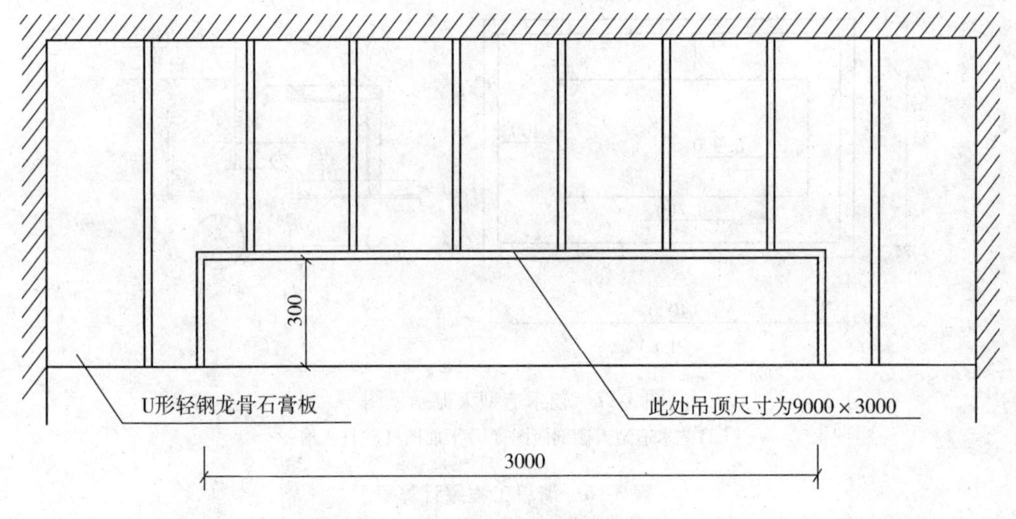

图 3-18　天棚吊顶示意图(续)

$$石膏板面层工程量 = [(12.00-0.37)\times(6.00-0.24)+(12.00-0.37)\times(8.00-0.24)+(9.00+3.00)\times2\times0.3-0.45\times0.45\times3]$$
$$=(11.63\times5.76+11.63\times7.76+7.2-0.61)$$
$$=163.83m^2$$

套用基础定额 11－383、11－318

(2)清单工程量

清单工程量同定额工程量。

清单工程量计算见表 3-17。

表 3-17　清单工程量计算表

项目编码	项目名称	项目特征描述	计量单位	工程量
011302001001	吊顶天棚	轻钢龙骨,450mm×450mm 石膏板面层	m^2	321.07

项目编码:011302001　　项目名称:吊顶天棚

【例 18】　某体育场上方采用钢化玻璃采光天棚,体育场尺寸如图 3-19 所示,试计算天棚的工程量。

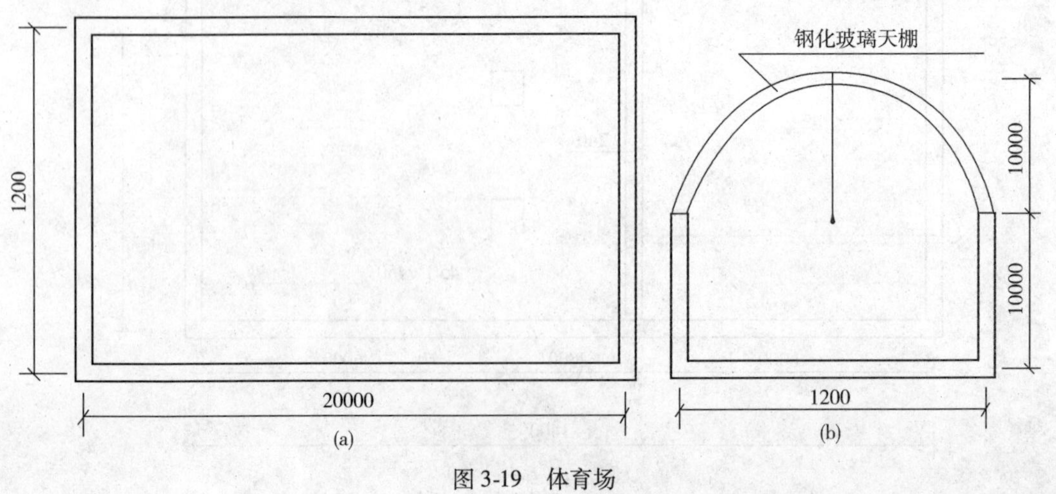

图 3-19　体育场
(a)平面图;(b)立面图

【解】 (1)定额工程量

天棚工程量 $=6\times3.1416\times20=376.99\text{m}^2$

套用基础定额 11－403

(2)清单工程量

清单工程量同定额工程量。

清单工程量计算见表 3-18。

表 3-18 清单工程量计算表

项目编码	项目名称	项目特征描述	计量单位	工程量
011302001001	吊顶天棚	钢化玻璃天棚	m^2	376.99

项目编码:011302002　　项目名称:格栅吊顶

【例 19】 某办公室采用木格栅吊顶,规格为 150mm×150mm×80mm,如图 3-20 所示,试求其工程量。

【解】 (1)定额工程量

工程量 $=5.6\times4.8=26.88\text{m}^2$

套用消耗量定额 3－250

(2)清单工程量

清单工程量同定额工程量。

清单工程量计算见表 3-19。

表 3-19 清单工程量计算表

项目编码	项目名称	项目特征描述	计量单位	工程量
011302002001	格栅吊顶	办公室采用木格栅吊顶,规格为 150mm×150mm×80mm	m^2	26.88

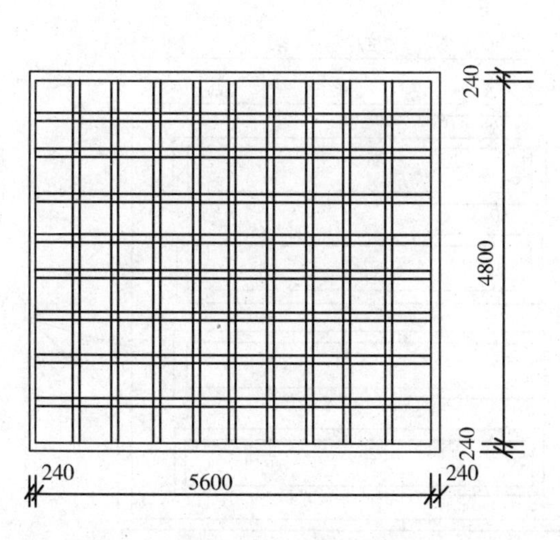

图 3-20 格栅吊顶

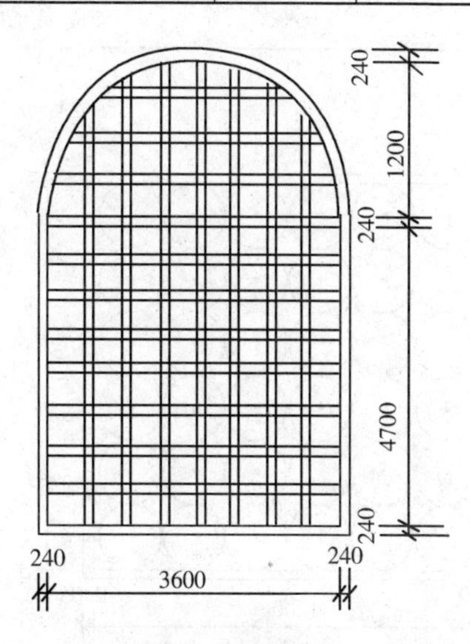

图 3-21 格栅吊顶

项目编码:011302002　　项目名称:格栅吊顶

【例 20】 某房间有两部分组成,半圆和方形,天棚采用胶合板格栅吊顶如图 3-21 所示,试求其工程量。

【解】 (1)定额工程量

工程量 $=\left(3.6\times4.7+\frac{\pi}{2}\times1.2^2\right)=19.18\text{m}^2$

套用消耗量定额 3－255

(2)清单工程量

清单工程量同定额工程量。

清单工程量计算见表 3-20。

表 3-20　清单工程量计算表

项目编码	项目名称	项目特征描述	计量单位	工程量
011302002001	格栅吊顶	天棚采用胶合板格栅吊顶	m^2	19.18

项目编码:011302003　　项目名称:吊筒吊顶

【例 21】 某超市天棚采用筒形吊顶如图 3-22 所示,圆筒系以钢板加工而成,表面喷塑,试求其工程量。

【解】 (1)定额工程量

工程量 $=1.2\times1.2=1.44\text{m}^2$

套用消耗量定额 3－236

(2)清单工程量

清单工程量同定额工程量。

清单工程量计算见表 3-21。

表 3-21　清单工程量计算表

项目编码	项目名称	项目特征描述	计量单位	工程量
011302003001	吊筒吊顶	超市天棚采用筒形吊顶,圆筒系以钢板加工而成,表面喷塑	m^2	1.44

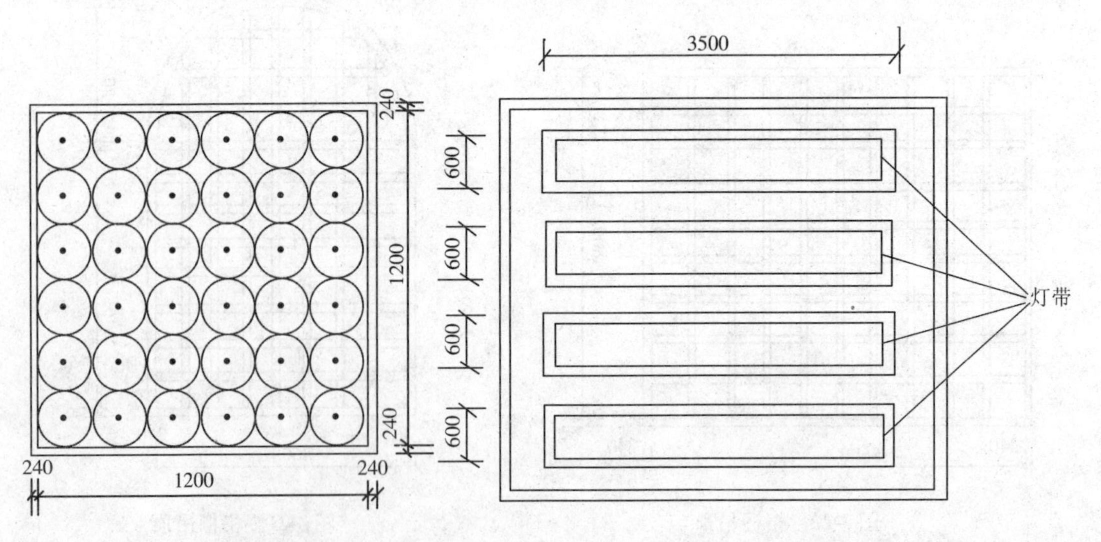

图 3-22　筒形吊顶示意图　　　　图 3-23　灯带

项目编码:011304001　　项目名称:灯带(槽)

【例 22】 某酒店为庆祝一宴会,安装铝合金灯带,如图 3-23 所示,求其工程量。

【解】 (1)定额工程量

工程量 $=0.6\times3.5=2.10m^2$

则总的清单工程量:$2.1\times4=8.40m^2$

套用消耗量定额 3－145。

(2)清单工程量

清单工程量同定额工程量。

清单工程量计算见表 3-22。

表 3-22　清单工程量计算表

项目编码	项目名称	项目特征描述	计量单位	工程量
011304001001	灯带(槽)	酒店安装铝合金灯带	m^2	8.40

注:按设计图示尺寸以框外围面积计算。

项目编码:011304002　　项目名称:送风口、回风口

【例 23】 图 3-24 所示为安装风口的示意图,设计要求做铝合金送风口和回风口各 3 个,试计算风口的工程量。

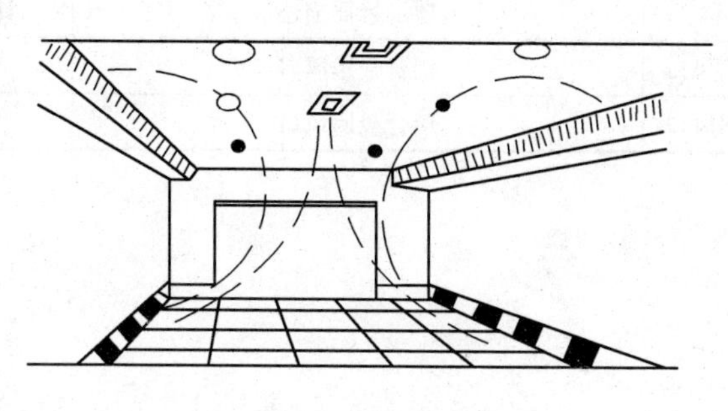

图 3-24　送、回风口示意图

(顶部及上部周边混合送风、下部回风)

【解】 (1)定额工程量

风口工程量按设计图示数量计算,送风口 3 个,回风口 3 个。

套用基础定额 11－406、11－407

(2)清单工程量

清单工程量同定额工程量。

清单工程量计算见表 3-23。

表 3-23　清单工程量计算表

项目编码	项目名称	项目特征描述	计量单位	工程量
011304002001	送风口、回风口	铝合金	个	6

项目编码:011304002　　项目名称:送风口、回风口

【例 24】 某天棚为上部均匀送风,下部均匀回风,如图 3-25 所示,设计要求做铝合金送风口和回风口各 10 个,试计算工程量。

【解】 (1)定额工程量

送风口 10 个、回风口 10 个

套用消耗量定额 3－276、3－277

注:按设计图示数量计算。

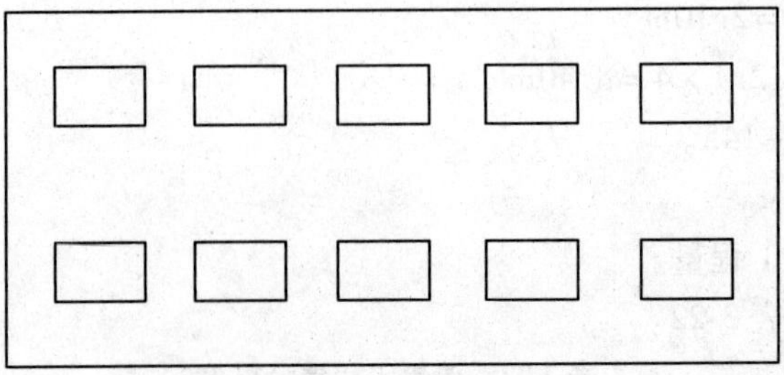

图 3-25　送、回风口平面示意图

（顶部为上部送风、下部回风）

（2）清单工程量

送风口 10 个、回风口 10 个

清单工程量计算见表 3-24。

表 3-24　清单工程量计算表

项目编码	项目名称	项目特征描述	计量单位	工程量
011304002001	送风口、回风口	铝合金送风口	个	10
011304002002	送风口、回风口	铝合金回风口	个	10

第四章　门窗工程

第一节　门窗工程定额项目划分

门窗工程在《全国统一建筑工程基础定额》土建 GJD 101 - 1995 · 下册中划分在第七章门窗及木结构工程中，木结构工程在《建筑工程工程量计算与定额应用实例导读》中已讲解，门窗工程具体定额项目划分如图 4-1 所示。

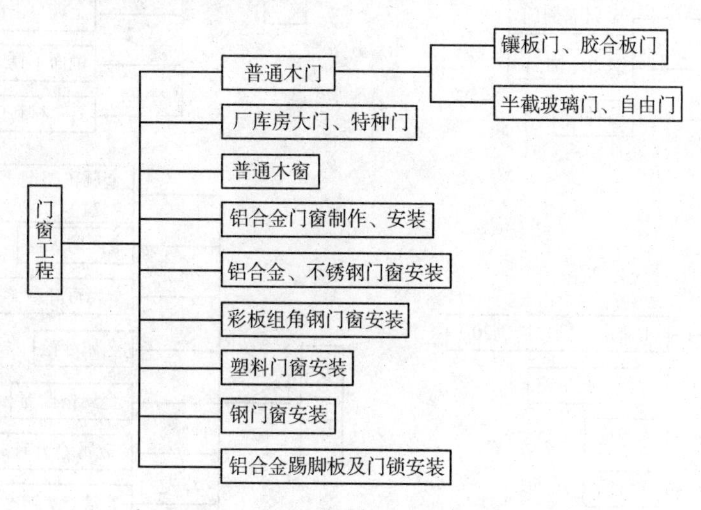

图 4-1　门窗工程定额项目划分示意图

第二节　门窗工程清单项目划分

门窗工程在《房屋建筑与装饰工程工程量计算规范》GB 50854—2013 中具体项目划分如图4-2 所示。

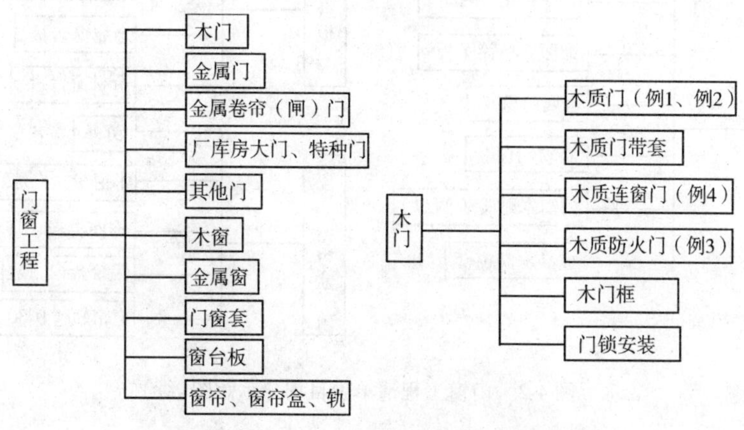

图 4-2　门窗工程清单项目划分示意图

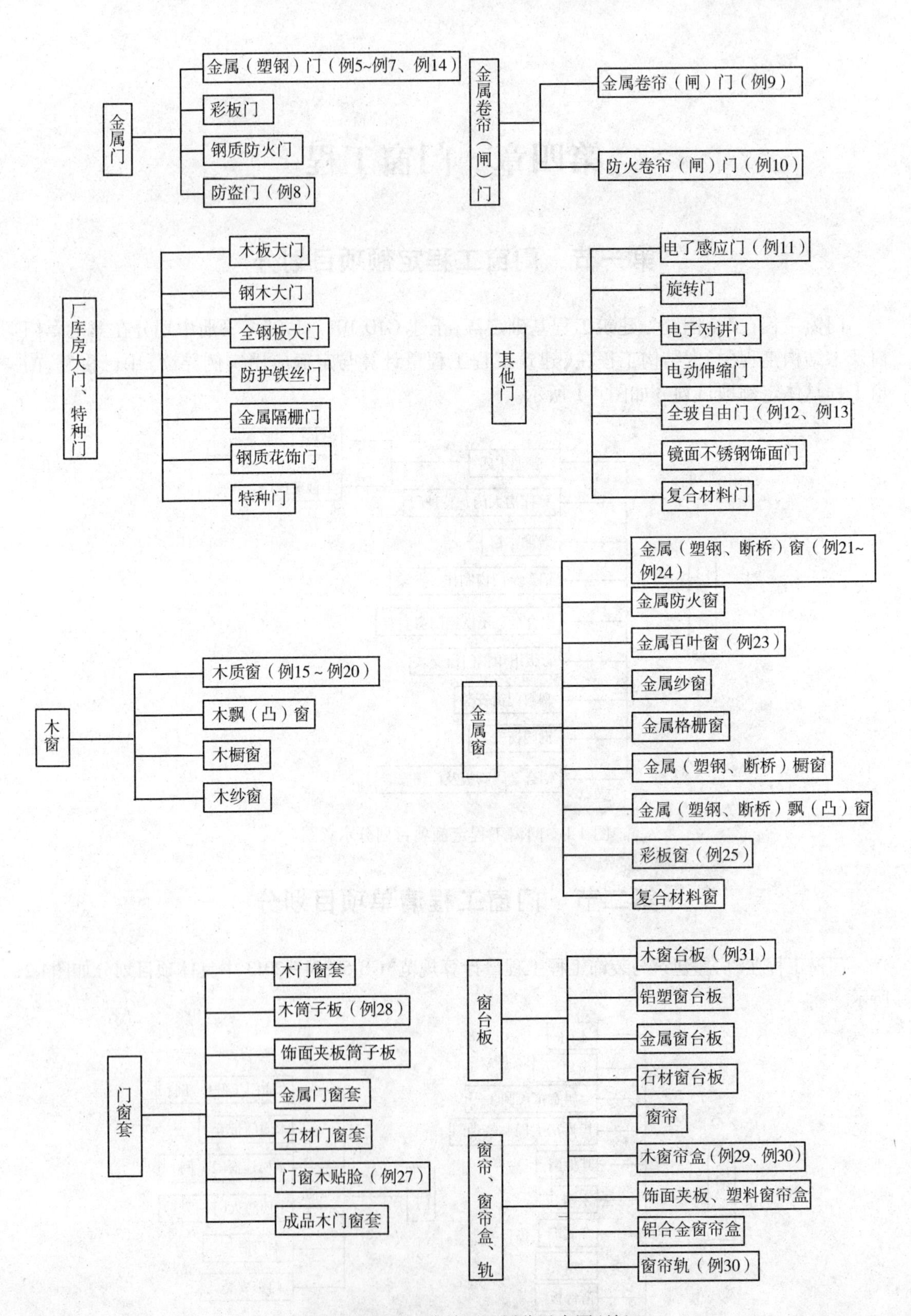

图4-2　门窗工程清单项目划分示意图（续）

第三节 门窗工程定额与清单工程量计算规则对照

一、门窗工程定额工程量计算规则：

1. 各类门、窗制作、安装工程量均按门、窗洞口面积计算。

（1）门、窗盖口条、贴脸、披水条，按图示尺寸以延长米计算，执行木装修项目。

（2）普通窗上部带有半圆窗的工程量应分别按半圆窗和普通窗计算。其分界线以普通窗和半圆窗之间的横框上裁口线为分界线。

（3）门窗扇包镀锌铁皮，按门、窗洞口面积以平方米计算；门窗、框包镀锌铁皮，钉橡皮条、钉毛毡按图示门窗洞口尺寸以延长米计算。

2. 铝合金门窗制作，铝合金门窗、不锈钢门窗、彩板组角钢门窗、塑料门窗、钢门窗安装，均按设计门窗洞口面积计算。

3. 卷闸门安装按洞口高度增加600mm乘以门实际宽度以平方米计算。电动装置安装以套计算，小门安装以个计算。

4. 不锈钢片包门框按框外表面面积以平方米计算；彩板组角钢门窗附框安装按延长米计算。

二、门窗工程清单工程量计算规则：

1. 镶板木门、企口木板门、实木装饰门、胶合板门、夹板装饰门、木质门带套、木质防火门、木纱门、连窗门。按设计图示数量或设计图示洞口尺寸以面积计算。

2. 金属平开门、金属推拉门、金属地弹门、特种门、彩板门、塑钢门、防盗门、钢质防火门。按设计图示数量或设计图示洞口尺寸以面积计算。

3. 金属卷闸门、金属格栅门、防火卷帘门。按设计图示数量或设计图示洞口尺寸以面积计算。

4. 电子感应门、旋转门、电子对讲门、电动伸缩门、全玻门（带扇框）、全玻自由门（无扇框）、半玻门（带扇框）、镜面不锈钢饰面门、复合材料门。按设计图示数量或设计图示洞口尺寸以面积计算。

5. 木质平开窗、木质推拉窗、矩形木百叶窗、异形木百叶窗、木组合窗、木天窗、矩形木固定窗、异形木固定窗、装饰空花木窗。按设计图示数量或设计图示洞口尺寸以面积计算。

6. 金属推拉窗、金属平开窗、金属固定窗、金属百叶窗、金属组合窗、彩板窗、塑钢窗、金属防盗窗、金属格栅窗、复合材料窗。按设计图示数量或设计图示洞口尺寸以面积计算。

7. 特殊五金。按设计图示数量计算。

8. 木门窗套、金属门窗套、石材门窗套、门窗木贴脸、硬木筒子板、饰面夹板筒子板、金属木门窗套、成品木门窗套。按设计图示尺寸以展开面积计算。

9. 木窗帘盒、饰面夹板、塑料窗帘盒、铝合金窗帘盒、窗帘轨。按设计图示尺寸以长度计算。

10. 木窗台板、铝塑窗台板、石材窗台板、金属窗台板。按设计图示尺寸以长度计算。

第四节 门窗工程经典实例导读

项目编码：010801001　　项目名称：木质门

【例 1】 如图 4-3 所示镶板木门,带纱扇、无亮子,45 樘,求其工程量。

【解】 (1)全统定额工程量

工程量 $=2.1\times0.9\times45=85.05\mathrm{m}^2$

门框制作套用基础定额 7 - 9

门框安装套用基础定额 7 - 10

门扇制作套用基础定额 7 - 11

门窗安装套用基础定额 7 - 12

(2)清单工程量[按图示数量计算]

工程量 = 45 樘

清单工程量计算见表 4-1。

表 4-1 清单工程量计算表

项目编码	项目名称	项目特征描述	计量单位	工程量
010801001001	木质门	带纱扇,无亮子,尺寸 900mm × 2100mm	樘	45

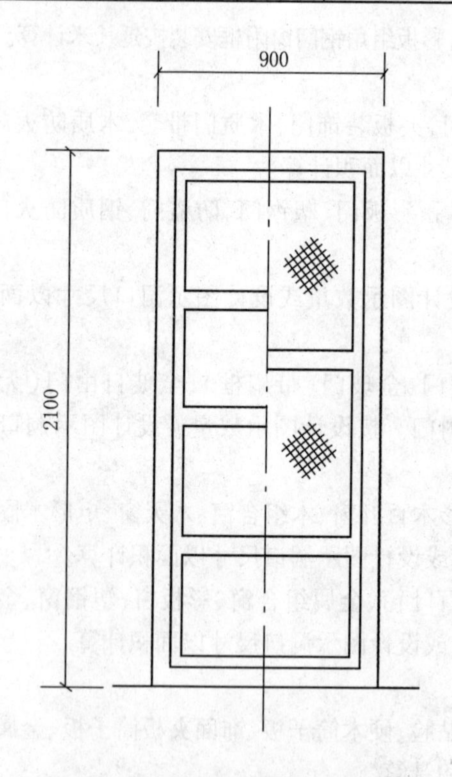

图 4-3 带纱扇无亮子镶板木门示意图

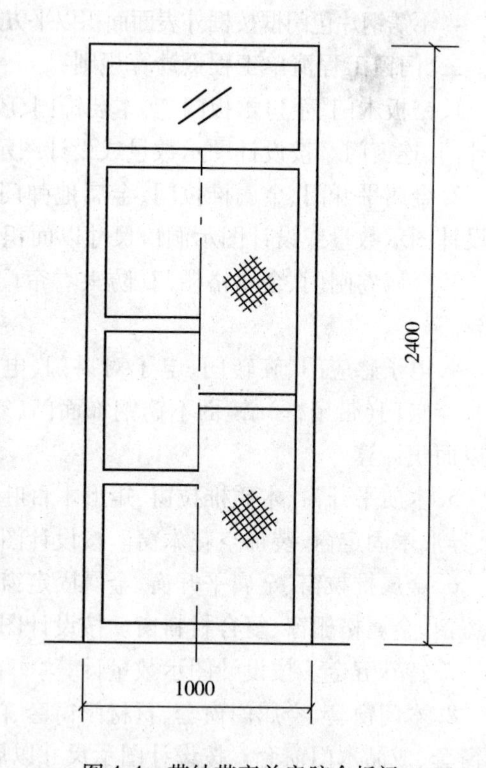

图 4-4 带纱带亮单扇胶合板门

项目编码:010801001 项目名称:木质门

【例 2】 现有带纱带亮单扇胶合板门 50 樘,门洞尺寸如图 4-4 所示,门具体形式也表达至图 4-4,试计算其工程量。

【解】 (1)定额工程量

工程量 $=1\times2.4\times50=120\mathrm{m}^2$

带亮带纱单扇胶合板门门框制作套用基础定额 7 - 41

门框安装套用基础定额 7 - 42

门扇制作套用基础定额 7 - 43

门扇安装套用基础定额 7 - 44

(2)清单工程量

工程量 =50 樘

清单工程量计算见表 4-2。

表 4-2 清单工程量计算表

项目编码	项目名称	项目特征描述	计量单位	工程量
010801001001	木质门	带纱带亮单扇,尺寸 1000mm×2400mm	樘	50

项目编码:010801004　　项目名称:木质防火门

【例 3】 某仓库采用实拼式双面石棉板防火门 15 樘,洞口尺寸为 1500mm×2100mm,双扇平开,不包含门锁安装,计算防火门工程量。

【解】 (1)定额工程量

工程量 $=1.5\times2.1\times15=47.25\text{m}^2$

实拼式双面石棉板防火门门扇制作与安装套用基础定额 7 - 157

(2)清单工程量[按设计图示数量计算]

工程量 =15 樘

清单工程量计算见表 4-3。

表 4-3 清单工程量计算表

项目编码	项目名称	项目特征描述	计量单位	工程量
010801004001	木质防火门	实拼式双面石棉板防火门,双扇平开,尺寸 1500mm×2100mm	樘	15

项目编码:010801003　　项目名称:木质连窗门

【例 4】 某家居式小型别墅,室内为增强透气性采用单层外开连窗门,共 5 樘,连窗门的门洞尺寸及其具体形式如图 4-5 所示,试计算该连窗门的工程量。

【解】 (1)定额工程量

门工程量 $=1\times2.4\times5=12\text{m}^2$

窗工程量 $=1.5\times1.5\times5=11.25\text{m}^2$

门窗工程量合计 $=(12+11.25)=23.25\text{m}^2$

单层外开连窗门门窗框制作套用基础定额 7 - 121

门窗框安装套用基础定额 7 - 122

门窗扇制作套用基础定额 7 - 123

门窗扇安装套用基础定额 7 - 124

(2)清单工程量

工程量 =5 樘

清单工程量计算见表 4-4。

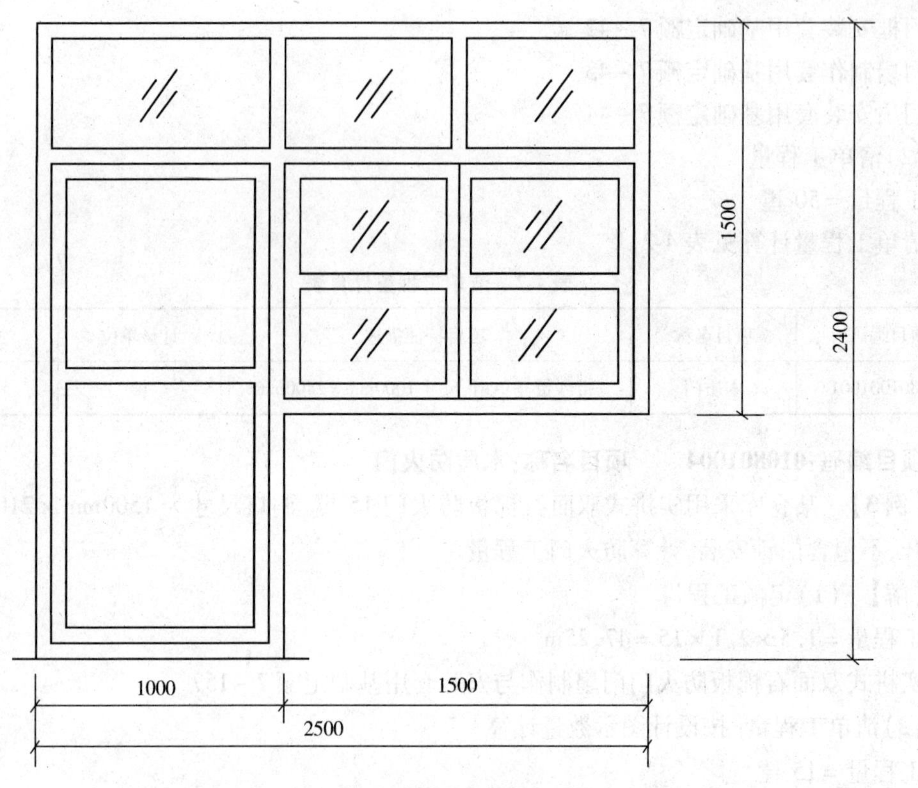

图 4-5　单层外开连窗门

表 4-4　清单工程量计算表

项目编码	项目名称	项目特征描述	计量单位	工程量
010801003001	木质连窗门	单层外开,门尺寸 1000mm×2400mm,窗尺寸 1500mm×1500mm	樘	5

项目编码:010802001　　项目名称:金属(塑钢)门

项目编码:010807001　　项目名称:金属(塑钢窗、断桥)窗

【例 5】　某临时住宅,采用无上亮单扇铝合金平开门,共 20 樘,洞口尺寸为 900mm×1800mm,同时采用无上亮单扇平开窗共 60 樘,洞口尺寸为 450mm×900mm。门和窗的具体形式如图 4-6 所示,试分别计算门窗的工程量。

【解】　(1)定额工程量

①无上亮单扇铝合金平开门制作、安装:

工程量 $=0.9\times1.8\times20=32.4\text{m}^2$

无上亮单扇铝合金平开门制作、安装套用基础定额 7-268

②无上亮单扇铝合金平开窗制作、安装:

工程量 $=0.45\times0.9\times60=24.3\text{m}^2$

无上亮单扇铝合金平开窗制作、安装套用基础定额 7-273

(2)清单工程量

①无上亮单扇铝合金平开门:

工程量 =20 樘

②无上亮单扇铝合金平开窗:

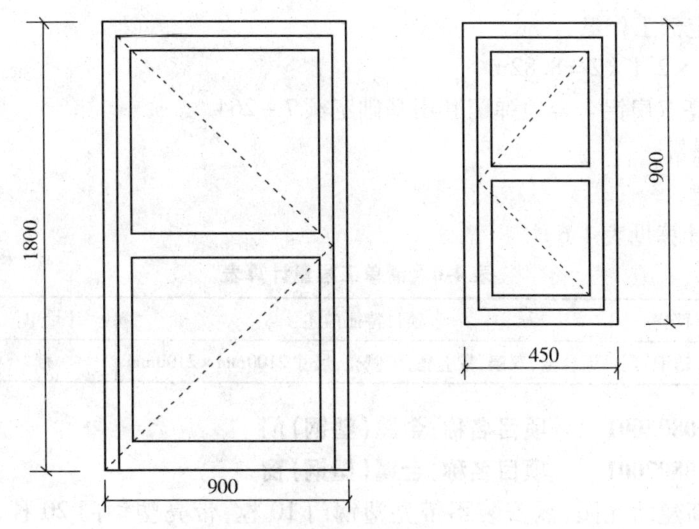

图 4-6　单扇平开门、单扇平开窗

（图示尺寸为洞口尺寸）

工程量 = 60 樘

清单工程量计算见表 4-5。

表 4-5　清单工程量计算表

序号	项目编码	项目名称	项目特征描述	计量单位	工程量
1	010802001001	金属（塑钢）门	单扇，平开，无上亮，尺寸 900mm × 1800mm	樘	20
2	010807001001	金属（塑钢窗、断桥）窗	单扇，平开，无上亮，尺寸 450mm × 900mm	樘	60

项目编码：010802001　　项目名称：金属（塑钢）门

【例 6】　某小型门面房，安装 2 樘带上亮带侧亮双扇铝合金地弹门，门洞尺寸为 2100mm × 2100mm，门的具体形式如图 4-7 所示，试计算其制作和安装的工程量。

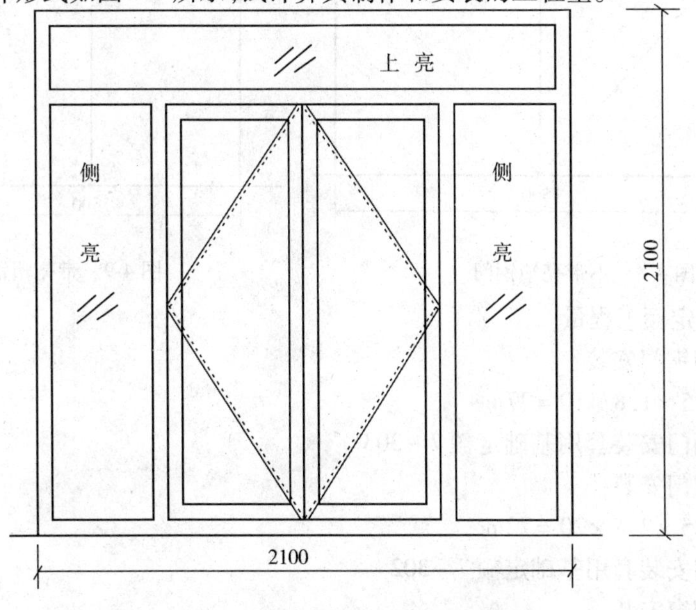

图 4-7　带上亮带侧亮双扇铝合金地弹门

（图示尺寸为洞口尺寸）

【解】 (1)定额工程量

工程量 $=2.1\times2.1\times2=8.82m^2$

带上亮带侧亮双扇铝合金地弹门套用基础定额7－264

(2)清单工程量

工程量 =2 樘

清单工程量计算见表4-6。

表4-6 清单工程量计算表

项目编码	项目名称	项目特征描述	计量单位	工程量
010802001001	金属(塑钢)门	铝合金,双扇,带上亮,带侧亮,尺寸2100mm×2100mm	樘	2

项目编码:010802001　　项目名称:金属(塑钢)门

项目编码:010807001　　项目名称:金属(塑钢)窗

【例7】 某新建幼儿园,欲安装不带亮塑钢门10樘,带亮塑钢门20樘,单层塑钢窗40樘,带纱塑料窗20樘。不带亮塑钢门洞口尺寸为:1500mm×1800mm,具体形式如图4-8所示;带亮塑钢门洞口尺寸为:1500mm×2400mm,具体形式如图4-9所示;单层塑钢窗洞口尺寸为:1200mm×1800mm,具体形式如图4-10所示;带纱塑钢窗洞口尺寸为:1200mm×900mm,具体形式如图4-11所示。试分别计算各类构件的工程量。

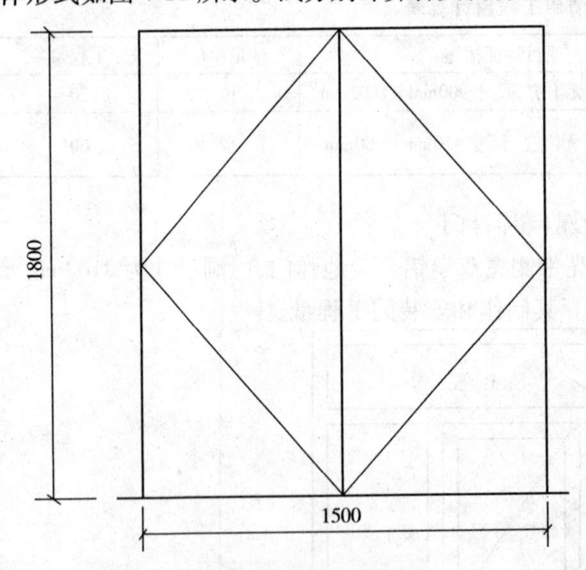

图4-8 不带亮塑钢门

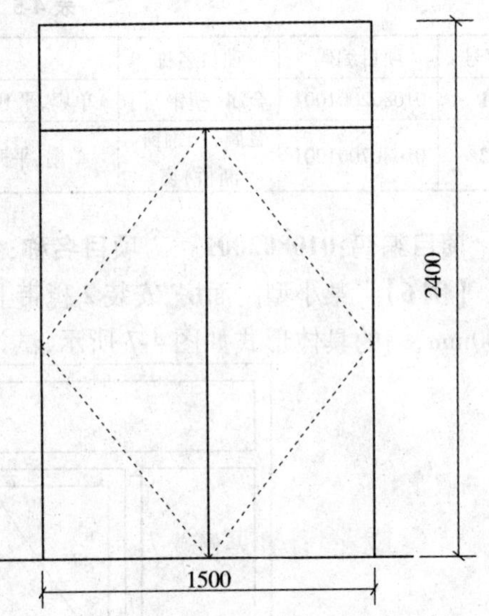

图4-9 带亮塑钢门

【解】 (1)定额工程量

①不带亮塑钢门安装:

工程量 $=1.5\times1.8\times10=27m^2$

不带亮塑钢门安装套用基础定额7－303

②带亮塑钢门安装:

工程量 $=1.5\times2.4\times20=72m^2$

带亮塑钢门安装套用基础定额7－302

③单层塑钢窗安装:

工程量 $=1.2\times1.8\times40=86.4m^2$

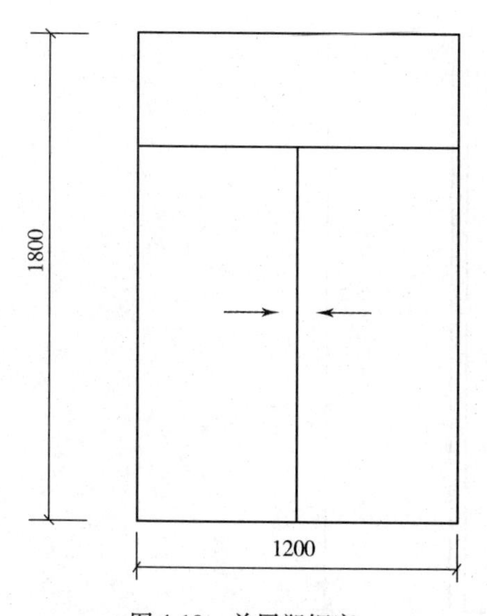

图 4-10　单层塑钢窗

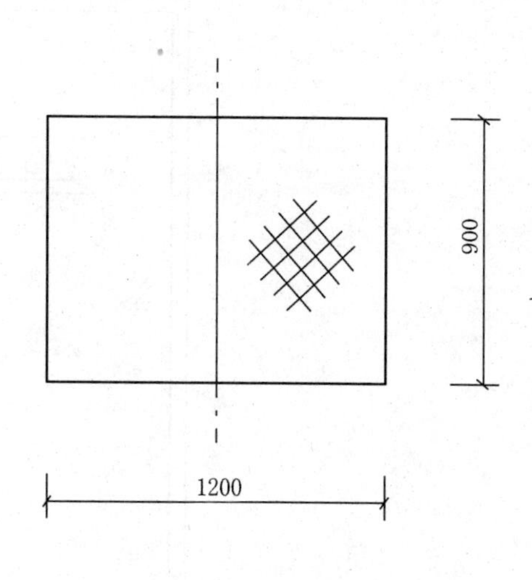

图 4-11　带纱塑钢窗

单层塑钢窗安装套用基础定额 7－304

④带纱塑钢窗安装：

工程量 $=0.9\times1.2\times20=21.6\text{m}^2$

带纱塑钢窗安装套用基础定额 7－305

(2)清单工程量

①不带亮塑钢门安装：

工程量 =10 樘

②带亮塑钢门安装：

工程量 =20 樘

③单层塑钢窗安装：

工程量 =40 樘

④带纱塑钢窗安装：

工程量 =20 樘

清单工程量计算见表 4-7。

表 4-7　清单工程量计算表

序号	项目塑钢编码	项目名称	项目特征描述	计量单位	工程量
1	010802001001	金属(塑钢)门	不带亮,尺寸 1500mm×1500mm	樘	10
2	010802001002	金属(塑钢)门	带亮,尺寸 1500mm×2400mm	樘	20
3	010807001001	金属(塑钢窗、断桥)窗	单层塑钢窗,尺寸 1200mm×1800mm	樘	40
4	010807001002	金属(塑钢窗、断桥)窗	带纱塑钢窗,尺寸 900mm×1200mm	樘	20

项目编码:010702004　　项目名称:防盗门

【例 8】　某家居室欲安装 1 樘钢防盗门,门洞口尺寸为 1000mm×2100mm,该防盗门的具体形式如图 4-12 所示,试计算其工程量。

【解】　(1)定额工程量

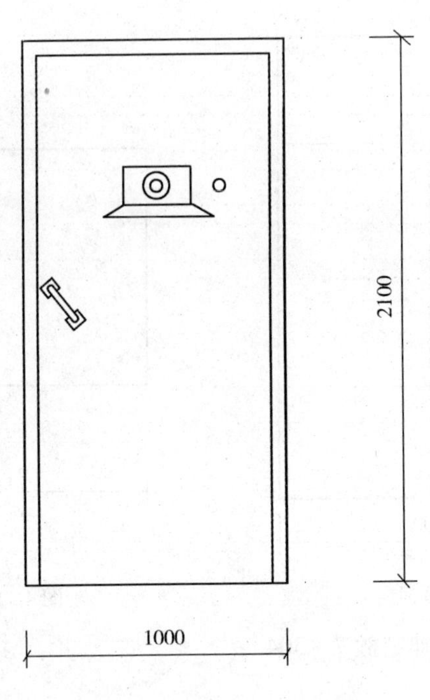

图 4-12　钢防盗门示意图

工程量 $=1\times2.1\times1=2.1\text{m}^2$

钢防盗门安装套用基础定额 7－312

(2)清单工程量

工程量＝1 樘

清单工程量计算见表 4-8。

表 4-8　清单工程量计算表

项目编码	项目名称	项目特征描述	计量单位	工程量
010702004001	防盗门	钢防盗门,尺寸 1000mm×2100mm	樘	1

项目编码:010803001　　项目名称:金属卷帘(闸)门

【例 9】　某商铺欲安装 20 樘铝合金卷闸门,洞口高度为 3600mm,门的实际宽度为 3600mm,试计算其工程量。(该卷闸门的具体形式如图 4-13 和图 4-14 所示)

【解】　(1)定额工程量

因卷闸门安装按洞口高度增加 600mm 乘以门实际宽度以平方米计算,故

工程量 $=3.6\times(3.6+0.6)\times20=302.4\text{m}^2$

铝合金卷闸门安装套用基础定额 7－294

(2)清单工程量

工程量＝20 樘

清单工程量计算见表 4-9。

表 4-9　清单工程量计算表

项目编码	项目名称	项目特征描述	计量单位	工程量
010803001001	金属卷帘(闸)门	铝合金,尺寸 3600mm×3600mm	樘	20

1

1

3600

图 4-13　卷闸门示意图

项目编码:010803002　　项目名称:防火卷帘(闸)门

【例 10】 如图 4-15 所示,帘板卷帘门共 6 樘,计算其工程量。

【解】 (1)定额工程量

工程量 $=2.1\times2.4\times6=30.24\text{m}^2$

1)防火卷帘门　工程量 $=2.1\times2.4\times6=30.24\text{m}^2$

2)防火卷帘门手动装置工程量:1 套

套用消耗量定额 4－052、4－053

(2)清单工程量

工程量 =6 樘

清单工程量计算见表 4-10。

表 4-10　清单工程量计算表

项目编码	项目名称	项目特征描述	计量单位	工程量
010803002001	防火卷帘(闸)门	帘板卷帘门	樘	6

项目编码:010805001　　项目名称:电子感应门

【例 11】 某单位仓库采用玻璃电子感应门,如图 4-16 所示,共有 5 个仓库,计算其工程量。

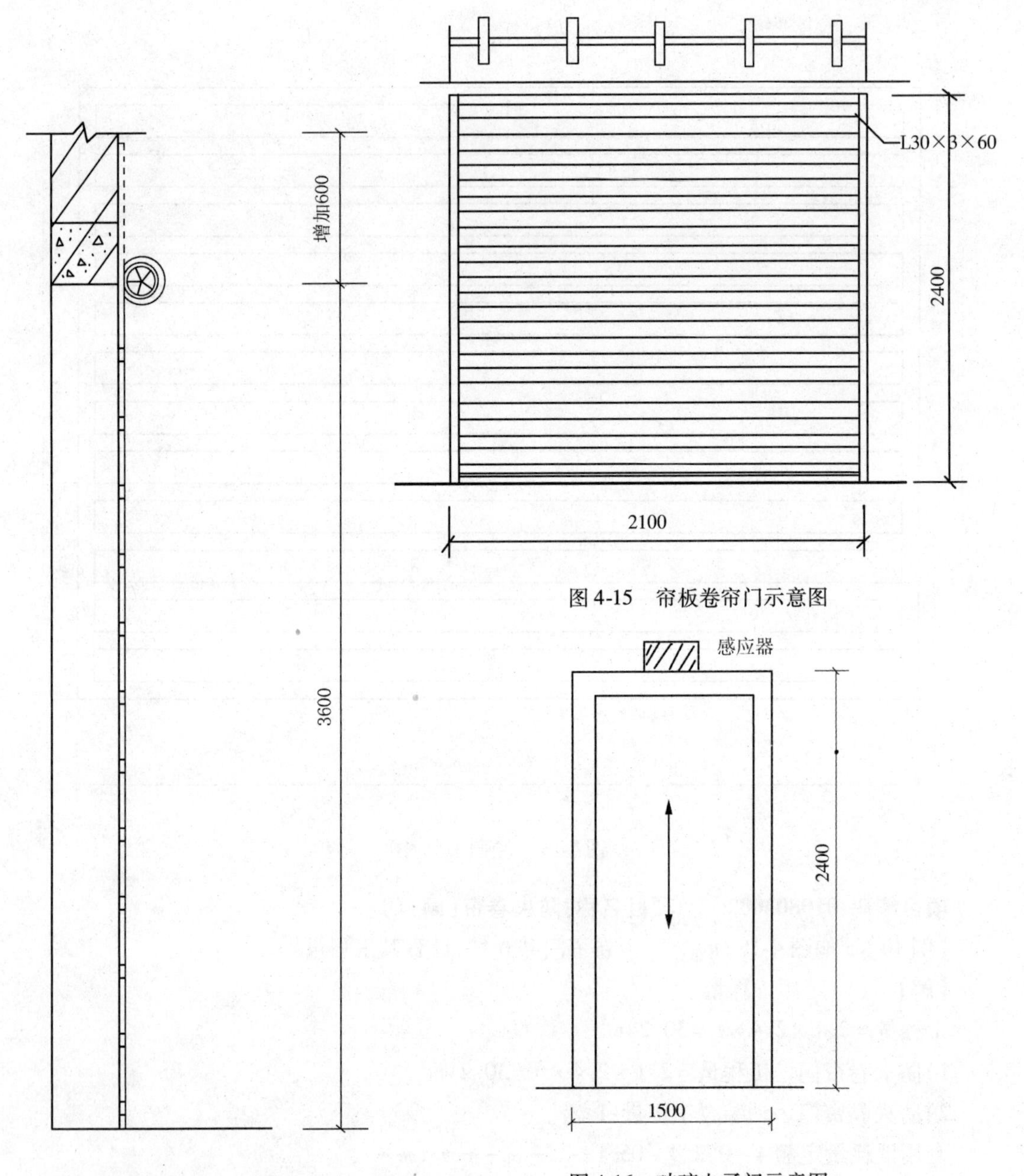

图 4-14　1 - 1 剖面图

图 4-15　帘板卷帘门示意图

图 4-16　玻璃电子门示意图

【解】　(1)定额工程量:5 樘

电磁感应装置工程量:5 套

套用消耗量定额 4 - 065、4 - 066

(2)清单工程量:5 樘

清单工程量计算见表 4-11。

表 4-11　清单工程量计算表

项目编码	项目名称	项目特征描述	计量单位	工程量
010805001001	电子感应门	玻璃电子感应门,尺寸为 1500mm × 2400mm	樘	5

项目编码:010805005　　项目名称:全玻自由门

【例 12】 某临街门面房共 28 间,现拟每间安装无亮子全玻自由门 2 樘,门洞尺寸均为:3000mm × 2100mm,门的具体形式如图 4-17 所示,试计算该工程的工程量。

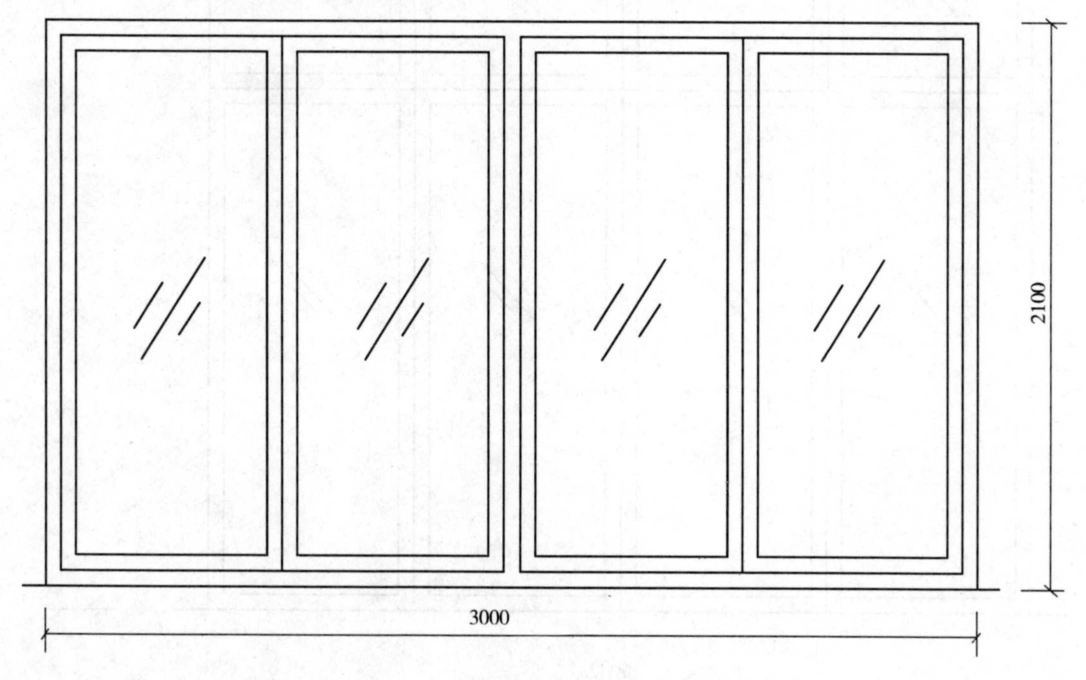

图 4-17　无亮子全玻自由门(带扇框)

【解】 (1)定额工程量

工程量 = 3 × 2.1 × 28 × 2 = 352.8m²

无亮子全玻自由门门框制作套用基础定额 7 – 117

门框安装套用基础定额 7 – 118

门扇制作套用基础定额 7 – 119

门扇安装套用基础定额 7 – 120

(2)清单工程量

工程量 = 28 × 2 = 56 樘

清单工程量计算见表 4-12。

表 4-12　清单工程量计算表

项目编码	项目名称	项目特征描述	计量单位	工程量
010805005001	全玻自由门	无亮子,尺寸 3000mm × 2100mm	樘	56

项目编码:010805005　　项目名称:全玻自由门

【例 13】 某办公建筑,大厅门形式如图 4-18 所示,共两樘,试计算其工程量。

【解】 (1)定额工程量

工程量 = 3 × 3 × 2 = 18m²

带固定亮子全玻自由门门框制作套用定额 7 – 113

门框安装套用定额 7 – 114

门扇制作套用定额 7 – 115

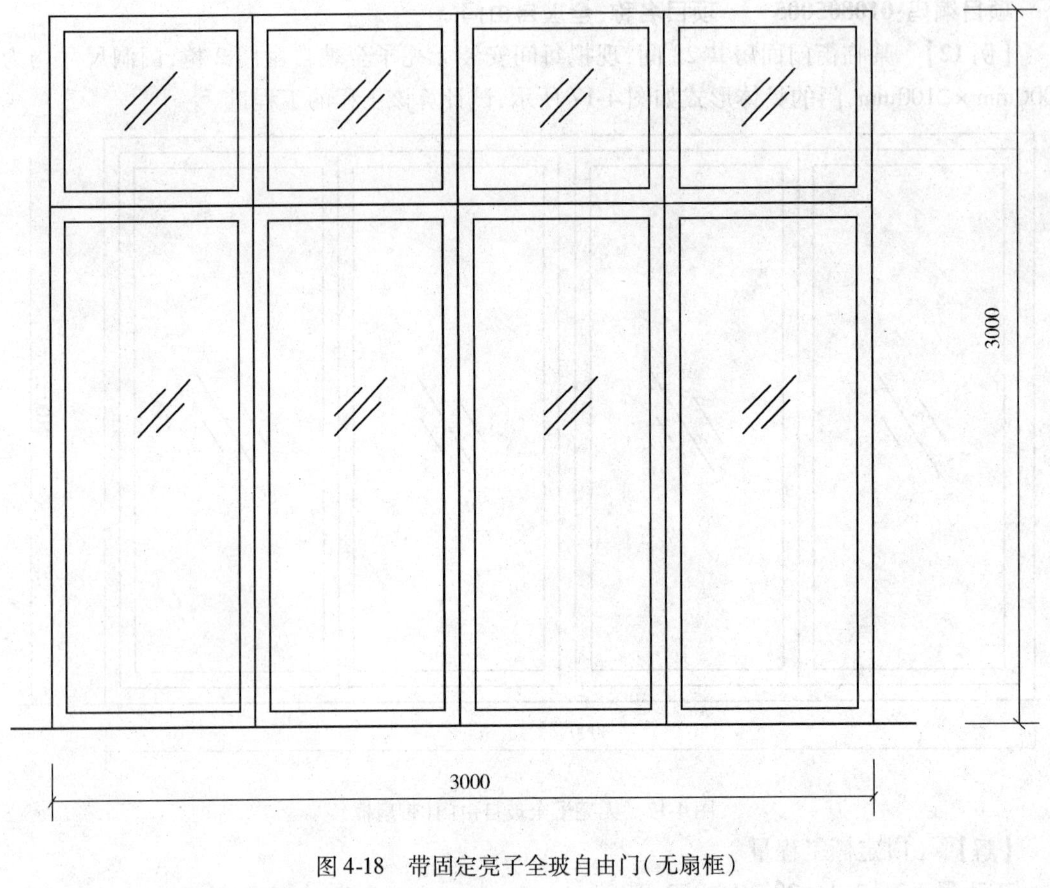

图 4-18　带固定亮子全玻自由门(无扇框)

门扇安装套用定额 7－116

(2)清单工程量

工程量＝2 樘

清单工程量计算见表 4-13。

表 4-13　清单工程量计算表

项目编码	项目名称	项目特征描述	计量单位	工程量
010805005001	全玻自由门	带固定亮子,尺寸 3000mm×3000mm	樘	2

项目编码:010802001　　项目名称:金属(塑钢)门

【例 14】　某起居住宅,客厅门采用单层带纱钢门 1 樘,洞口尺寸为 1800mm×2700mm,门具体形式如图 4-19 所示,计算其工程量。

【解】　(1)定额工程量

工程量＝$1.8\times2.7=4.86m^2$

单层带纱普通钢门套用基础定额 7－307

单层带纱普通钢窗套用基础定额 7－309

(2)清单工程量

工程量＝1 樘

清单工程量计算见表 4-14。

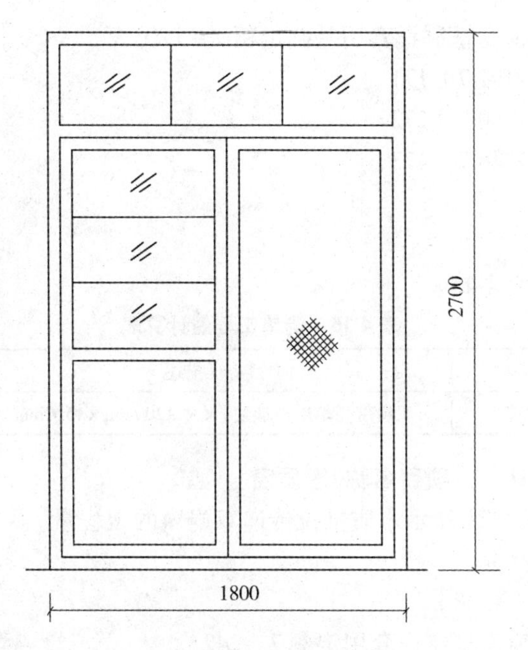

图 4-19　单层带纱钢门

表 4-14　清单工程量计算表

项目编码	项目名称	项目特征描述	计量单位	工程量
010802001001	金属(塑钢)门	带纱带亮双扇,尺寸 1800mm × 2700mm	樘	1

项目编码:010806001　　项目名称:木质窗

【例 15】　某仓库采用双扇带亮单层玻璃窗,共 40 樘,洞口尺寸均为 1200mm × 1500mm,该窗的具体形式如图 4-20 所示,试计算其工程量。

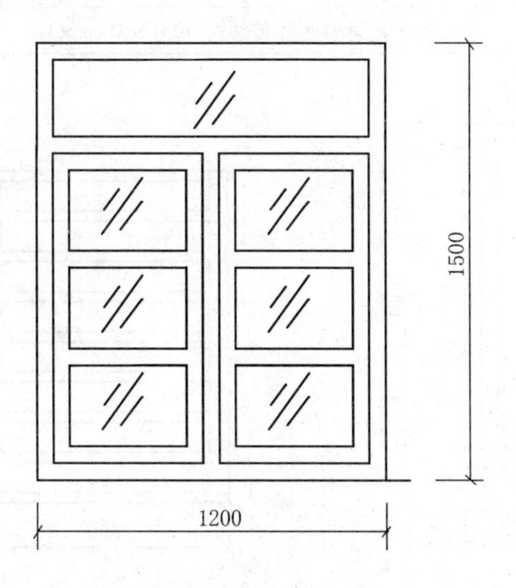

图 4-20　双扇带单层玻璃窗

【解】　(1)定额工程量

工程量 $=1.2\times1.5\times40=72\text{m}^2$

双扇带亮单层玻璃窗窗框制作套用基础定额 7－170

窗框安装套用基础定额 7－171

窗扇制作套用基础定额 7－172

窗扇安装套用基础定额 7－173

(2)清单工程量

工程量＝40 樘

清单工程量计算见表 4-15。

表 4-15　清单工程量计算表

项目编码	项目名称	项目特征描述	计量单位	工程量
010806001001	木质窗	双扇带亮单层玻璃窗，尺寸 1200mm×1500mm	樘	40

项目编码:010806001　　项目名称:木质窗

【例 16】 试求如图 4-21 所示木质推拉传递双扇窗的工程量。

【解】 (1)定额工程量

工程量 $=0.9\times1.2=1.08\text{m}^2$

木质推拉传递双扇窗窗框制作套用定额 7－242

窗框安装套用定额 7－243

窗扇制作套用定额 7－244

窗扇安装套用定额 7－245

(2)清单工程量

工程量＝1 樘

清单工程量计算见表 4-16。

表 4-16　清单工程量计算表

项目编码	项目名称	项目特征描述	计量单位	工程量
010806001001	木质窗	双扇，木质推拉传递窗，尺寸 900mm×1200mm	樘	1

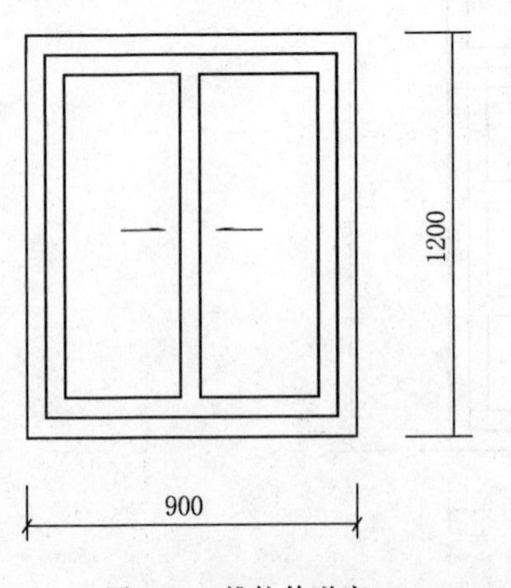

图 4-21　推拉传递窗

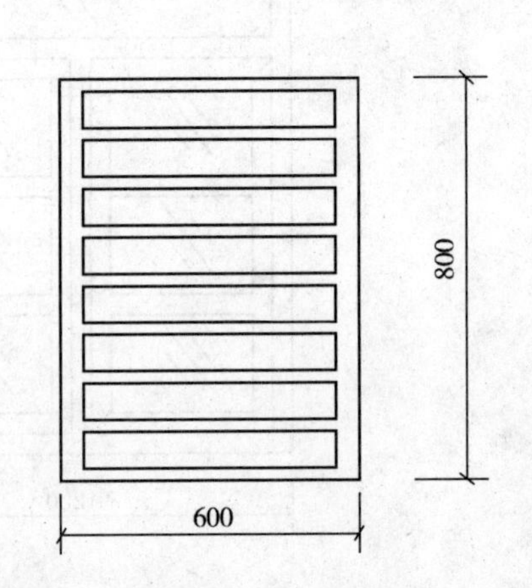

图 4-22　木百叶窗

项目编码:010806001　　项目名称:木质窗

【例 17】 某建筑洗手间采用矩形带铁纱木百叶窗，洞口尺寸为 600mm×800mm，窗具体形式如图 4-22 所示，共 25 樘，试计算其工程量。

【解】 (1)定额工程量

工程量 $=0.6\times0.8\times25=12\text{m}^2$

窗扇制作套用定额 7-232

窗扇安装套用定额 7-233

(2)清单工程量

工程量 =25 樘

清单工程量计算见表 4-17。

表 4-17 清单工程量计算表

项目编码	项目名称	项目特征描述	计量单位	工程量
010806001001	木质窗	矩形带铁纱,尺寸 600mm×800mm	樘	25

项目编码:010806001　　项目名称:木质窗

【例 18】 某古典式建筑采用如图 4-23 所示的单层玻璃窗,共 25 樘,试计算其工程量。

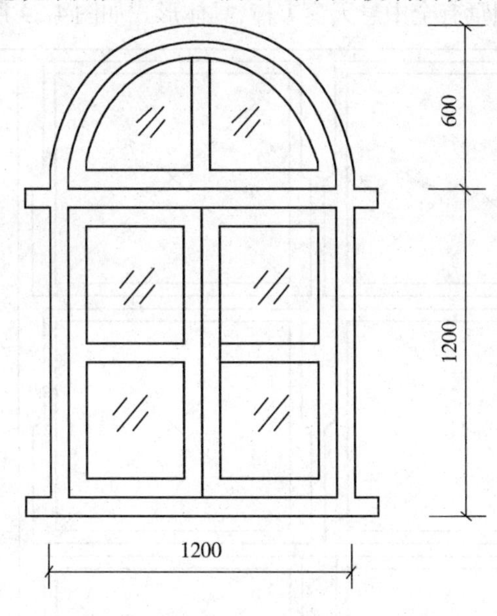

图 4-23 单层玻璃窗

【解】 (1)定额工程量

因为半圆形单层玻璃窗和矩形单层玻璃窗属于不同的定额编号,所以其工程量应分别计算。

分别计算半圆形单层玻璃窗和矩形单层玻璃窗工程量时,其分界线应以普通矩形单层玻璃窗和半圆形单层玻璃窗之间的横框上裁口线为分界线。

①矩形单层玻璃窗:

工程量 $=1.2\times1.2\times25=36\text{m}^2$

窗框制作套用定额 7-170

窗框安装套用定额 7-171

窗扇制作套用定额 7-172

窗扇安装套用定额 7-173

②半圆形单层玻璃窗:

工程量 $=\frac{1}{2}\times\pi\times0.6^2\times25=14.14\text{m}^2$

窗框制作套用定额 7－250

窗框安装套用定额 7－251

窗扇制作套用定额 7－252

窗扇安装套用定额 7－253

(2)清单工程量

工程量 =25 樘

清单工程量计算见表 4-18。

表 4-18　清单工程量计算表

项目编码	项目名称	项目特征描述	计量单位	工程量
010806001001	木质窗	矩形单层玻璃窗,尺寸 1200mm×1200mm 半圆形单层玻璃窗,外径 1200mm	樘	25

项目编码:010806001　　项目名称:木质窗

【**例 19**】　某一小型别墅有全中悬天窗 1 樘,具体形式如图 4-24 所示,试计算其工程量。

图 4-24　全中悬天窗

【**解**】　(1)定额工程量

工程量 $=2.4\times3=7.2\text{m}^2$

全中悬天窗窗框制作套用定额 7－234

窗框安装套用定额 7－235

窗扇制作套用定额 7－236

窗扇安装套用定额 7－237

(2)清单工程量

工程量 =1 樘

清单工程量计算见表 4-19。

表 4-19　清单工程量计算表

项目编码	项目名称	项目特征描述	计量单位	工程量
010806001001	木质窗	全中悬,尺寸 2400mm×3000mm	樘	1

项目编码:010806001　　项目名称:木质窗

【例 20】　某建筑高窗形式统一采用直径为 1.2m 的圆形玻璃窗,该圆形窗的具体形式如图 4-25 所示,共 80 樘,试计算其工程量。

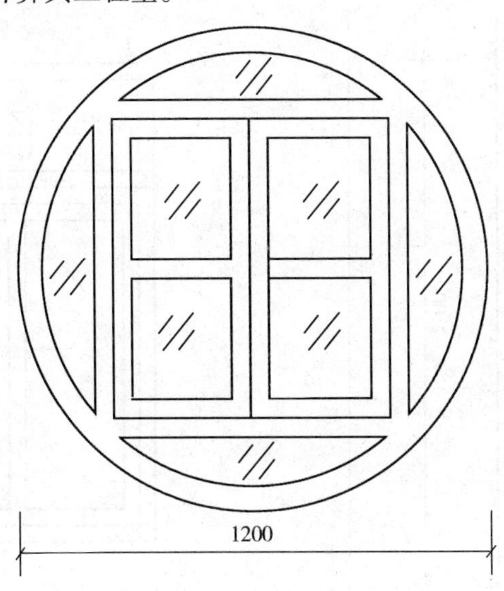

图 4-25　圆形玻璃窗

【解】　(1)定额工程量

工程量 $=\pi\times0.6^2\times80=90.48m^2$

圆形单层玻璃窗窗框制作套用定额 7 - 246

窗框安装套用定额 7 - 247

窗扇制作套用定额 7 - 248

窗扇安装套用定额 7 - 249

(2)清单工程量

工程量 =80 樘

清单工程量计算见表 4-20。

表 4-20　清单工程量计算表

项目编码	项目名称	项目特征描述	计量单位	工程量
010806001001	木质窗	圆形单层玻璃窗,外径 1200mm	樘	80

项目编码:010802001　　项目名称:金属(塑钢)门

项目编码:010807001　　项目名称:金属(塑钢、断桥)窗

【例 21】　现有一简易家居小院,共需安装带顶窗单扇铝合金平开门 5 樘;双扇带亮铝合金推拉窗 10 樘;三扇带亮铝合金窗 4 樘;四扇带亮铝合金窗 2 樘;固定窗采用 38 系列,共需 4

樘;带上亮无侧亮双扇铝合金地弹门 1 樘。带顶窗单扇铝合金平开门洞口尺寸为 900mm × 2600mm,具体形式如图 4-26 所示;双扇带亮铝合金推拉窗洞口尺寸为 1200mm × 1800mm,具体形式如图 4-27 所示;三扇带亮铝合金推拉窗的洞口尺寸为 3000mm × 1800mm,具体形式如图 4-28 所示;四扇带亮铝合金推拉窗的洞口尺寸为 3600mm × 1800mm,具体形式如图 4-29 所示;38 系列固定窗的洞口尺寸为 1200mm × 1200mm,具体形式如图 4-30 所示;带上亮无侧亮双扇铝合金地弹门的洞口尺寸为 1800mm × 2500mm,具体形式如图 4-31 所示,试分别计算其工程量。

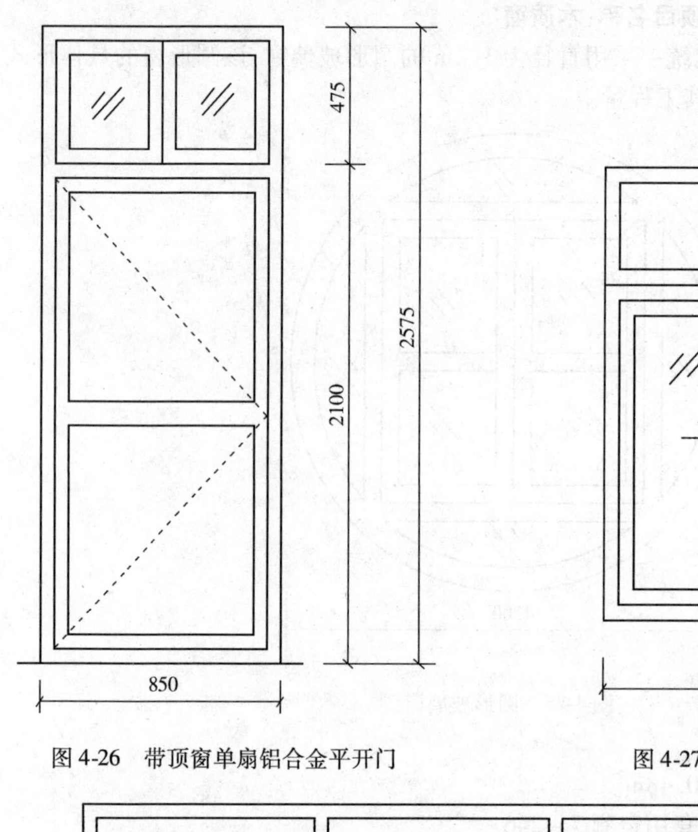

图 4-26　带顶窗单扇铝合金平开门

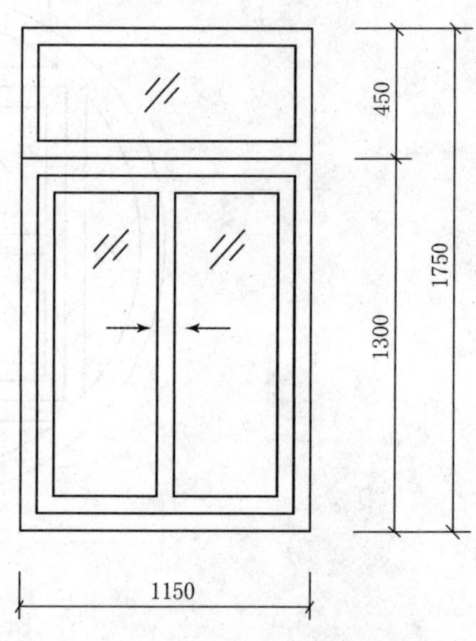

图 4-27　双扇带亮铝合金推拉窗

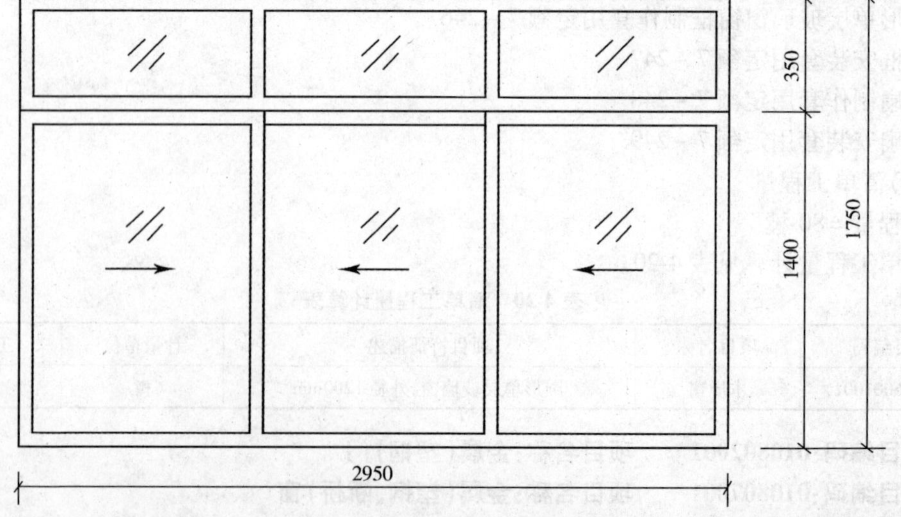

图 4-28　三扇带亮铝合金推拉窗

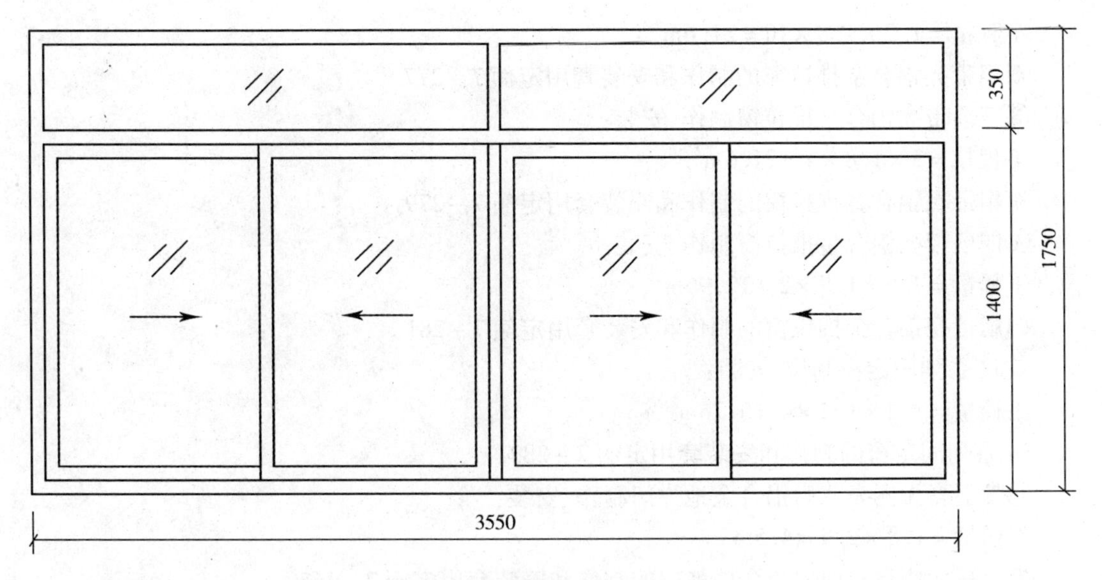

图 4-29　四扇带亮铝合金推拉窗

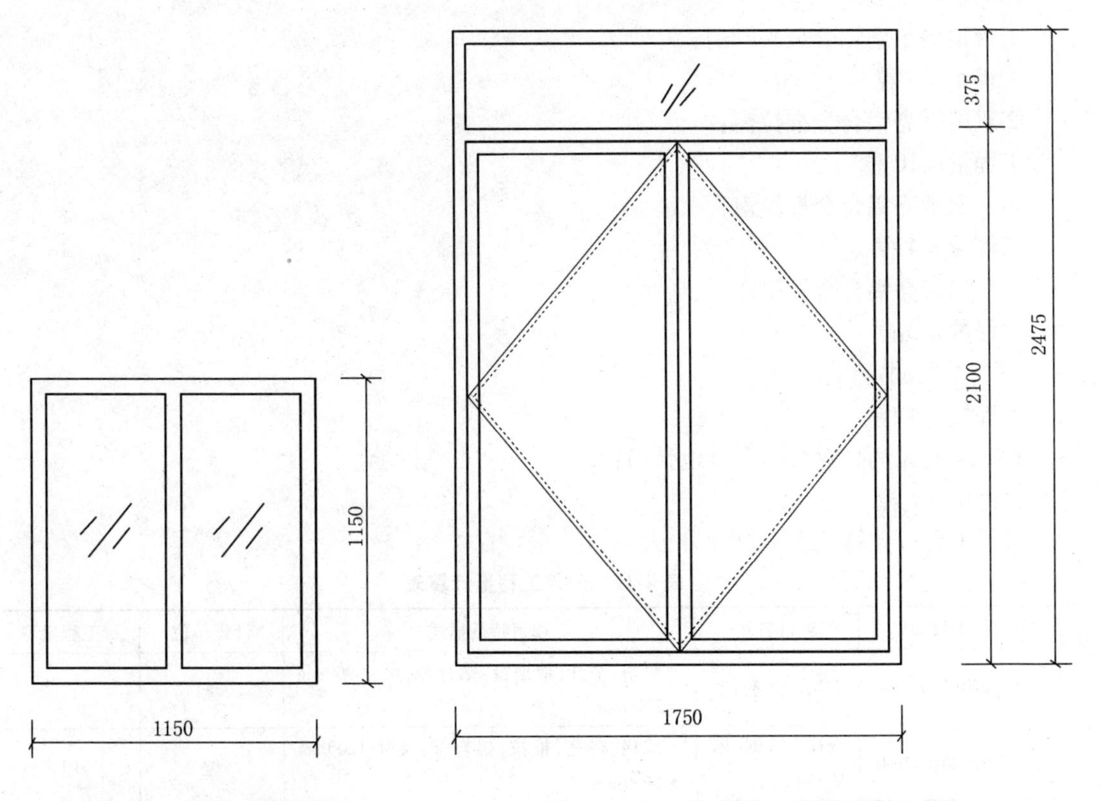

图 4-30　38 系列固定窗　　　　图 4-31　带上亮无侧亮双扇铝合金地弹门

【解】　(1)定额工程量

①带顶窗单扇铝合金平开门制作、安装:

工程量 $=0.9\times2.6\times5=11.7\text{m}^2$

带顶窗单扇铝合金平开门的制作和安装套用定额 7－272

②双扇带亮铝合金推拉窗制作、安装:

工程量 $=1.2\times1.8\times10=21.6m^2$

双扇带亮铝合金推拉窗的制作和安装套用定额 7－277

③三扇带亮铝合金推拉窗制作、安装：

工程量 $=3\times1.8\times4=21.6m^2$

三扇带亮铝合金推拉窗的制作和安装套用定额 7－279

④四扇带亮铝合金推拉窗制作、安装：

工程量 $=3.6\times1.8\times2=12.96m^2$

四扇带亮铝合金推拉窗的制作和安装套用定额 7－281

⑤38 系列固定窗制作、安装：

工程量 $=1.2\times1.2\times4=5.76m^2$

38 系列固定窗的制作和安装套用定额 7－282

⑥带上亮无侧亮双扇铝合金地弹门制作、安装：

工程量 $=1.8\times2.5=4.5m^2$

带上亮无侧亮双扇铝合金地弹门的制作和安装套用定额 7－263

(2)清单工程量

①带顶窗单扇铝合金平开门：

工程量 =5 樘

②双扇带亮铝合金推拉窗：

工程量 =10 樘

③三扇带亮铝合金推拉窗：

工程量 =4 樘

④四扇带亮铝合金推拉窗：

工程量 =2 樘

⑤38 系列固定窗：

工程量 =4 樘

⑥带上亮无侧亮双扇铝合金地弹门：

工程量 =1 樘

清单工程量计算见表 4-21。

表 4-21　清单工程量计算表

序　号	项目编码	项目名称	项目特征描述	计量单位	工程量
1	010802001001	金属(塑钢)门	单扇，平开，带顶窗，铝合金，尺寸 900mm×2600mm	樘	5
2	010807001001	金属(塑钢、断桥)窗	双扇，带亮，推拉，铝合金，尺寸 1200mm×1800mm	樘	10
3	010807001002	金属(塑钢、断桥)窗	三扇，带亮，推拉，铝合金，尺寸 1800mm×3000mm	樘	4
4	010807001003	金属(塑钢、断桥)窗	四扇，带亮，推拉，铝合金，尺寸 1800mm×3600mm	樘	2
5	010807001004	金属(塑钢、断桥)窗	38 系列固定窗，尺寸 1200mm×1200mm	樘	4

（续）

序　号	项目编码	项目名称	项目特征描述	计量单位	工程量
6	010802001002	金属（塑钢）门	双扇，带上亮，无侧亮，尺寸 1800mm ×2500mm	樘	1

项目编码：010807001　　项目名称：金属（塑钢、断桥）窗

【例 22】 如图 4-32 所示，求制作安装折线形铝合金 38 系列固定窗 4 扇的工程量。

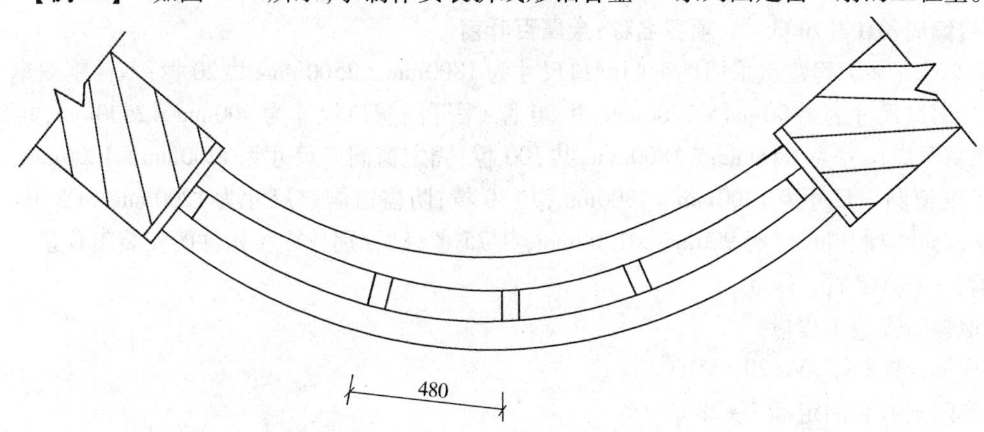

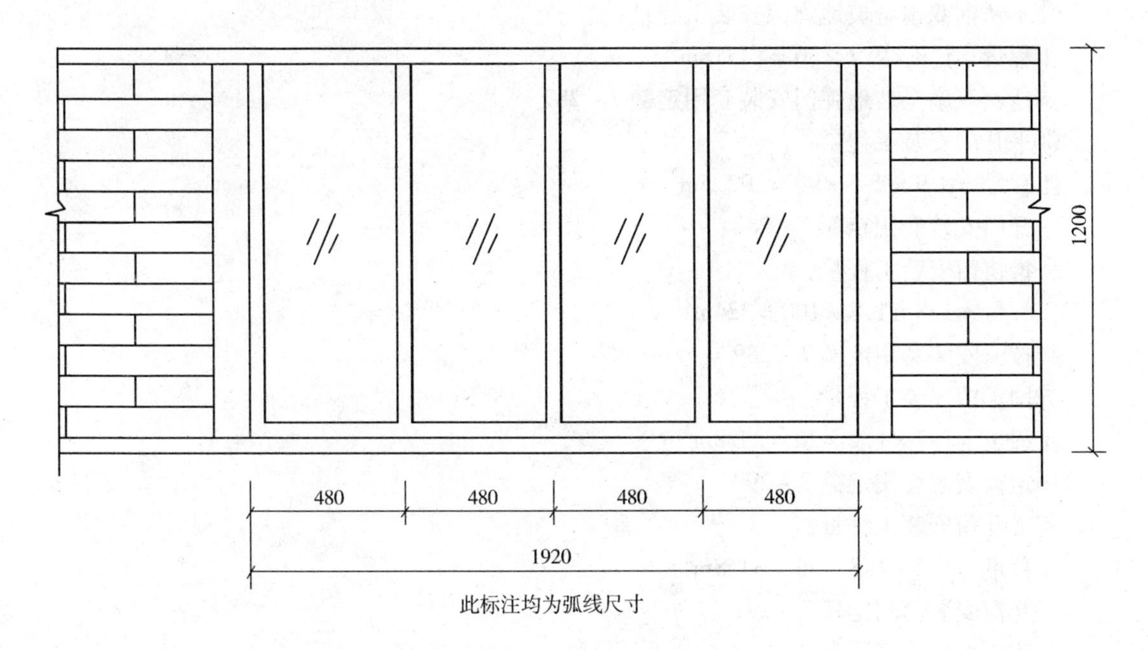

图 4-32　异形固定窗示意图

【解】（1）定额工程量

工程量 $=0.48\times1.2\times4=2.30\text{m}^2$

铝合金 38 系列固定窗制作、安装套用定额 7－282

（2）清单工程量

工程量 =4 樘

清单工程量计算见表 4-22。

表 4-22　清单工程量计算表

项目编码	项目名称	项目特征描述	计量单位	工程量
010807001001	金属(塑钢、断桥)窗	铝合金,38 系列固定窗,尺寸 480mm ×1200mm	樘	4

项目编码:010802001　　项目名称:金属(塑钢)门

项目编码:010807001　　项目名称: 金属(塑钢、断桥)窗

项目编码:010807003　　项目名称:金属百叶窗

【例 23】 某工程建筑采用地弹门洞口尺寸为 1800mm ×2500mm,共 20 樘;不锈钢双扇全玻地弹门洞口尺寸为 1800mm ×2700mm,共 30 樘;平开门洞口尺寸为 900mm ×2500mm,共 90 樘;推拉窗洞口尺寸为 1800mm ×1800mm,共 100 樘;固定窗洞口尺寸为 1200mm ×1200mm,共 20 樘;平开窗洞口尺寸为 1200mm ×1800mm,共 30 樘;防盗窗洞口尺寸为 1200mm ×1800mm,共 20 樘;百叶窗洞口尺寸为 900mm ×1200mm,共 75 樘;试分别计算各构件的安装工程量。

【解】 (1)定额工程量

①地弹门安装工程量:

工程量 $=1.8\times2.5\times20=90\text{m}^2$

地弹门安装套用定额 7 -286

②不锈钢双扇全玻地弹门安装工程量:

工程量 $=1.8\times2.7\times30=145.8\text{m}^2$

不锈钢双扇全玻地弹门安装套用定额 7 -287

③平开门安装工程量:

工程量 $=0.9\times2.5\times90=202.5\text{m}^2$

平开门安装套用定额 7 -288

④推拉窗安装工程量:

工程量 $=1.8\times1.8\times100=324\text{m}^2$

推拉窗安装套用定额 7 -289

⑤固定窗安装工程量:

工程量 $=1.2\times1.2\times20=28.8\text{m}^2$

固定窗安装套用定额 7 -290

⑥平开窗安装工程量:

工程量 $=1.2\times1.8\times30=64.8\text{m}^2$

平开窗安装套用定额 7 -291

⑦防盗窗安装工程量:

工程量 $=1.2\times1.8\times20=43.2\text{m}^2$

防盗窗安装套用定额 7 -292

⑧百叶窗安装工程量:

工程量 $=0.9\times1.2\times75=81\text{m}^2$

百叶窗安装套用定额 7 -293

(2)清单工程量

①地弹门安装工程量:

工程量 = 20 樘

②不锈钢双扇全玻地弹门安装工程量:

工程量 = 30 樘

③平开门安装工程量:

工程量 = 90 樘

④推拉窗安装工程量:

工程量 = 100 樘

⑤固定窗安装工程量:

工程量 = 20 樘

⑥平开窗安装工程量:

工程量 = 30 樘

⑦防盗窗安装工程量:

工程量 = 20 樘

⑧百叶窗安装工程量:

工程量 = 75 樘

清单工程量计算见表 4-23。

表 4-23　清单工程量计算表

序号	项目编码	项目名称	项目特征描述	计量单位	工程量
1	010802001003	金属(塑钢)门	尺寸 1800mm × 2500mm	樘	20
2	010802001002	金属(塑钢)门	双扇、不锈钢、全玻,尺寸 1800mm × 2700mm	樘	30
3	010802001001	金属(塑钢)门	尺寸 900mm × 2500mm	樘	90
4	010807001001	金属(塑钢、断桥)窗	尺寸 1800mm × 1800mm	樘	100
5	010807001002	金属(塑钢、断桥)窗	尺寸 1200mm × 1200mm	樘	20
6	010807001003	金属(塑钢、断桥)窗	尺寸 1200mm × 1800mm	樘	30
7	010807001004	金属(塑钢、断桥)窗	尺寸 1200mm × 1800mm	樘	20
8	010807003001	金属百叶窗	尺寸 900mm × 1200mm	樘	75

项目编码:010807001　　项目名称:金属(塑钢、断桥)窗

【例 24】 某新型住宅楼欲安装组合钢窗共 10 樘,窗洞口尺寸为:1800mm × 2400mm,窗的具体形式如图 4-33 所示,试计算其工程量。

【解】 (1)定额工程量

工程量 = $1.8 \times 2.4 \times 10 = 43.2m^2$

组合钢窗安装套用定额 7 - 311

(2)清单工程量

工程量 = 10 樘

清单工程量计算见表 4-24。

表 4-24　清单工程量计算表

项目编码	项目名称	项目特征描述	计量单位	工程量
010807001001	金属(塑钢窗、断桥)窗	尺寸 1800mm × 2400mm	樘	10

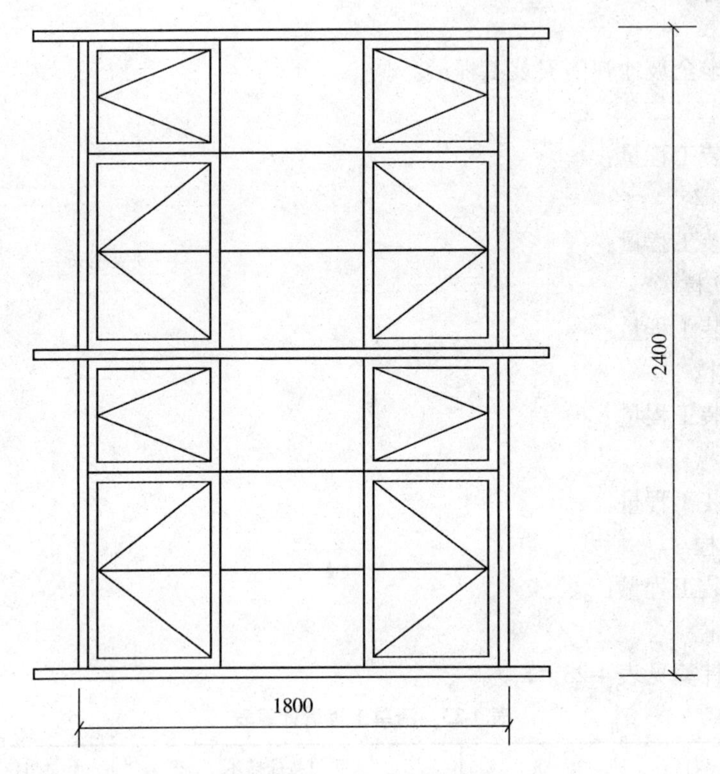

图 4-33　组合钢窗示意图

项目编码:010807008　　项目名称:彩板窗

【例 25】　如图 4-34 所示,设计要求彩板组角钢窗采用附框安装。按附框安装节点详图,门窗的下边框不安装附框,其他三边安装附框,试计算附框安装的工程量。

【解】　(1)定额工程量

工程量 = 3 × 1.5 = 4.5m

彩板组角钢窗采用附框安装套用定额 7 - 301

(2)清单工程量

工程量 = 1 樘

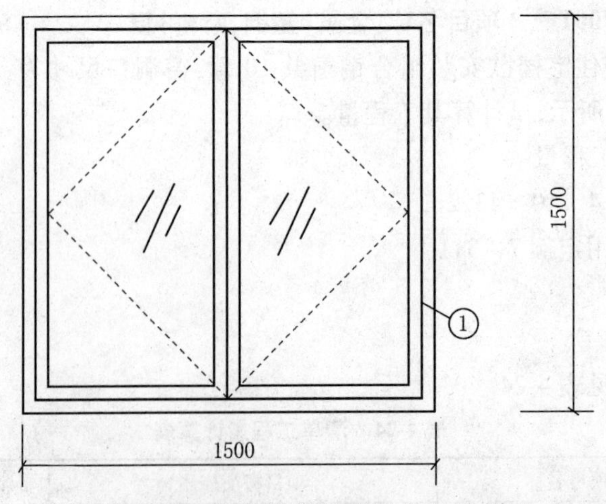

图 4-34　彩板组角钢门窗附框(节点 1)详图

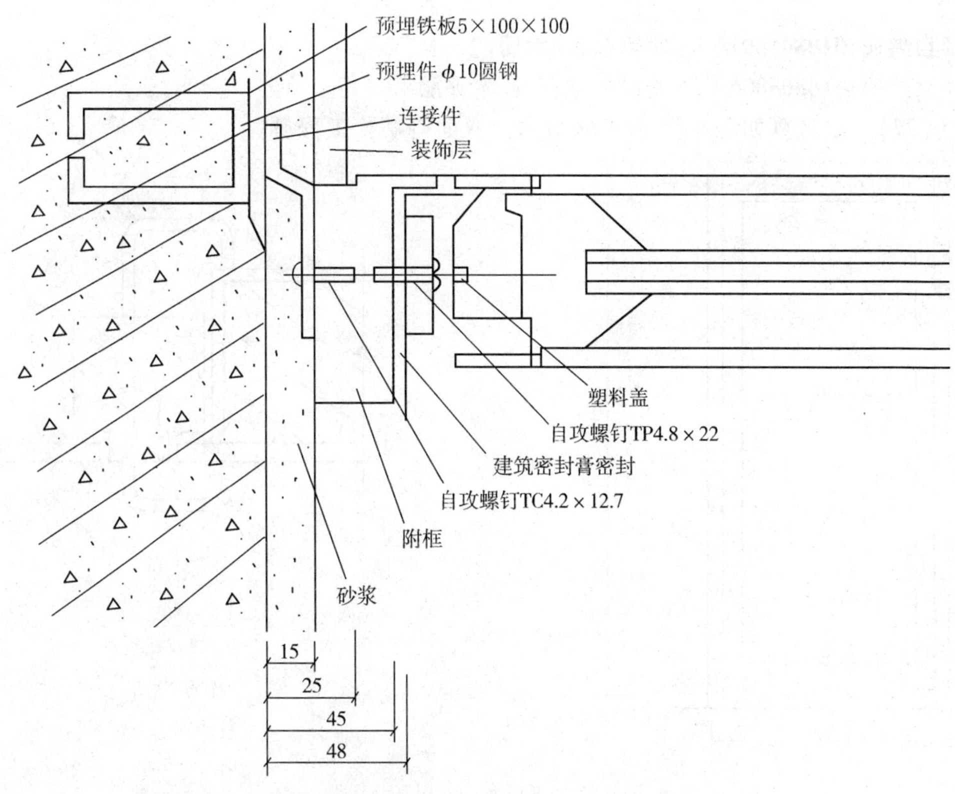

图 4-34　彩板组角钢门窗附框(节点 1)详图(续)

清单工程量计算见表 4-25。

表 4-25　清单工程量计算表

项目编码	项目名称	项目特征描述	计量单位	工程量
010807008001	彩板窗	彩板组角钢窗,尺寸 1500mm×1500mm	樘	1

项目编码:010801006　　项目名称:门锁安装

【例 26】 某新建宿舍楼共 6 层,每层设置镶板木门 40 樘,欲在底层门上安装执手锁,一门一把,其他层门上安装弹子锁,一门一把,试计算锁具安装工程量。

【解】 (1)定额工程量

①执手锁安装工程量:

工程量 =40 把

执手锁安装套用定额 7-325

②弹子锁安装工程量:

工程量 =5×40 =200 把

弹子锁安装套用定额 7-326

(2)清单工程量

清单工程量计算见表 4-26。

表 4-26　清单工程量计算表

项目编码	项目名称	项目特征描述	计量单位	工程量
010801006001	门锁安装	执手锁	把	40
010801006002	门锁安装	弹子锁	把	200

项目编码:010801001　　项目名称:木质门

项目编码:010808006　　项目名称:门窗木贴脸

【例 27】 试计算如图 4-35 所示镶板木门双面钉贴脸工程量。

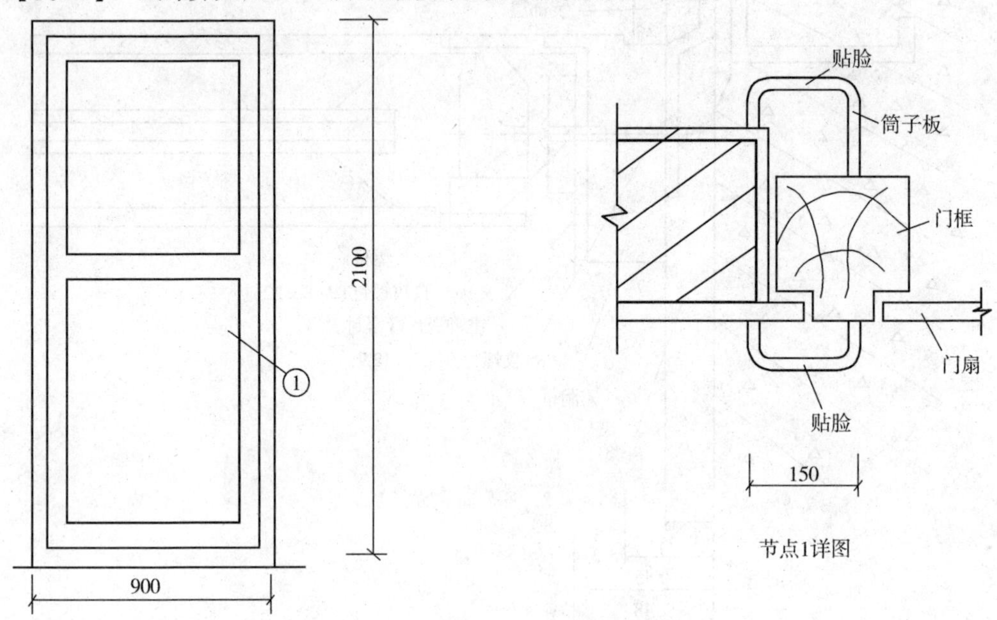

图 4-35　镶板木门及贴脸示意图

【解】 (1)定额工程量

①镶板木门工程量:

工程量 $=0.9\times2.1=1.89\text{m}^2$

无纱镶板木门单扇无亮时门框制作套用定额 7－25

门框安装套用定额 7－26

门扇制作套用定额 7－27

门扇安装套用定额 7－28

②贴脸工程量:

工程量 $=(2.1+2.1+0.9)\times2=10.2\text{m}$

贴脸工程套用定额 7－357

(2)清单工程量

①镶板木门工程量:

工程量 = 1 樘

②贴脸工程量:

工程量 $=(2.1+2.1+0.9)\times2\times0.15=1.53\text{m}^2$

清单工程量计算见表 4-27。

表 4-27　清单工程量计算表

序　号	项目编码	项目名称	项目特征描述	计量单位	工程量
1	010801001001	木质门	单扇,无亮,无纱,尺寸 900mm×2100mm	樘	1
2	010808006001	门窗木贴脸	如图 4-35 所示	m^2	1.53

项目编码:010808002　　项目名称:木筒子板

【例 28】 图 4-36 所示窗采用带木筋门窗套,尺寸如图 4-36 所示,试求门窗套工程量并套定额。

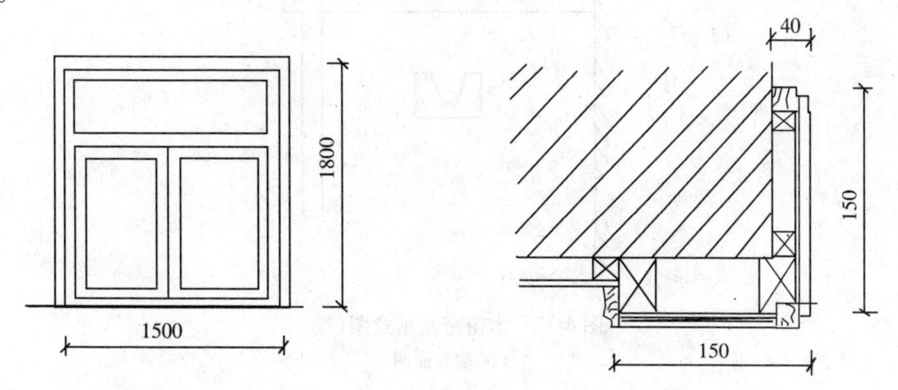

图 4-36　胶合板窗套筒子板

【解】 (1)定额工程量

工程量 $=(1.8\times2+1.5)\times0.04=0.20\text{m}^2$

套用消耗量定额 4－073

(2)清单工程量

工程量 $=(1.8\times2+1.5)\times0.04=0.20\text{m}^2$

清单工程量计算见表 4-28。

表 4-28　清单工程量计算表

项目编码	项目名称	项目特征描述	计量单位	工程量
010808002001	木筒子板	采用带筋门窗套,胶合板窗套筒子板	m^2	0.20

项目编码:010810002　　项目名称:木窗帘盒

【例 29】 图 4-37 所示共六个窗帘盒,计算木制窗帘盒工程量。

【解】 (1)定额工程量

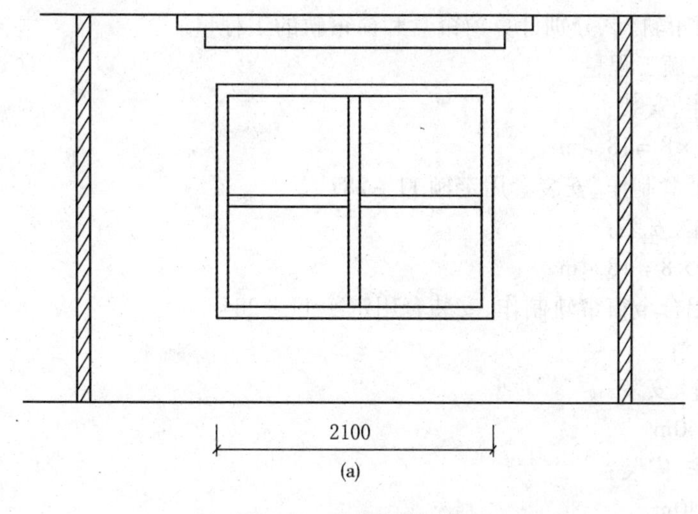

图 4-37　木窗帘盒示意图

(a)正立面图

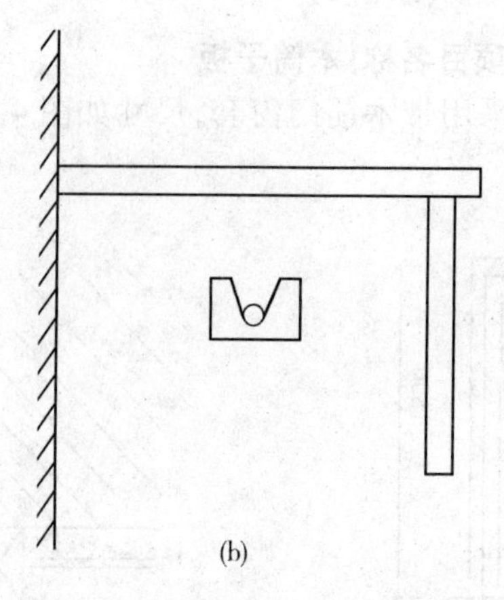

图 4-37　木窗帘盒示意图(续)
(b)侧立面图

窗帘盒工程量 = (2.1 + 0.30) × 6 = 14.40m

套用基础定额 11 - 282

(2)清单工程量

清单工程量同定额工程量。

清单工程量计算见表 4-29。

表 4-29　清单工程量计算表

项目编码	项目名称	项目特征描述	计量单位	工程量
010810002001	木窗帘盒	木制窗帘盒	m	14.40

注:窗帘盒,明式铝合金轨按设计计算。设计图纸没有注明尺寸时,可按窗洞口尺寸加30cm,钢筋窗帘杆加60cm,以延长米计算。

项目编码:010810002　　项目名称:木窗帘盒

项目编码:010810005　　项目名称:窗帘轨

【例 30】　某仿古式小型建筑,窗宽 2m,共 8 个,制作、安装硬木双轨式窗帘盒,长度为 2.3m,带铝合金窗帘轨,试分别计算窗帘盒和窗帘轨的工程量。

【解】　(1)定额工程量

①窗帘盒制作、安装:

工程量 = 2.3 × 8 = 18.4m

硬木双轨窗帘盒制作、安装套用定额 11 - 281

②窗帘轨制作、安装:

工程量 = 2.3 × 8 = 18.4m

双轨明装式铝合金窗帘轨制作、安装套用定额 11 - 284

(2)清单工程量

①窗帘盒制作、安装:

工程量 = 18.40m

②窗帘轨制作、安装:

工程量 = 18.40m

清单工程量计算见表 4-30。

表 4-30　清单工程量计算表

序号	项目编码	项目名称	项目特征描述	计量单位	工程量
1	010810002001	木窗帘盒	硬木双轨	m	18.40
2	010810005001	窗帘轨	双轨明装式铝合金	m	18.40

项目编码:010809001　　项目名称:木窗台板

【例 31】 如图 4-38 所示,计算木窗台板的工程量。

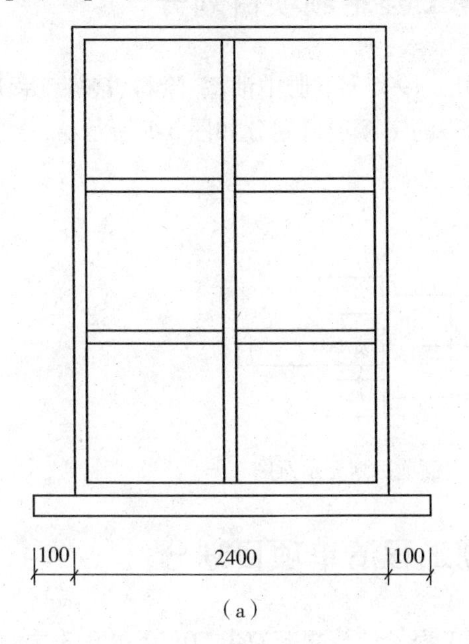

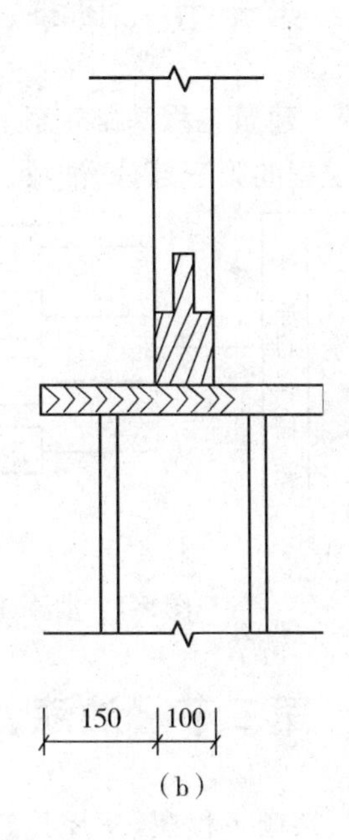

图 4-38　窗台板示意图

(a)正立面图;(b)侧立面图

【解】 (1)定额工程量

木窗台板工程量 $=(2.4+0.1\times2)\times(0.15+0.1)=0.65\text{m}^2$

套用基础定额 11－277

(2)清单工程量

工程量 $=(2.4+0.1\times2)\times(0.15+0.1)=0.65\text{m}^2$

工程量计算按设计图示尺寸以展开面积计算。

清单工程量计算见表 4-31。

表 4-31　清单工程量计算表

项目编码	项目名称	项目特征描述	计量单位	工程量
010809001001	木窗台板	30mm 厚 1∶3 水泥砂浆找平,木制窗台板	m^2	0.65

第五章　油漆、涂料、裱糊工程

第一节　油漆、涂料、裱糊工程定额项目划分

在《全国统一建筑工程基础定额》土建 GJD 101－1995·下册中油漆、涂料、裱糊工程属于第十一章装饰工程的第三部分，油漆、涂料、裱糊工程的定额项目划分如图 5-1 所示。

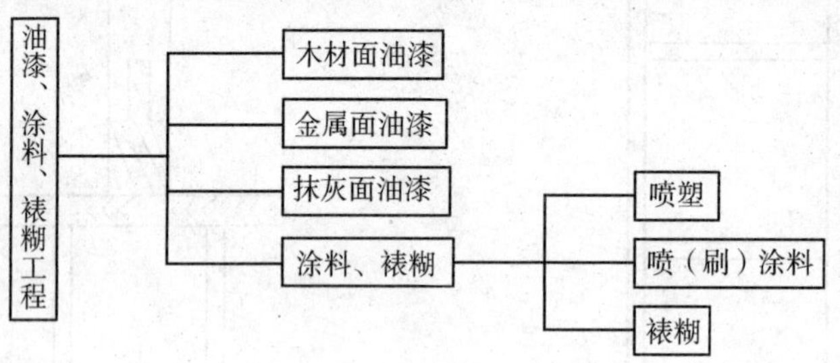

图 5-1　油漆、涂料、裱糊工程定额项目划分示意图

第二节　油漆、涂料、裱糊工程清单项目划分

油漆、涂料、裱糊工程在《房屋建筑与装饰工程工程量计算规范》GB 50854—2013 中，具体项目划分如图 5-2 所示。

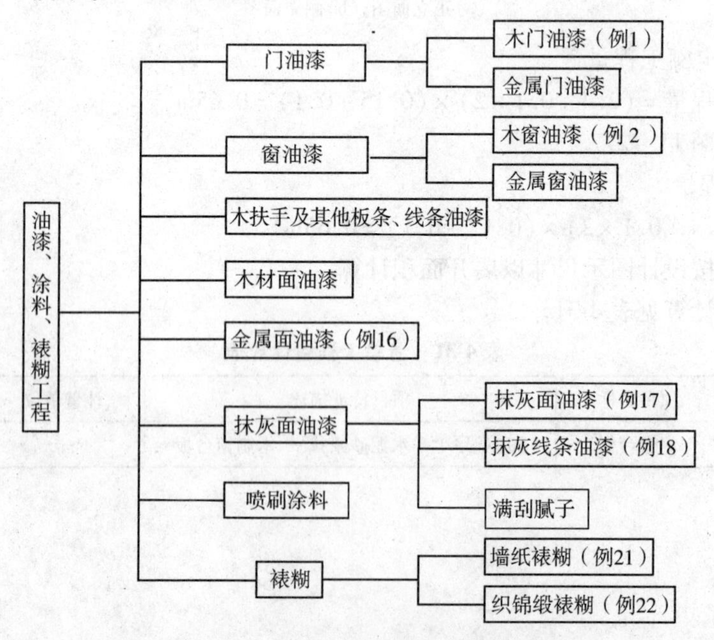

图 5-2　油漆、涂料、裱糊工程清单项目划分示意图

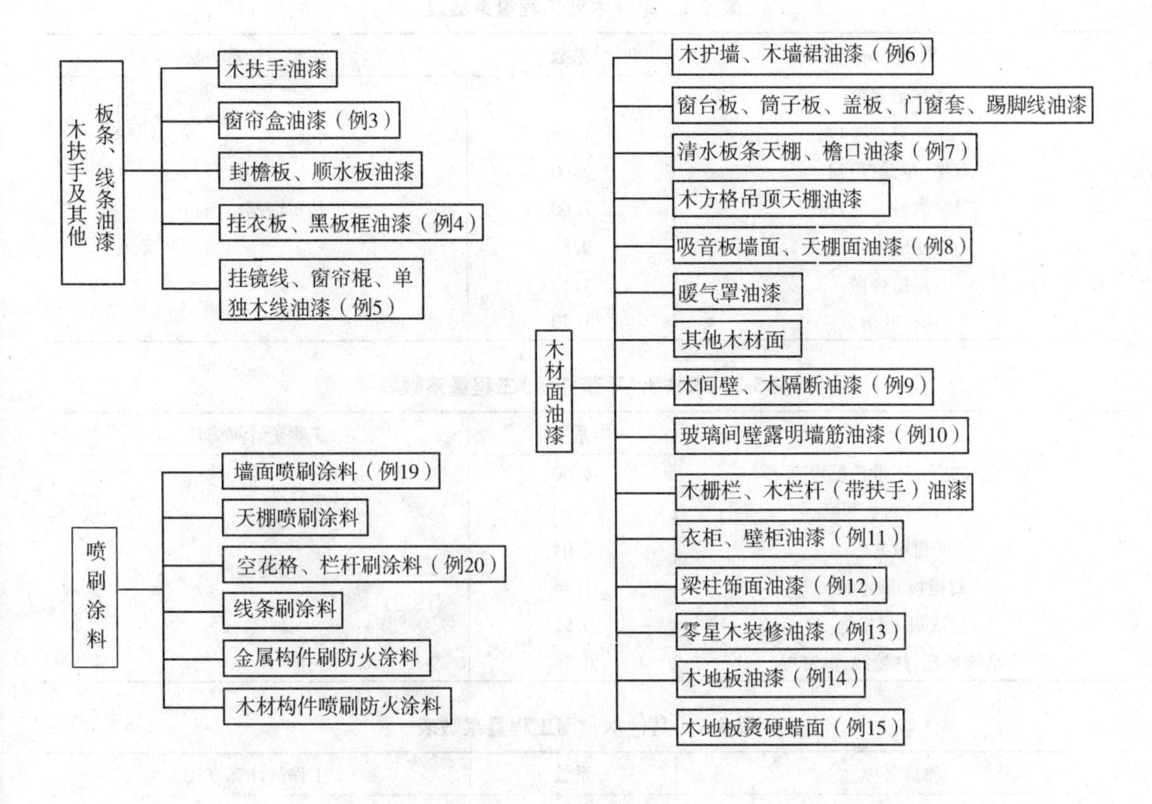

图5-2　油漆、涂料、裱糊工程清单项目划分示意图(续)

第三节　油漆、涂料、裱糊工程定额与清单工程量计算规则对照

一、油漆、涂料、裱糊工程定额工程量计算规则：

喷涂、油漆、裱糊工程量按以下规定计算：

(1)楼地面、天棚面、墙、柱、梁面的喷(刷)涂料、抹灰面、油漆及裱糊工程，均按楼地面、天棚面、墙、柱、梁面装饰工程相应的工程量计算规则规定计算。

(2)木材面、金属面油漆的工程量分别按表5-1～表5-9规定计算，并乘以表列系数以平方米计算。

1)木材面油漆

表5-1　单层木门工程量系数表

项目名称	系数	工程量计算方法
单层木门	1.00	按单面洞口面积
双层(一板一纱)木门	1.36	
双层(单裁口)木门	2.00	
单层全玻门	0.83	
木百叶门	1.25	
厂库大门	1.10	

表 5-2 单层木窗工程量系数表

项目名称	系数	工程量计算方法
单层玻璃窗	1.00	按单面洞口面积
双层(一玻一纱)窗	1.36	
双层(单裁口)窗	2.00	
三层(二玻一纱)窗	2.60	
单层组合窗	0.83	
双层组合窗	1.13	
木百叶窗	1.50	

表 5-3 木扶手(不带托板)工程量系数表

项目名称	系数	工程量计算方法
木扶手(不带托板)	1.00	按延长米
木扶手(带托板)	2.60	
窗帘盒	2.04	
封檐板、顺水板	1.74	
挂衣板、黑板框	0.52	
生活园地框、挂镜线、窗帘棍	0.35	

表 5-4 其他木材面工程量系数表

项目名称	系数	工程量计算方法
木板、纤维板、胶合板	1.00	长×宽
天棚、檐口		
清水板条天棚、檐口	1.07	
木方格吊顶天棚	1.20	
吸音板、墙面、天棚面	0.87	
龟鳞板墙	2.48	
木护墙、墙裙	0.91	
窗台板、筒子板、盖板	0.82	
暖气罩	1.28	
屋面板(带檩条)	1.11	斜长×宽
木间壁、木隔断	1.90	单面外围面积
玻璃间壁露明墙筋	1.65	
木栅栏、木栏杆(带扶手)	1.82	
木屋架	1.79	跨度(长)×中高×1/2
衣柜、壁柜	0.91	投影面积(不展开)
零星木装修	0.87	展开面积

表 5-5 木地板工程量系数表

项目名称	系数	工程量计算方法
木地板、木踢脚线	1.00	长×宽
木楼梯(不包括底面)	2.30	水平投影面积

2)金属面油漆

表 5-6　单层钢门窗工程量系数表

项目名称	系数	工程量计算方法
单层钢门窗	1.00	洞口面积
双层(一玻一纱)钢门窗	1.48	
钢百叶钢门	2.74	
半截百叶钢门	2.22	
满钢门或包铁皮门	1.63	
钢折叠门	2.30	
射线防护门	2.96	框(扇)外围面积
厂库房平开、推拉门	1.70	
铁丝网大门	0.81	
间壁	1.85	长×宽
平板屋面	0.74	斜长×宽
瓦垄板屋面	0.89	斜长×宽
排水、伸缩缝盖板	0.78	展开面积
吸气罩	1.63	水平投影面积

表 5-7　其他金属面工程量系数表

项目名称	系数	工程量计算方法
钢屋架、天窗架、挡风架、屋架梁、支撑、檩条	1.00	重量(吨)
墙架(空腹式)	0.50	
墙架(格板式)	0.82	
钢柱、吊车梁、花式梁柱、空花构件	0.63	
操作台、走台、制动梁钢梁车挡	0.71	
钢栅栏门、栏杆、窗栅	1.71	
钢爬梯	1.18	
轻型屋架	1.42	
踏步式钢扶梯	1.05	
零星铁件	1.32	

表 5-8　平板屋面涂刷磷化、锌黄底漆工程量系数表

项目名称	系数	工程量计算方法
平板屋面	1.00	斜长×宽
瓦垄板屋面	1.20	
排水、伸缩缝盖板	1.05	展开面积
吸气罩	2.20	水平投影面积
包镀锌铁皮门	2.20	洞口面积

3）抹灰面油漆、涂料

表 5-9　抹灰面工程量系数表

项目名称	系数	工程量计算方法
槽形底板、混凝土折板	1.30	长×宽
有梁板底	1.10	
密肋、井字梁底板	1.50	
混凝土平板式楼梯底	1.30	水平投影面积

二、油漆、涂料、裱糊工程清单工程量计算规则：

1. 门油漆。按设计图示数量或设计图示单面洞口面积计算。

2. 窗油漆。按设计图示数量或设计图示单面洞口面积计算。

3. 木扶手油漆，窗帘盒油漆，封檐板、顺水板油漆，挂衣板、黑板框油漆，挂镜线、窗帘棍、单独木线油漆。按设计图示尺寸以长度计算。

4. 木板、纤维板、胶合板油漆，木护墙、木墙裙油漆，窗台板、筒子板、盖板、门窗套、踢脚线油漆，清水板条天棚、檐口油漆，木方格吊顶天棚油漆，吸音板墙面、天棚面油漆，暖气罩油漆。按设计图示尺寸以面积计算。

5. 木间壁、木隔断油漆，玻璃间壁露明墙筋油漆，木栅栏、木栏杆（带扶手）油漆。按设计图示尺寸以单面外围面积计算。

6. 衣柜、壁柜油漆，梁柱饰面油漆，零星木装修油漆。按设计图示尺寸以油漆部分展开面积计算。

7. 木地板油漆、木地板烫硬蜡面。按设计图示尺寸以面积计算。空洞、空圈、暖气包槽、壁龛的开口部分并入相应的工程量内。

8. 金属面油漆。按设计图示尺寸以面积计算。

9. 抹灰面油漆。按设计图示尺寸以面积计算。

10. 抹灰线条油漆。按设计图示尺寸以长度计算。

11. 刷喷涂料。按设计图示尺寸以面积计算。

12. 空花格、栏杆刷涂料。按设计图示尺寸以单面外围面积计算。

13. 线条刷涂料。按设计图示尺寸以长度计算。

14. 墙纸裱糊、织锦缎裱糊。按设计图示尺寸以面积计算。

第四节　油漆、涂料、裱糊工程经典实例导读

项目编码：011401001　　项目名称：木门油漆

【例 1】 根据如图 5-3 所示，若门为单层木门，刷底油一遍、清漆二遍，试计算其工程量。

【解】 (1)定额工程量

工程量按图示尺寸以面积计算。

工程量 $=(1.0\times2.1+0.9\times2.1\times2)=5.88\text{m}^2$

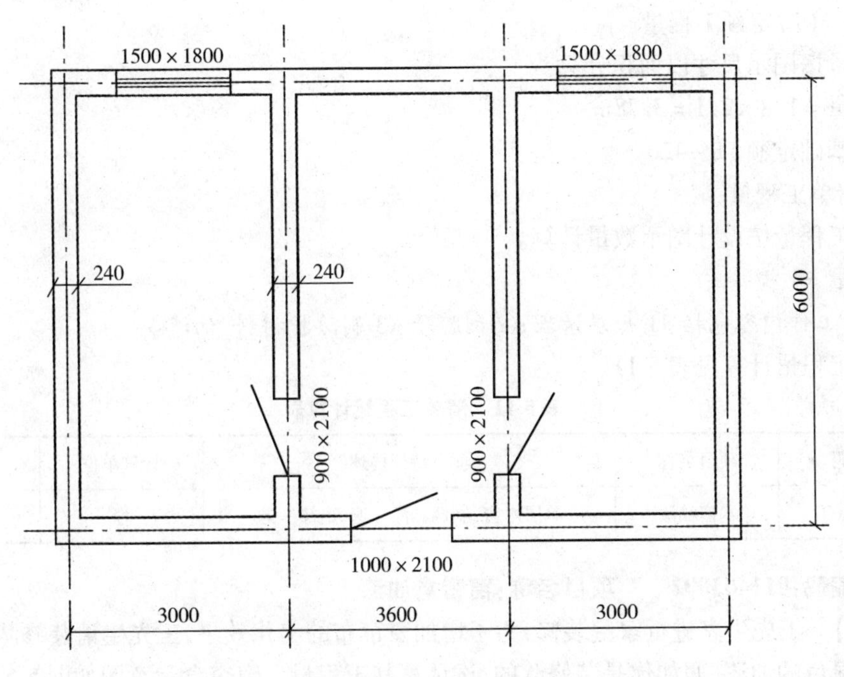

图 5-3　某建筑平面图

套用基础定额 11 − 481

(2)清单工程量

工程量按设计图示数量计算。

工程量 = 1 + 1 + 1 = 3 樘

清单工程量计算见表 5-10。

表 5-10　清单工程量计算表

项目编码	项目名称	项目特征描述	计量单位	工程量
011401001001	木门油漆	单层木门,刷底油一遍,清漆二遍	樘	3

说明:工作内容包括:①基层清理;②刮腻子;③刷防护材料、油漆。

项目编码:011402001　　项目名称:木窗油漆

【例 2】　如图 5-4 所示,单层木窗刷调和漆二遍,磁漆一遍,求其工程量。

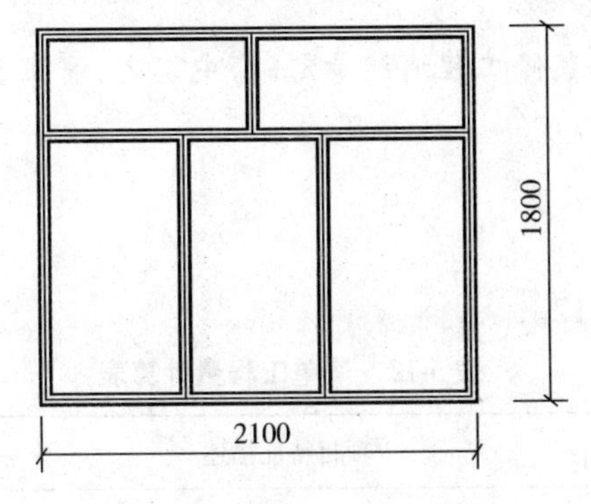

图 5-4　单层木窗示意图

【解】 (1)定额工程量

工程量按图示尺寸以面积计算。

工程量 $=1.8\times2.1=3.78m^2$

套用基础定额11－426

(2)清单工程量

油漆工程量按设计图示数量计算。

工程量＝1樘

说明:工作内容包括:①基层清理;②刮腻子;③刷防护材料、油漆。

清单工程量计算见表5-11。

表5-11 清单工程量计算表

项目编码	项目名称	项目特征描述	计量单位	工程量
011402001001	木窗油漆	单层木窗,刷调和漆二遍,磁漆一遍	樘	1

项目编码:011403002　　项目名称:窗帘盒油漆

【例3】 王先生家进行家庭装修,为了增加窗帘布的美化效果,王先生请装修队在窗帘盒上刷一层绿色的油漆,假如你是装修队的,试计算其工程量。窗帘盒示意图如图5-5所示。

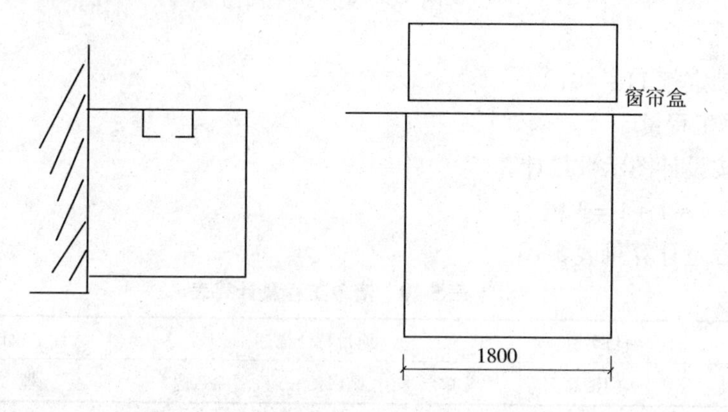

图5-5 窗帘盒示意图

【解】 (1)定额工程量

工程量 $=1.8\times2.04=3.67m$

套用消耗量定额5－201

注:《全国统一建筑装饰装修工程消耗量定额》中规定,窗帘盒的工程量按延长米计算,其折算系数为2.04。

(2)清单工程量

工程量 $=1.80m$

清单工程量计算见表5-12。

表5-12 清单工程量计算表

项目编码	项目名称	项目特征描述	计量单位	工程量
011403002001	窗帘盒油漆	窗帘盒上刷一层绿色的油漆	m	1.80

项目编码:011403004　　项目名称:挂衣板、黑板框油漆

【例 4】 图 5-6 所示黑板框刷调和漆三遍,求其工程量。

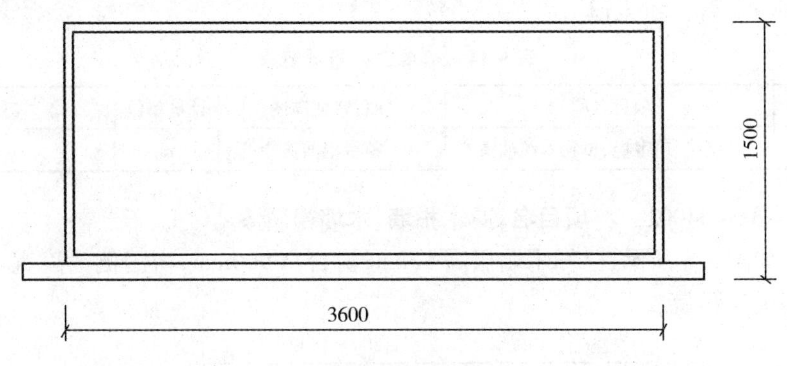

图 5-6　黑板示意图

【解】 (1)定额工程量

黑板框工程量按图示尺寸以延长米计算。

工程量 = (3.6 + 1.5) × 2 × 0.52 = 5.30m

套用基础定额 11 - 415

(2)清单工程量

工程量 = (3.6 + 1.5) × 2 = 10.2m

清单工程量计算见表 5-13。

表 5-13　清单工程量计算表

项目编码	项目名称	项目特征描述	计量单位	工程量
011403004001	黑板框油漆	底油一遍,刮腻子,调和漆三遍	m	10.20

说明:工作内容包括:①基层清理;②刮腻子;③刷防护材料、油漆。

项目编码:011403005　　项目名称:挂镜线、窗帘棍、单独木线油漆

【例 5】 如图 5-7 所示,求窗帘棍油漆的工程量。

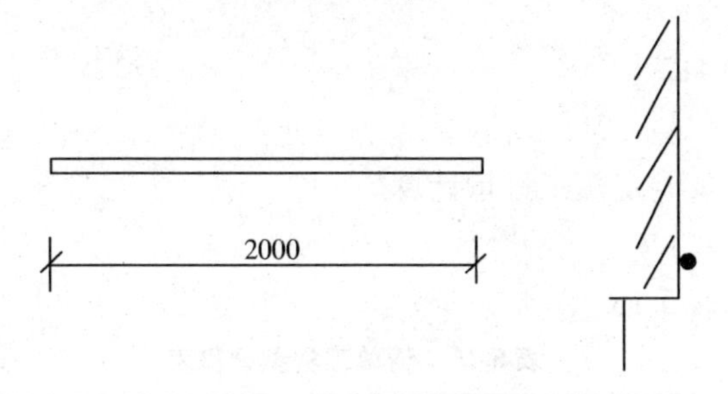

图 5-7　窗帘棍示意图

【解】 (1)定额工程量

工程量 = 2 × 0.35 = 0.70m

套用消耗量定额 5 - 201

注:套用定额时,窗帘棍工程量按延长米计算,单独木线条 100mm 以内,取其系数为0.35,利用清单计算时,其工程量按设计图示尺寸以长度计算。

(2)清单工程量

工程量 = 2.00m

清单工程量计算见表 5-14。

表 5-14 清单工程量计算表

项目编码	项目名称	项目特征描述	计量单位	工程量
011403005001	挂镜线、窗帘棍、单独木线油漆	窗帘棍油漆	m	2

项目编码:011404001　　项目名称:木护墙、木墙裙油漆

【例 6】 如图 5-8 所示,已知木墙裙高 1.2m,窗台高 900mm,窗洞侧油漆宽 100mm,求房间内墙裙油漆的工程量。

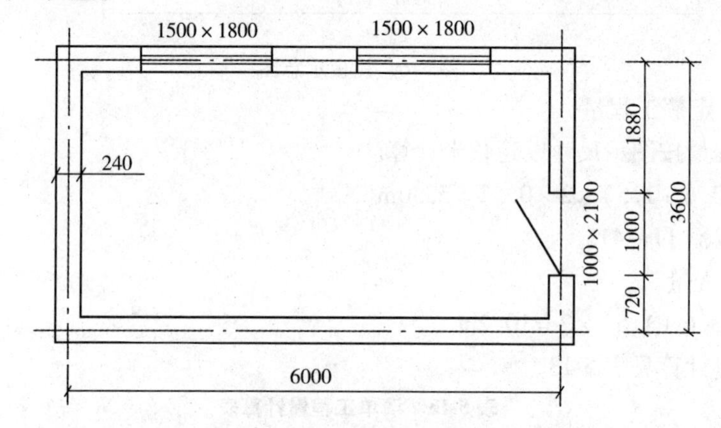

图 5-8 某房间平面示意图

【解】 (1)定额工程量

墙裙油漆工程量 = 长 × 高 - 应扣除面积 + 应增加面积

工程量 = [(6.0 - 0.24 + 3.6 - 0.24) × 2 × 1.2 - 1.5 × (1.2 - 0.9) × 2 - 1.0 × 1.2 + (1.2 - 0.9) × 0.1 × 4]

= (21.888 - 0.9 - 1.2 + 0.12)

= 19.91m²

套用基础定额 11 - 412

(2)清单工程量

墙裙油漆清单工程量同定额工程量计算。

$S = 19.91\text{m}^2$

清单工程量计算见表 5-15。

表 5-15 清单工程量计算表

项目编码	项目名称	项目特征描述	计量单位	工程量
011404001001	木墙裙油漆	底油一遍,刮腻子,调和漆两遍	m²	19.91

说明:工作内容包括:①基层清理;②刮腻子;③刷防护材料、油漆。

项目编码:011404003　　项目名称:清水板条天棚、檐口油漆

【例 7】 如图 5-9、图 5-10 所示,檐宽 800mm,求檐口油漆(聚氨酯漆二遍)工程量。

【解】 (1)定额工程量

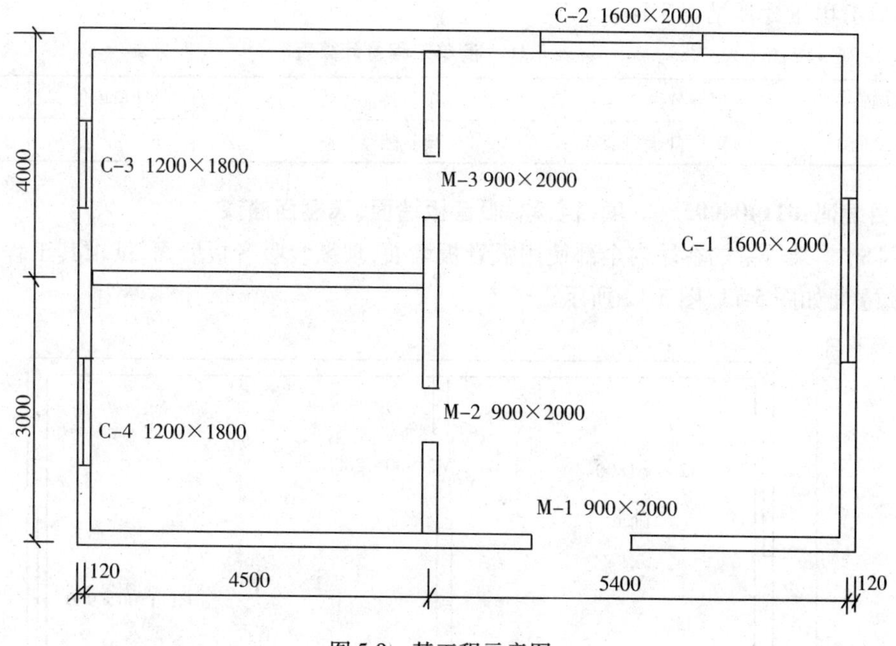

图 5-9 某工程示意图

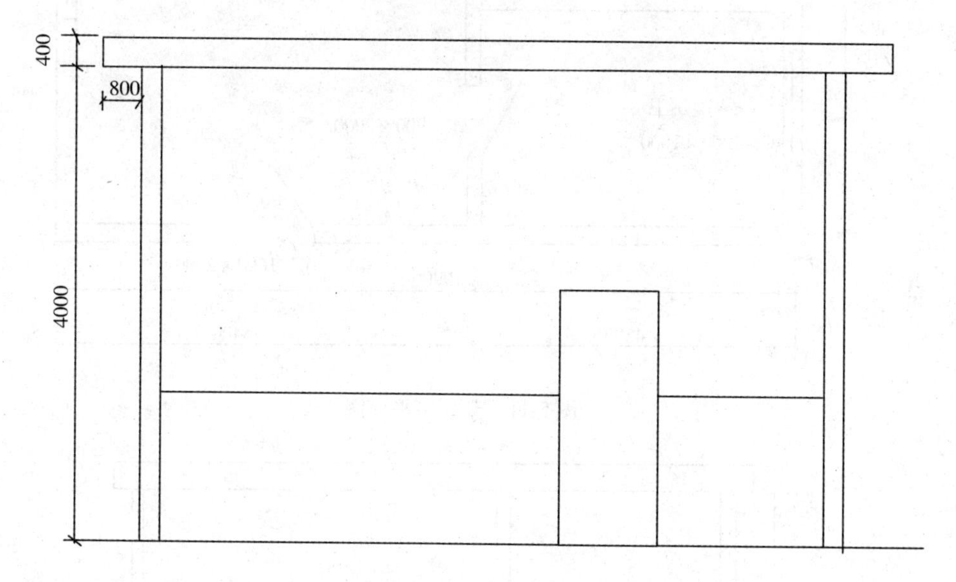

图 5-10 某工程示意图

工程量 $=(4.5+5.4+0.12\times2+7+0.12\times2+0.8\times4)\times2\times0.4\times1.07$
$=17.62\text{m}^2$

套用消耗量定额 5－004

注：清单下，檐口工程量计算规则为：按设计图示尺寸以面积计算。工程内容包括：①腻子种类；②刮腻子要求；③防护材料种类；④油漆品种、刷漆遍数。

（2）清单工程量

工程量 $=(4.5+5.4+0.12\times2+7+0.12\times2+0.8\times4)\times2\times0.4$
$=16.46\text{m}^2$

清单工程量计算见表 5-16。

表 5-16 清单工程量计算表

项目编码	项目名称	项目特征描述	计量单位	工程量
011404003001	清水板条天棚、檐口油漆	聚氨酯漆二遍	m^2	16.46

项目编码:011404005　　项目名称:吸音板墙面、天棚面油漆

【例 8】 某居室的客厅内全部使用吸音板墙面,现欲装吸音板墙面,试求其工程量。某居室的平、立面如图 5-11、图 5-12 所示。

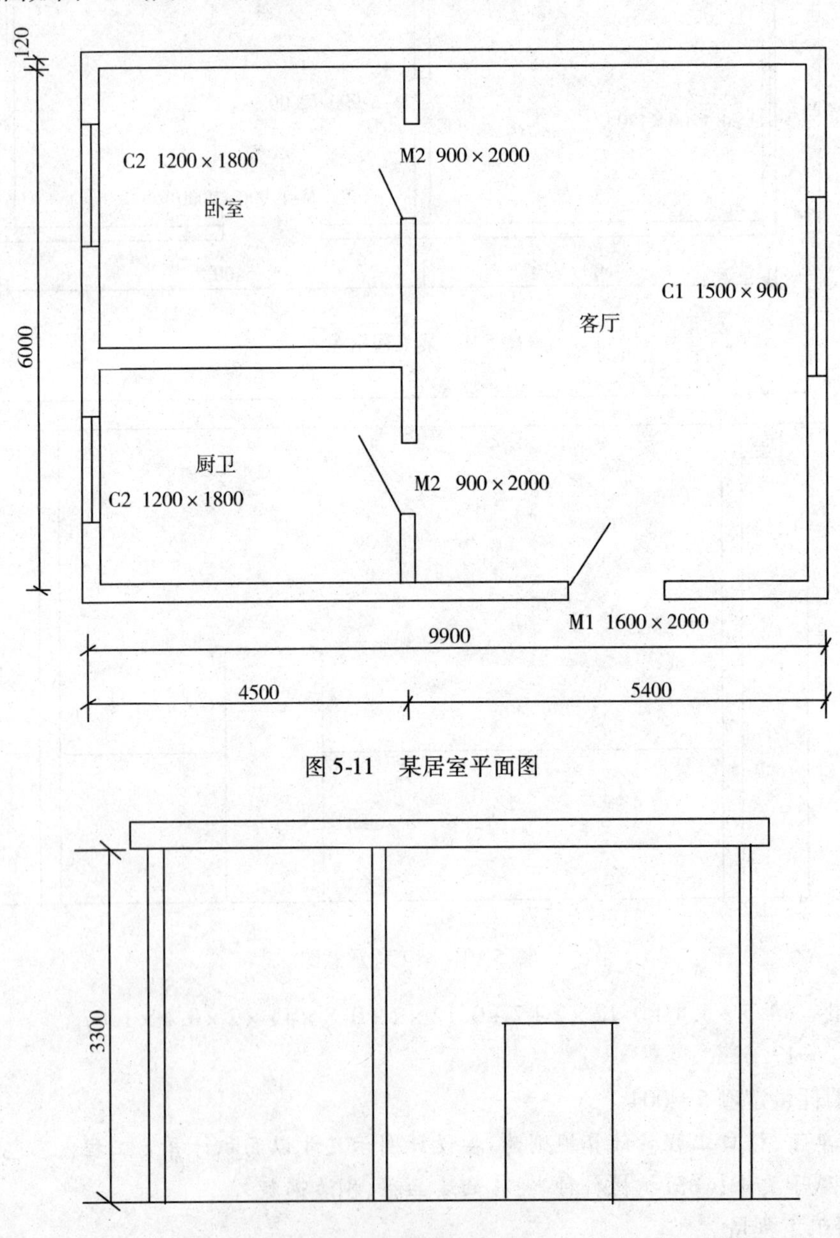

图 5-11 某居室平面图

图 5-12 某居室立面图

【解】 (1)定额工程量

工程量 $=3.3\times(5.4+6)\times2\times0.87=65.46m^2$

套用消耗量定额 5－198

注：应用清单计算时应扣除门窗洞口的面积，而套用定额时，其工程量＝长×宽×系数，在这里，吸音板墙面的系数为 0.87。

(2)清单工程量

工程量 $= [(5.4-0.12\times2+6-0.12\times2)\times2\times3.3-0.9\times2\times2-1.5\times0.9-1.6\times2]$

$= 63.92\text{m}^2$

清单工程量计算见表 5-17。

表 5-17　清单工程量计算表

项目编码	项目名称	项目特征描述	计量单位	工程量
011404005001	吸音板墙面、天棚面油漆	吸音板墙面	m^2	63.92

项目编号：011404008　　项目名称：木间壁、木隔断油漆

【例 9】 张小姐家的房子里放置一个木隔断，如图 5-13 所示，将空间分为餐厅和客厅，现在张小姐想把木隔断表面刷成她喜欢的浅绿色，试计算工程量。

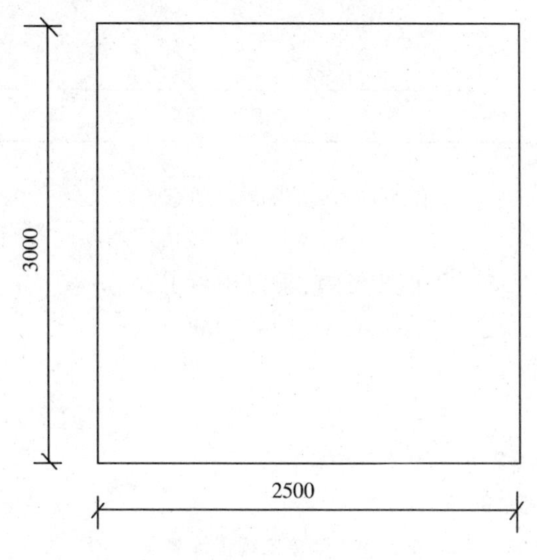

图 5-13　木隔断图

【解】 (1)定额工程量

工程量 $= 3\times2.5\times1.90 = 14.25\text{m}^2$

套用消耗量定额 5－124

注：应用清单法计算时，其工程量按设计图示尺寸以单面外围面积计算，套用定额时，其工程量按单面外围面积乘以系数计算。在这里，木隔断的系数为 1.90。

(2)清单工程量

工程量 $= 3\times2.5 = 7.50\text{m}^2$

清单工程量计算见表 5-18

表 5-18　清单工程量计算表

项目编码	项目名称	项目特征描述	计量单位	工程量
011404008001	木间壁、木隔断油漆	木隔断刷浅绿色油漆	m^2	7.50

项目编码:011404009　　项目名称:玻璃间壁露明墙筋油漆

【例 10】　图 5-14 所示为玻璃隔墙框,刷防火漆两遍,试计算其油漆工程量。

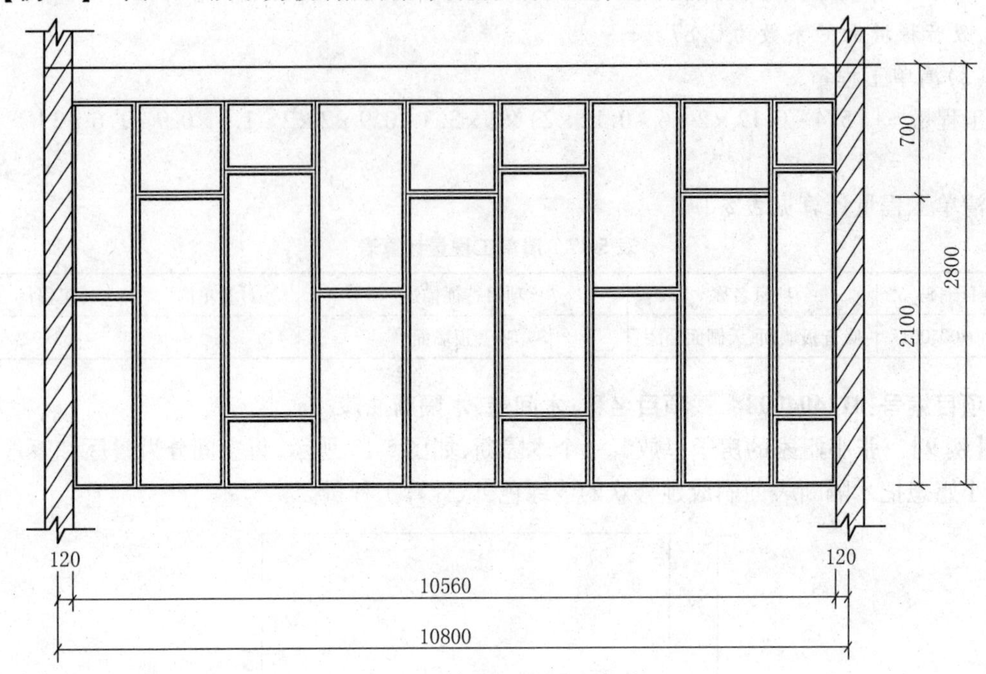

图 5-14　玻璃隔墙框示意图

【解】　(1)定额工程量

隔墙框油漆工程量按单面外围面积计算,乘以系数 1.65。

工程量 $=(10.8-0.12\times2)\times2.8\times1.65=48.79\text{m}^2$

套用基础定额 11 - 558

(2)清单工程量

$S=(10.8-0.12\times2)\times2.8=29.57\text{m}^2$

清单工程量计算见表 5-19。

表 5-19　清单工程量计算表

项目编码	项目名称	项目特征描述	计量单位	工程量
011404009001	玻璃隔墙框油漆	刷防火漆两遍	m^2	29.57

说明:工作内容包括:①基层清理;②刮腻子;③刷防护材料、油漆。

项目编码:011404011　　项目名称:衣柜、壁柜油漆

【例 11】　欲给一木货架内部刷防火涂料二遍,已知货架厚 800mm,如图 5-15 所示,试求其工程量。

【解】　(1)定额工程量

工程量 $=(0.60\times4\times2\times0.8+1.8\times0.8\times8)\times0.91=13.98\text{m}^2$

套用消耗量定额 5 - 158

注:在工程量清单下,货架的工程量按设计图示尺寸以油漆部分展开面积计算,而套用定额时,则按实刷展开面积乘以系数求得。套用《执行其他木材面定额工程量系数表》。

(2)清单工程量

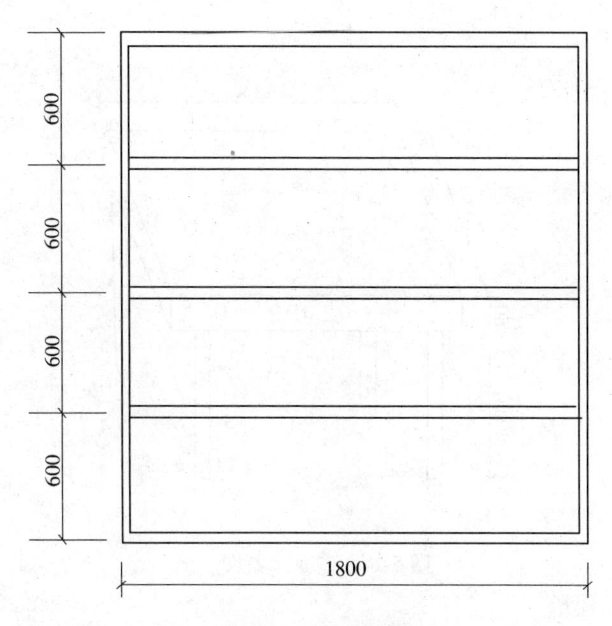

图 5-15　货架立面图

工程量 $=(0.60\times2\times4\times0.8+1.8\times0.8\times8)=15.36\text{m}^2$

清单工程量计算见表 5-20。

表 5-20　清单工程量计算表

项目编码	项目名称	项目特征描述	计量单位	工程量
011404011001	衣柜、壁柜油漆	木货架内部刷防火涂料二遍	m^2	15.36

项目编码:011404012　　项目名称:梁柱饰面油漆

【例 12】　一圆柱,欲涂刷调和漆二遍,磁漆一遍,如图 5-16 所示,求其工程量。

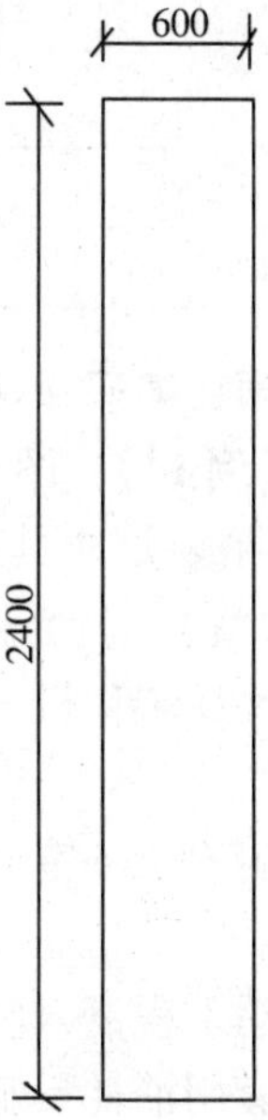

【解】　(1)定额工程量

工程量 $=2.4\times\pi\times0.6\times1.00=4.52\text{m}^2$

套用消耗量定额 5-004

注:梁柱饰面,这里的梁柱指木质材料的,故在用定额法计算其工程量时,参考《执行其他木材面定额工程量系数表》按其实刷展开面积计算,并需乘以其系数 1.00。

(2)清单工程量

工程量 $=2.4\times\pi\times0.6=4.52\text{m}^2$

清单工程量计算见表 5-21

表 5-21　清单工程量计算表

项目编码	项目名称	项目特征描述	计量单位	工程量
011404012001	梁柱饰面油漆	调和漆二遍,磁漆一遍	m^2	4.52

600

2400

图 5-16　圆柱图

项目编码:011404013　　项目名称:零星木装修油漆

【例 13】　一木制餐桌如图 5-17 所示,木脚为圆柱,现欲给木制餐桌刷装饰油漆,试求其工程量。

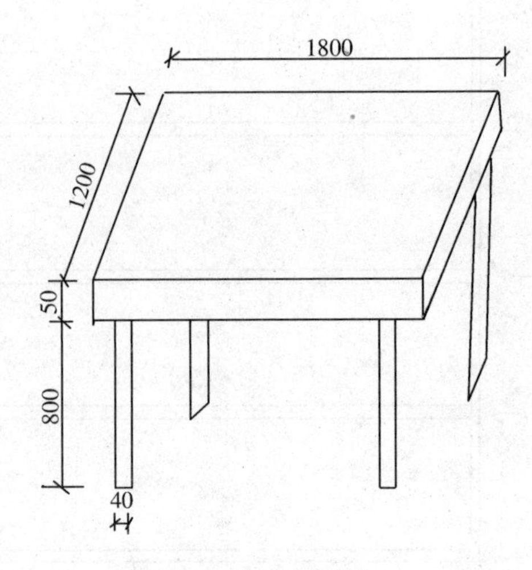

图 5-17　餐桌示意图

【解】　(1)定额工程量

$$工程量 = (1.2 \times 1.8 + 0.05 \times 1.2 \times 2 + 0.05 \times 1.8 \times 2 + \pi \times 0.04 \times 0.8 \times 4) \times 0.87 = 2.49m^2$$

套用消耗量定额 5 - 136

注:木餐桌油漆套用零星木装修的定额,系数为 0.87。

(2)清单工程量

$$工程量 = (1.2 \times 1.8 + 0.05 \times 1.2 \times 2 + 0.05 \times 1.8 \times 2 + \pi \times 0.04 \times 0.8 \times 4) = 2.86m^2$$

清单工程量计算见表 5-22。

表 5-22　清单工程量计算表

项目编码	项目名称	项目特征描述	计量单位	工程量
011404013001	零星木装修油漆	木制餐桌刷装饰油漆	m^2	2.86

项目编码:011404014　　项目名称:木地板油漆

【例 14】　图 5-11 所示为某居室平面图,假设室内全部铺成木地板,现欲给木地板刷一层防腐油漆,试求其工程量。

【解】　(1)定额工程量

$$客厅工程量 = (5.4 - 0.12 \times 2) \times (6 - 0.12 \times 2) = 29.72m^2$$

$$厨卫 + 卧室工程量 = (4.5 - 0.12 \times 2) \times (6 - 0.12 \times 4) = 23.52m^2$$

$$总工程量 = (29.72 + 23.52) \times 1 = 53.24m^2$$

套用消耗量定额 5-198。

注:套用定额时,木板的计算方法为长 × 宽 × 折算系数,查《执行其他木材面定额工程量系数表》,可知其系数为 1.00。

(2)清单工程量

清单工程量同定额工程量。

清单工程量计算见表5-23。

表5-23 清单工程量计算表

项目编码	项目名称	项目特征描述	计量单位	工程量
011404014001	木地板油漆	木地板刷一层防腐油漆	m^2	53.24

项目编码:011404015　　项目名称:木地板烫硬蜡面

【例15】 图5-18所示的平面内若铺木地板烫硬蜡面(润油粉),其中M-1宽2000m,M-2宽800mm,M-3宽900mm,求其工程量。

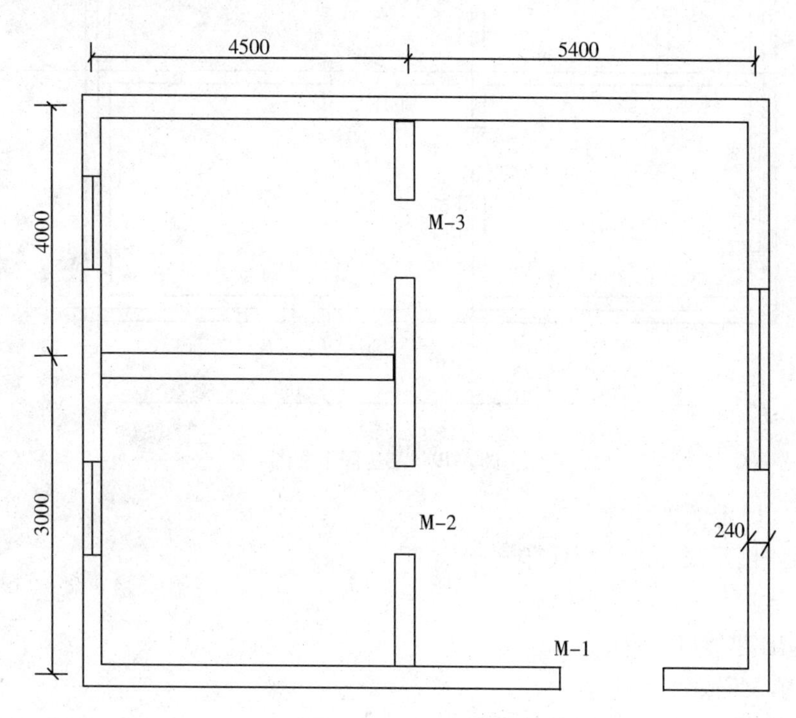

图5-18 某工程平面图

【解】 (1)定额工程量

工程量$=(3+4-0.24)\times(4.5+5.4-0.24)-(4+3-0.24+4.5-0.24)\times0.24+(0.8+0.9)\times0.24+2\times0.12$

$=63.30m^2$

套用消耗量定额5-147

注:定额工程量计算时,按其实刷面积计算。

(2)清单工程量

清单工程量同定额工程量。

清单工程量计算见表5-24。

表5-24 清单工程量计算表

项目编码	项目名称	项目特征描述	计量单位	工程量
011404015001	木地板烫硬蜡面	室内木地板烫硬蜡面	m^2	63.30

项目编码:011405001　　项目名称:金属面油漆

【例16】 如图5-19所示的单层钢窗刷醇酸磁漆两遍,试计算其工程量。

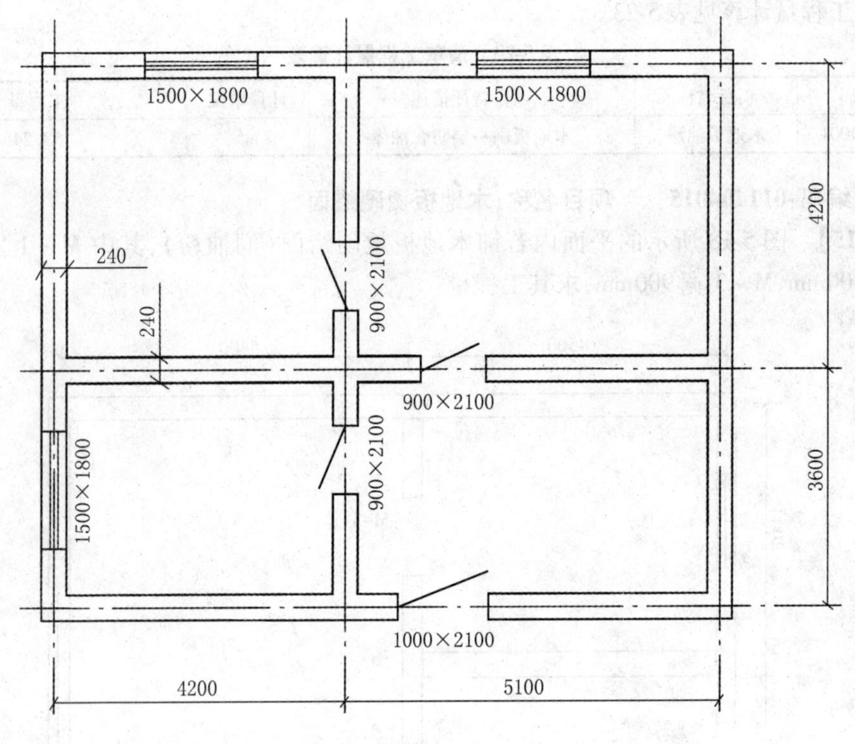

图 5-19 某房间平面图

【解】 (1)定额工程量

工程量按图示尺寸以面积计算。

工程量 $=1.5\times1.8\times3=8.1\mathrm{m}^2$

套用基础定额 11 - 578

(2)清单工程量

工程量按设计图示尺寸以质量计算。

工程量 $=7.85\times[1.5\times2+(1.8-0.06\times2)\times2]\times3\times0.001\times0.06$

$=8.99\times10^{-3}\mathrm{t}$

注:式中 7.85 指的是 1mm 厚钢板的理论质量,0.06 指的是窗框的宽度,3 指的是窗的数量,0.001 指的是钢板的厚度。

说明:工作内容包括:①基层清理;②刮腻子;③刷防护材料、油漆。

清单工程量计算见表 5-25。

表 5-25 清单工程量计算表

项目编码	项目名称	项目特征描述	计量单位	工程量
011405001001	金属面油漆	刷醇酸磁漆两遍	t	8.99×10^{-3}

项目编码:011406001　　项目名称:抹灰面油漆

【例 17】 如图 5-19 所示,内墙刷乳胶漆(做法:满批腻子两遍,刷乳胶漆两遍)。楼层层高 3.6m,楼板厚 100mm,门及空圈高 2.1m,窗洞尺寸 1.5m×1.8m,计算其工程量。

【解】 (1)定额工程量

油漆工程量按设计图示尺寸以面积计算,并扣除门窗洞口所占的面积。

$$工程量=\{[(4.2+5.1-0.24\times2)\times4+(3.6+4.2-0.24\times2)\times4]\times(3.6-0.1)-1.0\times2.1-0.9\times2.1\times6-1.5\times1.8\times3\}$$

$$=(225.96-2.1-11.34-8.1)$$

$$=204.42m^2$$

套用基础定额 11 - 606

(2)清单工程量

说明:工作内容包括:①基层清理;②刮腻子;③刷防护材料、油漆。

清单工程量计算见表 5-26。

表 5-26　清单工程量计算表

项目编码	项目名称	项目特征描述	计量单位	工程量
011406001001	抹灰面油漆	内墙,满批腻子两遍,刷乳胶漆两遍	m^2	204.42

项目编码:011406002　　项目名称:抹灰线条油漆

【例 18】 如图 5-20 所示二层小楼,试求其抹乳胶漆线条的工程量。

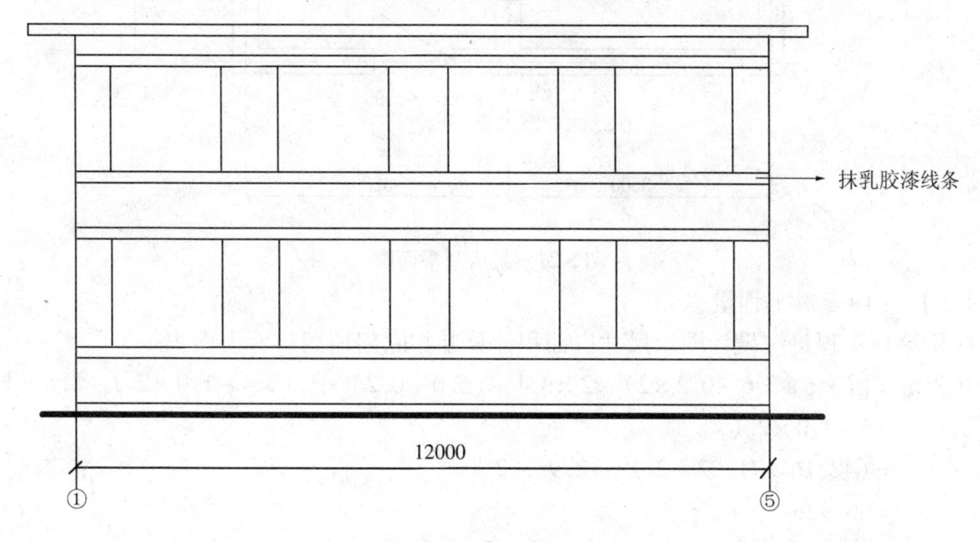

图 5-20　①~⑤立面图

【解】 (1)定额工程量

工程量 = 12 × 4 = 48.00mm

套用消耗量定额 5 - 203

注:定额计算中要注意抹灰线条油漆的长度区段,不同的长度区段在查定额时,所对应的子目不同。

(2)清单工程量

抹乳胶漆线条的工程量 = 12 × 4 = 48.00m

清单工程量计算见表 5-27。

表 5-27　清单工程量计算表

项目编码	项目名称	项目特征描述	计量单位	工程量
011406002001	抹灰线条油漆	楼房抹乳胶漆线条	m	48.00

项目编码:011407001　　项目名称:墙面喷刷涂料

【例 19】 图 5-21 所示某房间混凝土墙采用彩砂喷涂,天棚底面标高 3.1m,试计算其工程量。

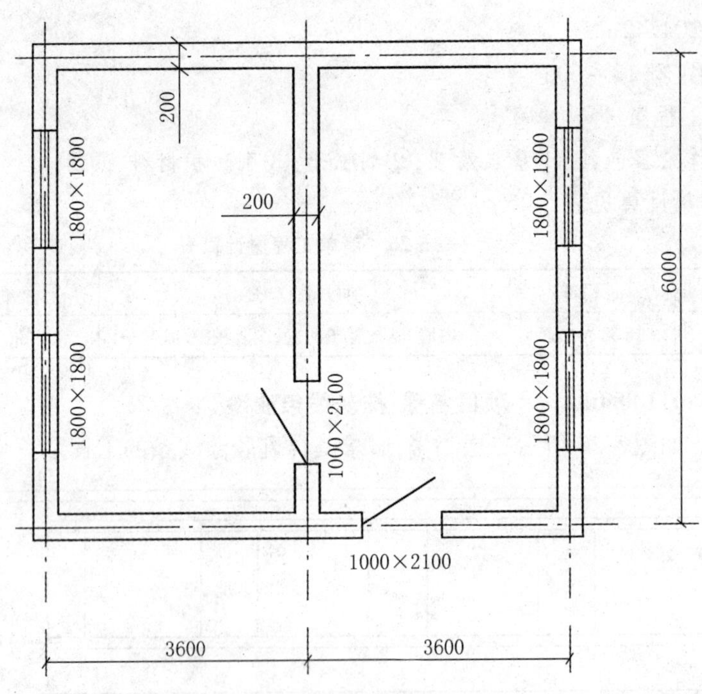

图 5-21　某房间平面图

【解】 (1)定额工程量

喷刷涂料工程量按设计图示尺寸以面积计算并扣除门窗洞口所占面积。

工程量 $=[(3.6+3.6-0.2\times2)\times2\times3.1+(6.0-0.2)\times3.1\times4-1.0\times2.1-1.8\times1.8\times4-1.0\times2.1]$

$=(42.16+71.92-2.1-12.96-2.1)$

$=96.92\text{m}^2$

套用基础定额 11－632

(2)清单工程量

清单工程量同定额工程量,$S=96.92\text{m}^2$。

清单工程量计算见表 5-28。

表 5-28　清单工程量计算表

项目编码	项目名称	项目特征描述	计量单位	工程量
011407001001	墙面喷刷涂料	混凝土墙,彩砂喷涂	m^2	96.92

说明:工作内容包括:①基层清理;②刮腻子;③刷、喷涂料。

项目编码:011407003　　项目名称:空花格、栏杆刷涂料

【例 20】 如图 5-22 所示的空花格窗,试求其花格窗刷白水泥浆二遍的工程量。

【解】 (1)定额工程量

定额计算用单面外围面积乘以花格窗系数 1.82 花格窗刷涂料工程量

$S=1.8\times1.8\times1.82=5.90\text{m}^2$

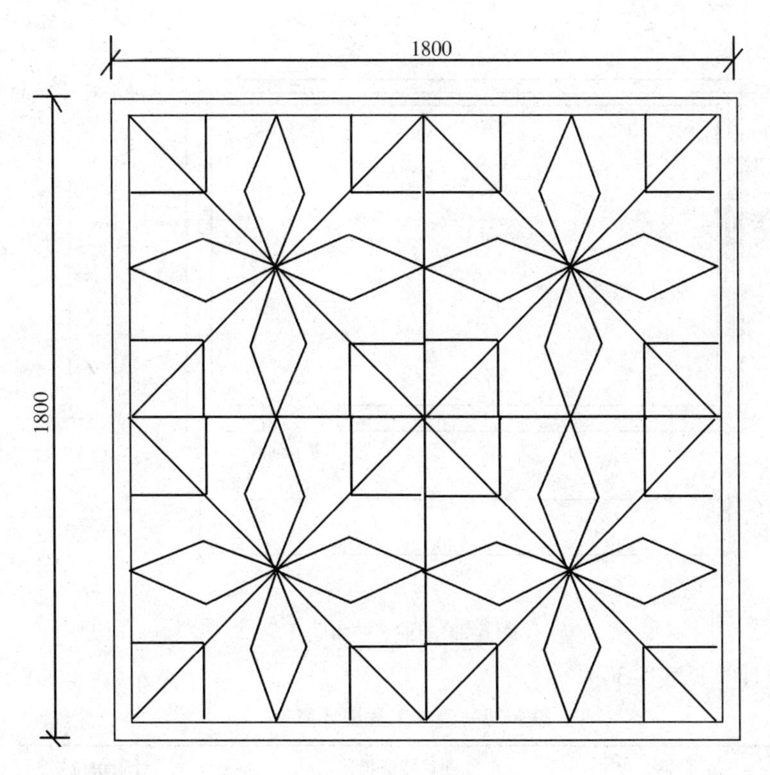

图 5-22　空花格窗

套用消耗量定额 5－262

(2)清单工程量

按设计图示尺寸以单面外围面积计算

空花格窗刷涂料工程量

$S=1.8\times1.8=3.24\text{m}^2$

清单工程量计算见表 5-29。

表 5-29　清单工程量计算表

项目编码	项目名称	项目特征描述	计量单位	工程量
011407003001	空花格、栏杆刷涂料	空花格窗刷涂料	m^2	3.24

项目编码:011408001　　项目名称:墙纸裱糊

【例 21】　如图 5-23 所示,某住宅卧室平面图,墙面裱糊金属墙纸,试计算房间贴金属墙纸工程量(房间天棚高度 3200mm)。

【解】　(1)定额工程量

金属墙纸工程量按图示尺寸以平方米计算,并扣除门窗洞口所示的面积。

$$\begin{aligned}\text{工程量}&=[(7.2-0.24+4.2-0.24)\times2\times3.2-1.0\times2.1-1.8\times1.8]\\&=64.55\text{m}^2\end{aligned}$$

套用基础定额 11－661

(2)清单工程量

清单工程量同定额工程量。

$S=64.55\text{m}^2$

说明:工作内容包括:①基层清理;②刮腻子;③面层铺粘;④刷防护材料。

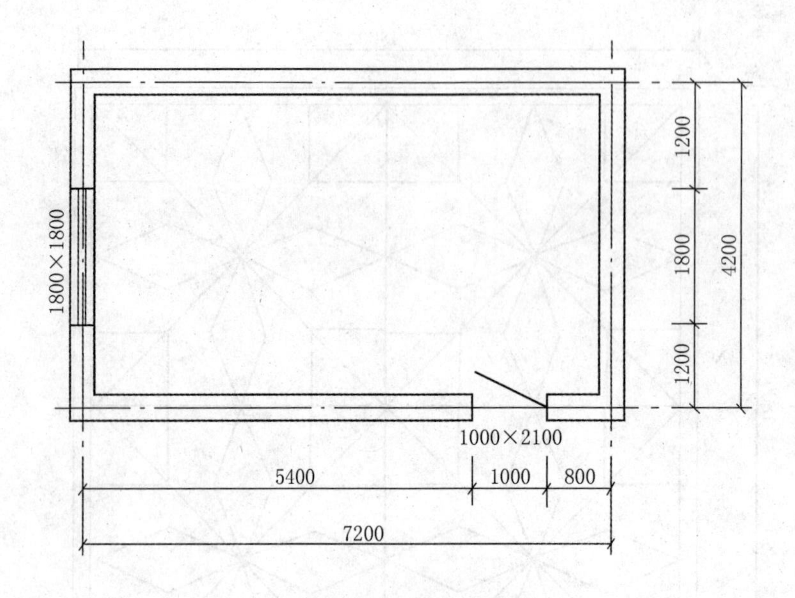

图 5-23　卧室平面图

清单工程量计算见表 5-30。

表 5-30　清单工程量计算表

项目编码	项目名称	项目特征描述	计量单位	工程量
011408001001	墙纸裱糊	墙面,金属墙纸	m^2	64.55

项目编码:011408002　　项目名称:织锦缎裱糊

【例 22】　如图 5-24 所示,某中型会议室墙面贴织锦缎,天棚底面标高 3.5m,木墙裙高度为 1.0m,门窗尺寸为:M1:1800mm × 2100mm;C1:1800mm × 1800mm,窗洞口侧壁假设为 100mm,窗台高度为 900mm,试计算织锦缎的工程量。

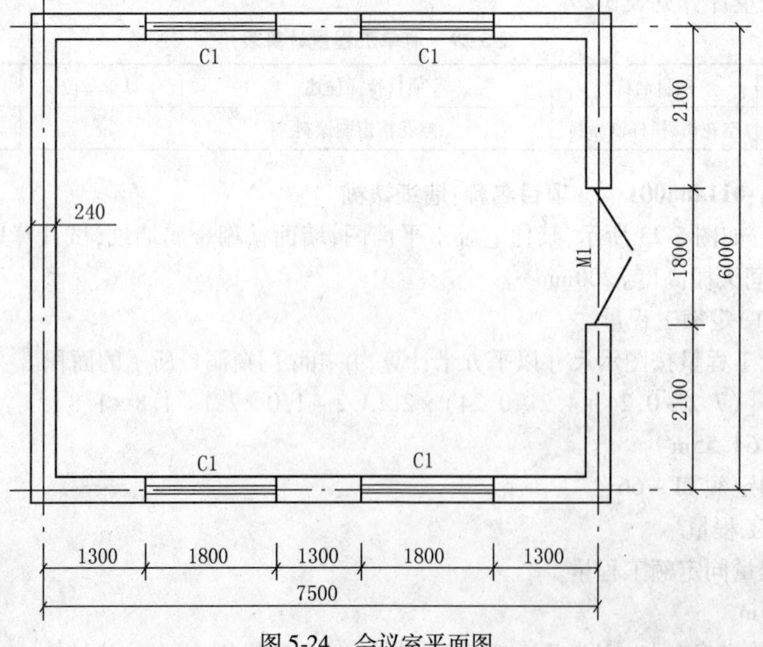

图 5-24　会议室平面图

【解】 (1)定额工程量

织锦缎工程量按图示尺寸以平方米计算,应扣除门窗洞口和空圈所占的面积。

工程量 $= [(7.5-0.24+6.0-0.24)\times 2\times(3.5-1.0)-1.8\times(2.1-1.0)-1.8\times(1.8-1+0.9)\times 4+0.1]$

$=50.98\text{m}^2$

套用基础定额 11 - 662

(2)清单工程量

清单工程量同定额工程量。

$S=50.98\text{m}^2$

清单工程量计算见表 5-31。

表 5-31 清单工程量计算表

项目编码	项目名称	项目特征描述	计量单位	工程量
011408002001	织锦缎裱糊	织锦缎裱糊墙面	m^2	50.98

说明:工作内容包括:①基层清理;②刮腻子;③面层铺粘;④刷防护材料。

第六章　其他工程

第一节　其他工程定额项目划分

在《全国统一建筑工程基础定额》土建 GJD 101－1995·下册中没其他工程的内容,本章内容参照的是《全国统一建筑装饰装修工程消耗量定额》,其他工程在《全国统一建筑装饰装修工程消耗量定额》中的定额项目划分如图 6-1 所示(其中栏杆、扶手在定额划分中属于"楼地面工程",但在 2013 清单中将此部分划入了"其他装饰工程",为了方便定额清单对比,把此部分放在本章)。

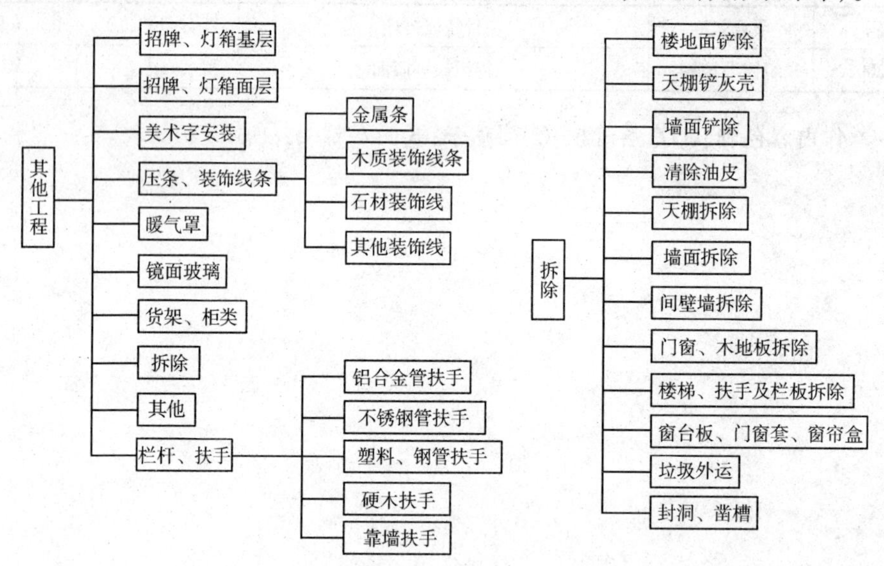

图 6-1　其他工程定额项目划分示意图

第二节　其他工程清单项目划分

其他工程在《房屋建筑与装饰工程工程量计算规范》GB 50854—2013 中具体项目划分如图 6-2 所示。

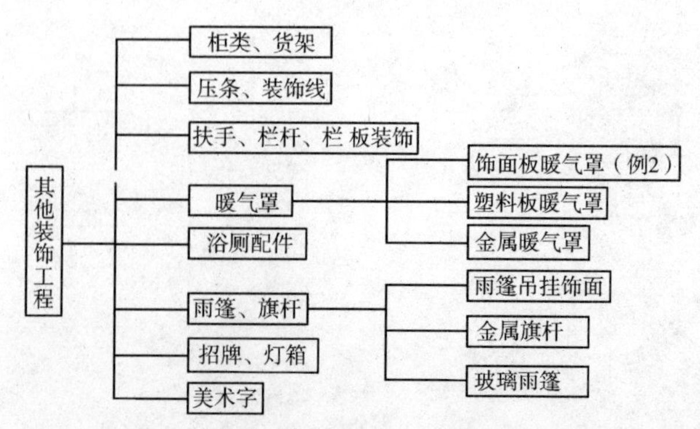

图 6-2　其他装饰工程清单项目划分示意图

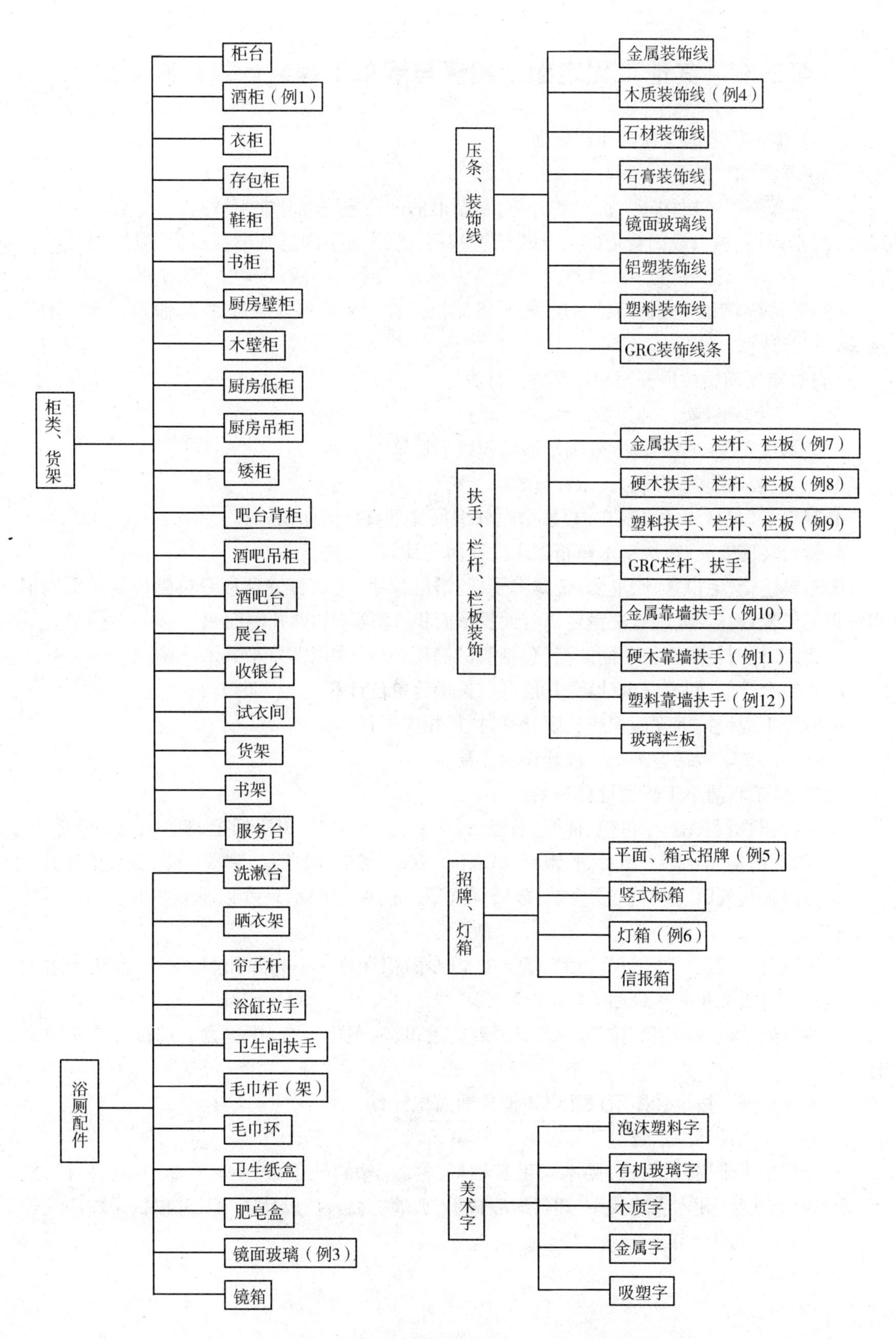

图 6-2　其他装饰工程清单项目划分示意图(续)

第三节　其他工程定额工程量与清单工程量计算规则对照

一、其他工程定额工程量计算规则：

1. 招牌、灯箱：

(1)平面招牌基层按正立面面积计算，复杂形的凹凸造型部分亦不增减。

(2)沿雨篷、檐口或阳台走向的立式招牌基层，按平面招牌复杂形执行时，应按展开面积计算。

(3)箱体招牌和竖式标箱的基层，按外围体积计算。突出箱外的灯饰、店徽及其他艺术装璜等均另行计算。

(4)灯箱的面层按展开面积以平方米计算。

(5)广告牌钢骨架以吨计算。

2. 美术字安装按字的最大外围矩形面积以个计算。

3. 压条、装饰线条均按延长米计算。

4. 暖气罩(包括脚的高度在内)按边框外围尺寸垂直投影面积计算。

5. 镜面玻璃安装、盥洗室木镜箱以正立面面积计算。

6. 塑料镜箱、毛巾环、肥皂盒、金属帘子杆、浴缸拉手、毛巾杆安装以只或副计算。不锈钢旗杆以延长米计算。大理石洗漱台以台面投影面积计算(不扣除孔洞面积)。

7. 货架、柜橱类均以正立面的高(包括脚的高度在内)乘以宽以平方米计算。

8. 收银台、试衣间等以个计算，其他以延长米为单位计算。

9. 拆除工程量按拆除面积或长度计算，执行相应子目。

10. 栏杆、扶手包括弯头长度按延长米计算。

二、其他工程清单工程量计算规则：

1. 柜台、酒柜、衣柜、存包柜、鞋柜、书柜、厨房壁柜、木壁柜、厨房低柜、厨房吊柜、矮柜、吧台背柜、酒吧吊柜、酒吧台、展台、收银台、试衣间、货架、书架、服务台。按设计图示数量计算。

2. 饰面板暖气罩、塑料板暖气罩、金属暖气罩。按设计图示尺寸以垂直投影面积(不展开)计算。

3. 洗漱台。按设计图示尺寸以台面外接矩形面积计算。不扣除孔洞、挖弯、削角所占面积，挡板、吊沿板面积并入台面面积内。

4. 晒衣架、帘子杆、浴缸拉手、毛巾杆(架)、毛巾环、卫生纸盒、肥皂盒。按设计图示数量计算。

5. 镜面玻璃。按设计图示尺寸以边框外围面积计算。

6. 镜箱。按设计图示数量计算。

7. 金属扶手带栏杆、栏板，硬木扶手带栏杆、栏板，塑料扶手带栏杆、栏板，GRC 栏杆、扶手，金属靠墙扶手，硬木靠墙扶手，塑料靠墙扶手，玻璃栏板。按设计图示尺寸以扶手中心线长度(包括弯头长度)计算。

第四节　其他工程经典实例导读

项目编码:011501002　　项目名称:酒柜

【例1】 某住房制作安装一酒柜,木骨架,背面、上面及侧面为三合板,底板及隔板为细木工板,外围及柜的正面贴榉木板面层,玻璃推拉门,金属滑轨,求其工程量。

【解】 (1)定额工程量

酒柜工程量＝设计图示数量＝1(个)

(2)清单工程量

清单工程量同定额工程量。

清单工程量计算见表6-1。

表6-1　清单工程量计算表

项目编码	项目名称	项目特征描述	计量单位	工程量
011501002001	酒柜	木骨架,背面、上面及侧面为三合板,底板及隔板为细木工板,外围及柜的正面贴榉木板面层	个	1

项目编码:011504001　　项目名称:饰面板暖气罩

【例2】 平墙式散热器罩,尺寸如图6-3所示,五合板基层,榉木板面层,机制木花格散热口,共18个,求其工程量。

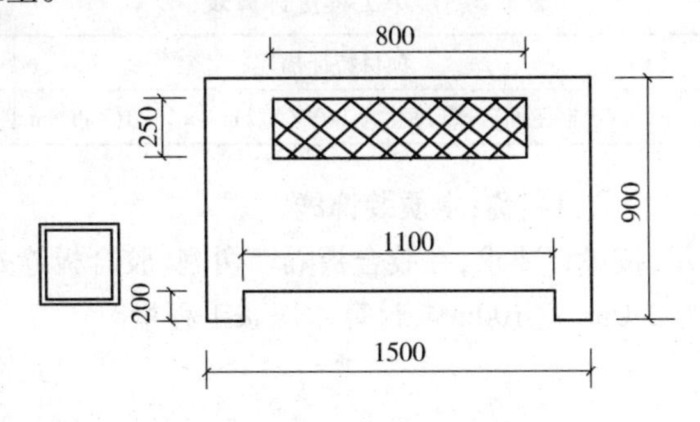

图6-3　平墙式散热器罩

【解】 (1)定额工程量

饰面板散热器罩工程量＝垂直投影面积

$$=(1.5\times0.9-1.10\times0.20-0.80\times0.25)\times18=16.74\text{m}^2$$

(2)清单工程量

清单工程量同定额工程量。

清单工程量计算见表6-2。

表6-2　清单工程量计算表

项目编码	项目名称	项目特征描述	计量单位	工程量
011504001001	饰面板暖气罩	五合板基层,榉木板面层,机制木花格散热口	m^2	16.74

项目编码:011505010　　项目名称:镜面玻璃

【例3】 厕所外洗手盆处安装一不带框镜面玻璃,尺寸为1400(宽)mm×1120(高)mm,如图6-4所示,计算镜面玻璃工程量。

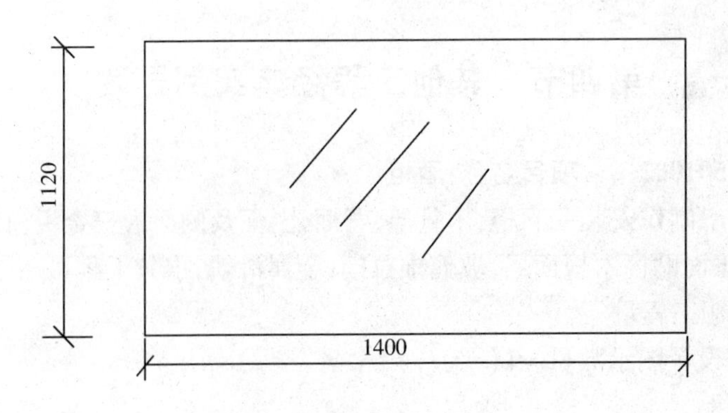

图 6-4　镜面玻璃示意图

【解】 (1)定额工程量

镜面玻璃安装、盥洗室木镜箱以正立面面积计算

工程量 $=1.12 \times 1.4 = 1.57\text{m}^2$

套用消耗量定额 6 - 113

(2)清单工程量

镜面玻璃按设计图示尺寸以边框外围面积计算

工程量 $=1.12 \times 1.4 = 1.57\text{m}^2$

清单工程量计算见表 6-3。

表 6-3　清单工程量计算表

项目编码	项目名称	项目特征描述	计量单位	工程量
011505010001	镜面玻璃	不带框镜面玻璃,尺寸为 1400(宽)mm × 1120(高)mm	m^2	1.57

项目编码:011502002　　项目名称:木质装饰线

【例 4】 如图 6-5 所示,按设计要求,在胶合板隔墙两侧(胶合板缝处)各钉两根竖向木质压条,假设每根压条高度为 2.0m,宽 100mm,计算木压条工程量。

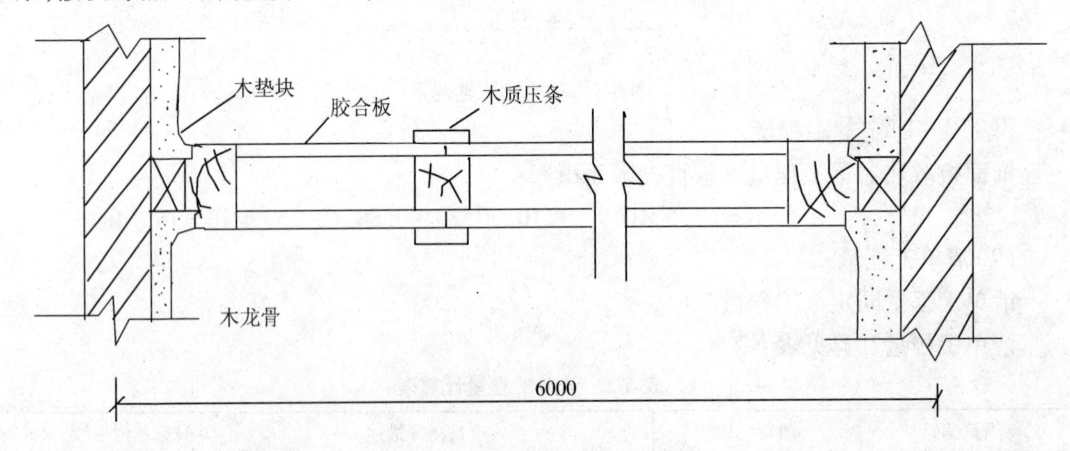

图 6-5　胶合板隔墙平面示意图

【解】 (1)定额工程量

压条装饰线条均按延长米计算

工程量 $=2 \times 2 \times 2 = 8.00\text{m}$

套用消耗量定额 6 - 071

(2)清单工程量

按设计图示尺寸以长度计算

工程量 $=2\times2\times2=8.00\text{m}$

清单工程量计算见表6-4。

表6-4　清单工程量计算表

项目编码	项目名称	项目特征描述	计量单位	工程量
011502002001	木质装饰线	木质压条	m	8.00

项目编码:011507001　　项目名称:平面、箱式招牌

【例5】 某户外广告牌,竖式平面,面层材料为不锈钢板,其尺寸如图6-6所示,计算广告牌工程量。

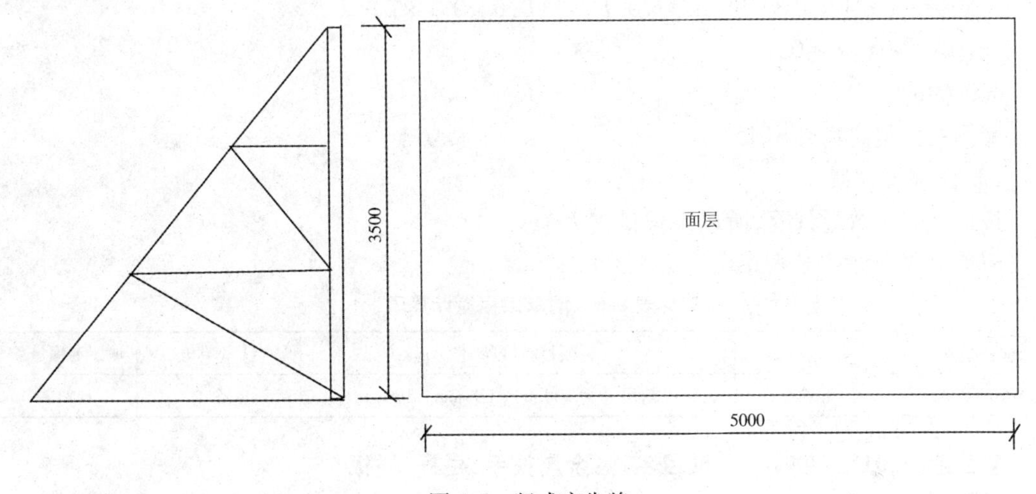

图6-6　竖式广告牌

【解】 (1)定额工程量

平面招牌基层按正立面面积计算

工程量 $=3.5\times5=17.50\text{m}^2$

套用消耗量定额6－003

注:广告牌骨架以吨计算,此题中无相应数据,不用计算。

(2)清单工程量

平面招牌按设计图示尺寸以正立面边框外围面积计算

工程量 $=3.5\times5=17.50\text{m}^2$

清单工程量计算见表6-5。

表6-5　清单工程量计算表

项目编码	项目名称	项目特征描述	计量单位	工程量
011507001001	平面、箱式招牌	不锈钢面层,3.5m×5.0m	m^2	17.50

项目编码:011507003　　项目名称:灯箱

【例6】 某商店外安装一玻璃灯箱,尺寸如图6-7所示,计算灯箱工程量。

【解】 (1)定额工程量

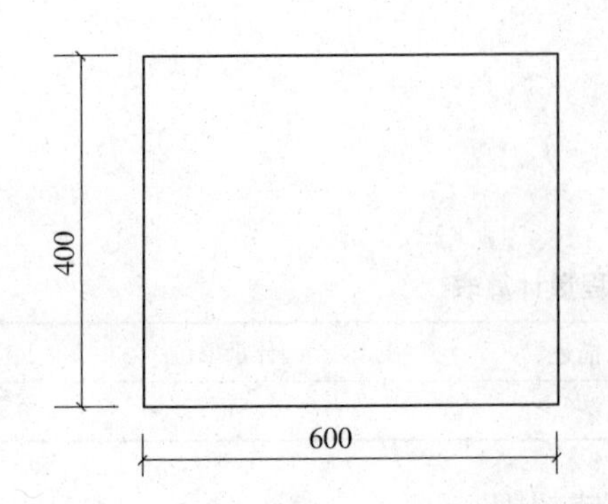

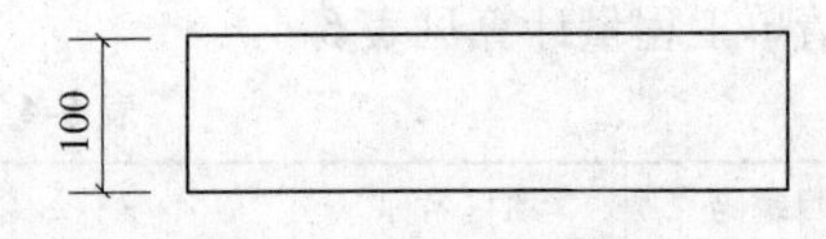

图 6-7　灯箱示意图

灯箱的面层按展开面积以平方米计算，如图中所示，该灯箱共有 6 个面

工程量 $=(0.4\times0.6\times2+0.4\times0.1\times2+0.6\times0.1\times2)$

$=(0.48+0.08+0.12)$

$=0.68m^2$

套用消耗量定额 6－015

(2)清单工程量

按设计图示数量计算，所以工程量为 1 个

清单工程量计算见表 6-6。

表 6-6　清单工程量计算表

项目编码	项目名称	项目特征描述	计量单位	工程量
011507003001	灯箱	灯箱尺寸为 400mm×600mm×100mm	个	1

项目编码:011503001　　项目名称:金属扶手、栏杆、栏板

【例 7】　如图 6-8 所示，楼梯做成不锈钢管扶手、栏杆，建筑共有五层，楼梯井宽 300mm，计算其工程量。

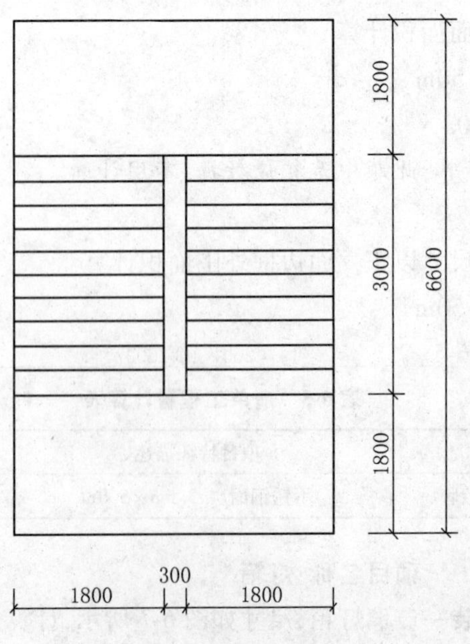

图 6-8　某楼梯示意图

【解】 (1)定额工程量

楼梯扶手工程量包括弯头长度按延长米计算。

工程量 $= [3.0\times2\times(5-1)+0.3\times2\times(5-1)+1.8]$

$=28.20\text{m}$

套用基础定额 8－149

(2)清单工程量

以扶手中心线长度计算工程量:

$L=[3.0\times2\times(5-1)+0.3\times2\times(5-1)+1.8]=28.20\text{m}$

清单工程量计算见表 6-7。

表 6-7 清单工程量计算表

项目编码	项目名称	项目特征描述	计量单位	工程量
011503001001	金属扶手带栏杆、栏板	不锈钢扶手、栏杆	m	28.20

说明:工作内容包括:①制作;②运输;③安装;④刷防护材料;⑤刷油漆。

项目编码:011503002　　项目名称:硬木扶手带栏杆、栏板

【例 8】 如图 6-9 所示的楼梯做成硬木扶手的型钢栏杆,扶手剖面如图 6-10 所示,楼梯井宽 200mm,计算其工程量。

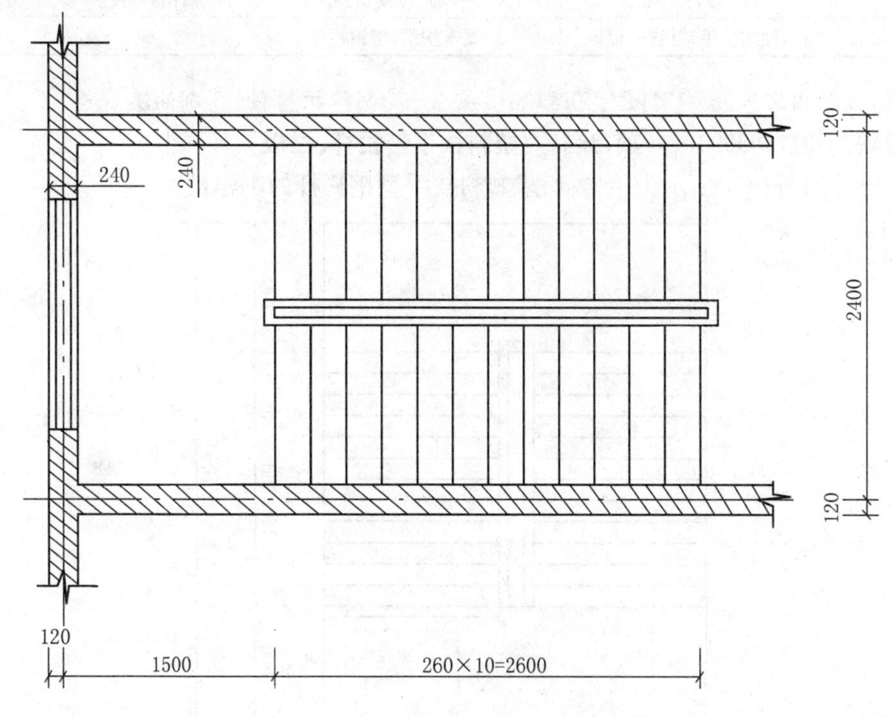

图 6-9 某楼梯示意图

【解】 (1)定额工程量

楼梯扶手按延长米计算。

工程量 $= [2.6\times2\times(6-1)+0.2(\text{楼梯井宽})\times2\times(6-1)+(2.4-0.24-0.2)/2]$

$=28.98\text{m}$

套用基础定额 8－155

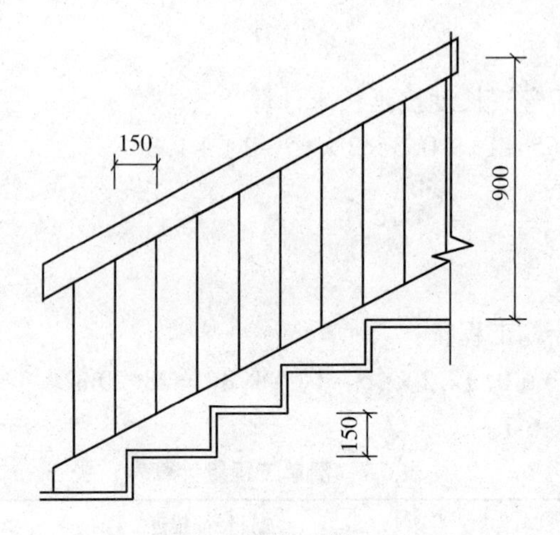

图 6-10　楼梯扶手栏杆示意图

(2)清单工程量

清单按图示尺寸以扶手长度计算工程量同定额工程量:$L = 28.98\text{m}$

清单工程量计算见表 6-8。

表 6-8　清单工程量计算表

项目编码	项目名称	项目特征描述	计量单位	工程量
011503002001	硬木扶手带栏杆、栏板	硬木扶手,型钢栏杆	m	28.98

说明:工作内容包括:①制作;②运输;③安装;④刷防护材料;⑤刷油漆。

项目编码:011503003　　项目名称:塑料扶手带栏杆、栏板

【例 9】　如图 6-11 所示为一楼梯,求塑料扶手型钢栏杆的工程量。

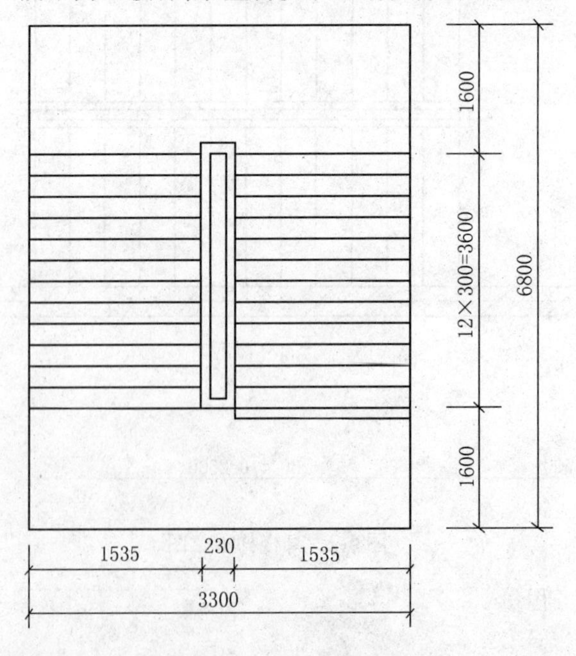

图 6-11　某楼梯平面示意图

【解】　(1)定额工程量

楼梯扶手工程量包括弯头长度按延长米计算。

工程量 $=(3.6\times2+0.23\times2+1.535)=9.195\text{m}$

套用基础定额 8－151

(2)清单工程量

清单以扶手长度计算工程量同定额工程量:$L=9.195\text{m}$

清单工程量计算见表 6-9。

表 6-9 清单工程量计算表

项目编码	项目名称	项目特征描述	计量单位	工程量
011503003001	塑料扶手带栏杆、栏板	塑料扶手,型钢栏杆	m	9.20

说明:工作内容包括:①制作;②运输;③安装;④刷防护材料;⑤刷油漆。

项目编码:011503005　　项目名称:金属靠墙扶手

【例 10】 如图 6-12 所示,楼梯靠墙部分安装不锈钢靠墙扶手,形式如图 6-12 所示,计算其工程量。

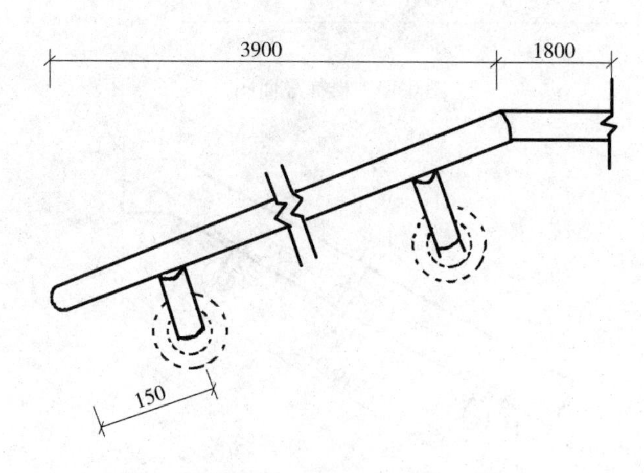

图 6-12 楼梯扶手立面图

【解】 (1)定额工程量

扶手工程量＝延长线长

$$=[(3.9-0.24)+(1.8-0.12)\times2\times2+\sqrt{3^2+(0.15\times11)^2}\times2]$$

$$=17.22\text{m}$$

套用消耗量定额 1－242

(2)清单工程量

工程量＝扶手中心线长

$$=[(3.9-0.24)+(1.8-0.12)\times2\times2+\sqrt{3^2+(0.15\times11)^2}\times2]$$

$$=(3.66+6.72+6.84)=17.22\text{m}$$

清单工程量计算见表 6-10。

表 6-10 清单工程量计算表

项目编码	项目名称	项目特征描述	计量单位	工程量
011503005001	金属靠墙扶手	楼梯靠墙部分安装不锈钢靠墙扶手	m	17.22

项目编码:011503006　　项目名称:硬木靠墙扶手

【例 11】 如图 6-13 所示,楼梯靠墙内装硬木扶手,形式如图 6-14 所示,计算其工程量。

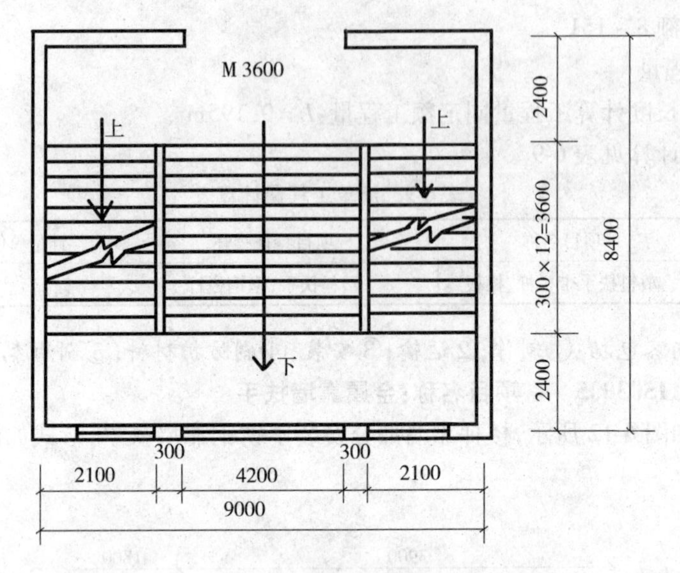

图 6-13　楼梯平面图

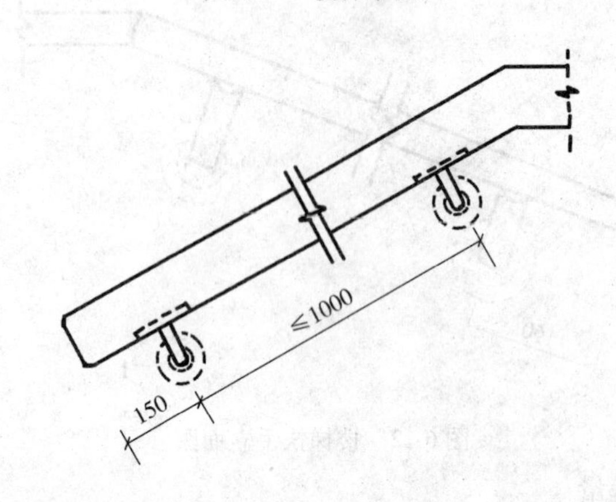

图 6-14　扶手立面图

【解】　(1)定额工程量

扶手工程量 = 延长线长

$$=[(9-0.24)\times2-3.6+(2.4-0.12)\times2\times2+\sqrt{3.6^2+(0.15\times13)^2}\times2]$$

$$=31.25\text{m}$$

弯头工程量 = 8 个

套用消耗量定额 1 - 240

(2)清单工程量

工程量 = 扶手中心线长

$$=[(9-0.24)\times2-3.6+(2.4-0.12)\times2\times2+\sqrt{3.6^2+(0.15\times13)^2}\times2]$$

$$=(13.92+9.12+8.21)$$

$$=31.25\text{m}$$

清单工程量计算见表 6-11。

表 6-11　清单工程量计算表

项目编码	项目名称	项目特征描述	计量单位	工程量
011503006001	硬木靠墙扶手	楼梯靠墙内装硬木扶手	m	31. 25

项目编码:011503007　　项目名称:塑料靠墙扶手

【例 12】　如图 6-15 所示,楼梯靠墙内装塑料扶手,计算其工程量。

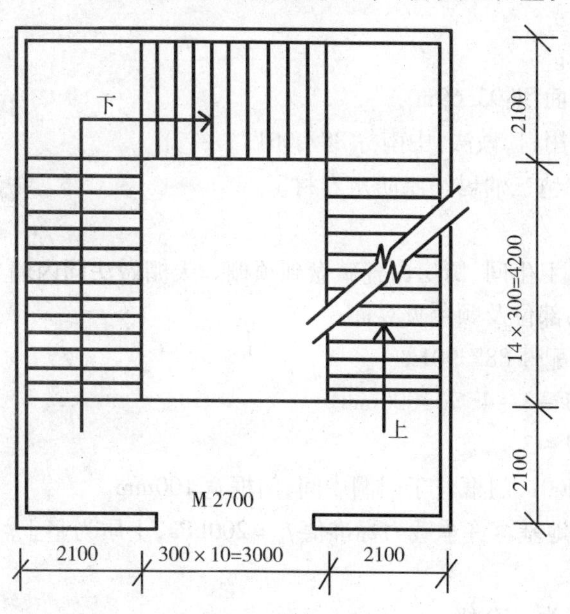

图 6-15　楼梯平面图

【解】　(1)定额工程量

扶手工程量 = 延长线长 = 29.09m

弯头工程量 = 10 个

套用消耗量定额 1 - 241

(2)清单工程量

工程量 = 扶手中心线长

$$= [(2.1-0.12)\times 6+(2.1+2.1+3.0-0.24-2.7)+\sqrt{4.2^2+(0.15\times 15)^2}\times 2+\sqrt{3^2+(0.15\times 11)^2}]$$

$$= (11.88+4.26+9.53+3.42)$$

$$= 29.09\text{m}$$

清单工程量计算见表 6-12。

表 6-12　清单工程量计算表

项目编码	项目名称	项目特征描述	计量单位	工程量
011503007001	塑料靠墙扶手	楼梯靠墙内装塑料扶手	m	29. 09

第七章　装饰装修工程工程量清单计价实例讲解

【例】 设计说明:

(一)本工程建筑面积:93.69m²。

(二)建筑构造及用料,做法:中南标88ZJ001。

(1)屋面:屋5,二毡三油玛瑺脂防水卷材。

(2)地面:地7。

(3)内墙:内墙3,卫生间、厨房白瓷砖做到顶棚。天棚做法同内墙3。

(4)外墙:外墙8,部位及颜色见立面。

(三)室外装修及配件88ZJ901。

(1)散水:88ZJ901-3-4,宽1000mm。

(2)踢脚:88ZJ501-3-2。

(四)门窗表88ZJ601,门框位于门洞中间,门框宽100mm。

(五)基础计算按地基容许承载力标准值$f_k=200$kPa,土质为坚土。

(六)采用材料:

混凝土:基础垫层为C10级。

钢筋:Ⅰ级(HPB235),Ⅱ级(HRB335)。

砌体:砖用MU7.5黏土砖,±0.000以下用M5水泥砂浆砌,±0.000以上用M5混合砂浆砌。

(七)梁柱箍筋的末端应做成不小于135°弯钩,弯钩端头平直段长度不应小于10d(d为箍筋直径)。钢筋采用135°弯钩,弯钩按4.9d计算;采用180°弯钩,弯钩按6.25d计算。

(八)凡无梁通过的洞口均按92ZG313相应洞口的二级过梁考虑。

(九)未注明分布钢筋及架立筋,均为ϕ6.5@250。

(十)内外墙均设240mm×240mm圈梁,配筋同地圈梁。

(十一)窗C-2,C-3的过梁为现浇构件,其他门、窗过梁均为预制构件。

【解】一、清单工程量

1.建筑面积:

$(9+0.24)\times(9.9+0.24)=93.69\text{m}^2$

2.场地平整:

$(9+0.24)\times(9.9+0.24)=93.69\text{m}^2$

3.挖基础土方,坚土,外墙中心线长37.8m。

1-1截面:垫层宽度600mm,挖土深度1.5m。

$(37.8+3+3-0.35-0.3+3.6-0.6)\times1.5\times0.6=41.54\text{m}^3$

式中3+3-0.35-0.3为L③内墙长度,3.6-0.6为LⒷ内墙长度,1.5为槽深,0.6为槽宽。

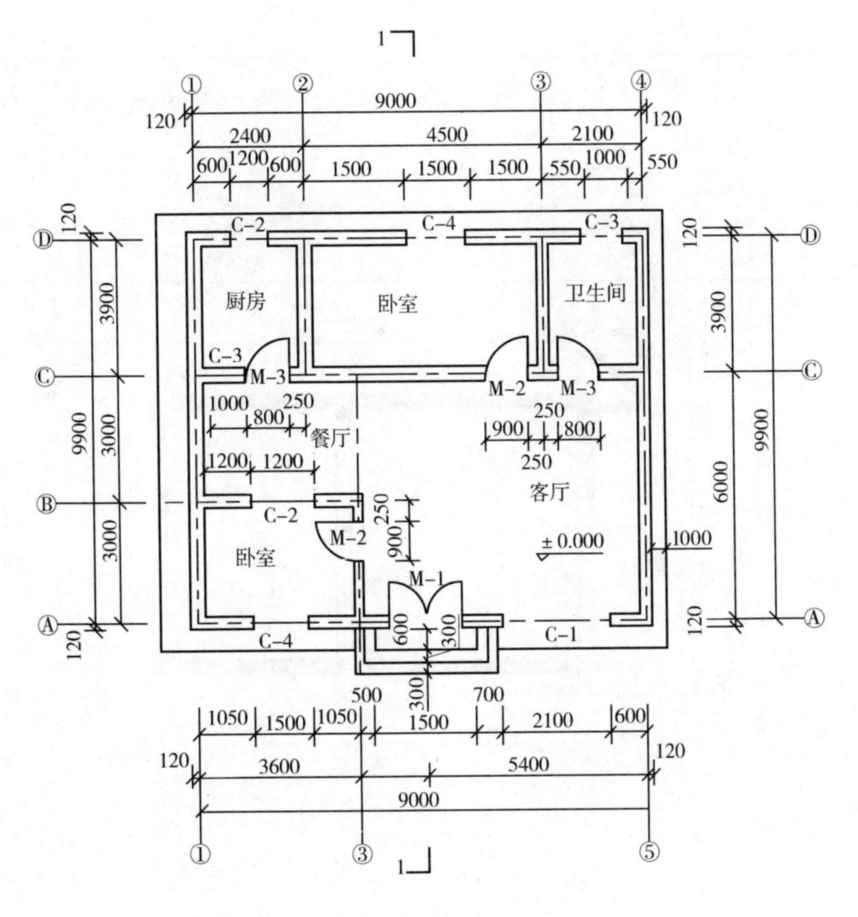

图 7-1　平面图

图 7-2　正立面图

表 7-1　门窗表

编号	洞口尺寸/mm		数　量	名　称	备　注
	宽	高			
C－1	2100	1800	1	铝合金推拉窗	
C－2	1200	800	2	铝合金推拉窗	
C－3	1000	800	2	铝合金推拉窗	

（续）

编号	洞口尺寸/mm		数　量	名　称	备　注
	宽	高			
C-4	1500	1800	2	铝合金推拉窗	
M-1	1500	2800	1	塑钢门	
M-2	900	2100	2	塑钢门	
M-3	800	2500	2	塑钢门	

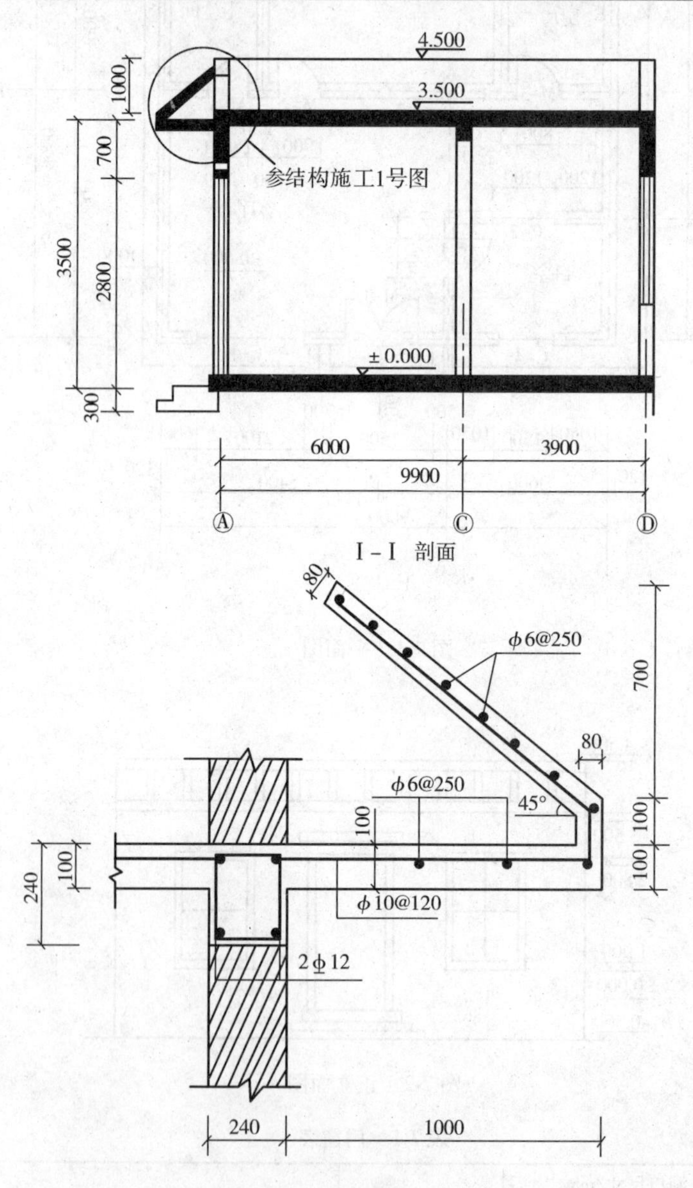

图 7-3　结构施工 1 号图

2-2 截面:垫层宽度 700mm,挖土深度 1.5m。

$[9-0.3\times2+(3.9-0.3-0.35)\times2]\times1.5\times0.7=15.65\text{m}^3$

式中 $9-0.3\times2$ 为 LⒸ内墙长度,$(3.9-0.3-0.35)\times2$ 为 L②④内墙长度,1.5 为槽深,0.7 为槽宽。

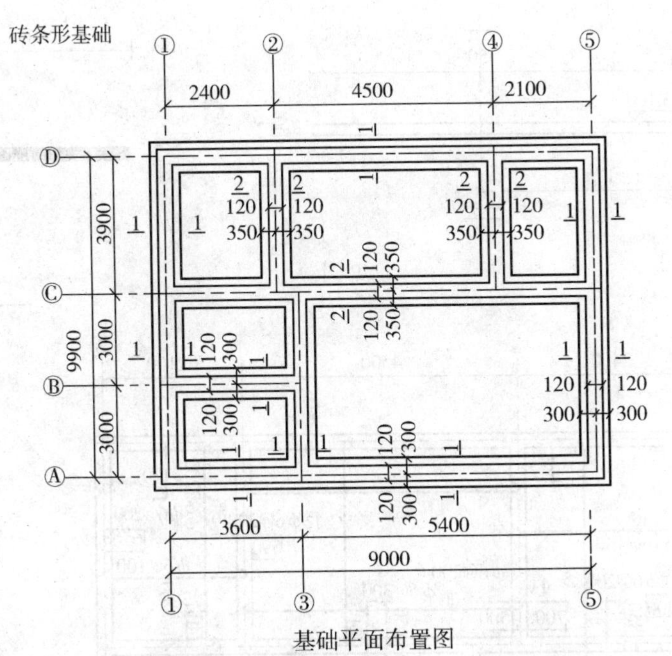

±0.000
C20地圈梁 240×240
4φ12　φ6@200
60
240
−0.300
1200
300厚 C10素混凝土
300
−1.500
300厚中粗砂垫层
180 120 120 180
300　300
1–1

C20地圈梁 240×240
4φ12　φ6@200
−0.300
1080
65
120
300
−1.500
120 120
230　230
350　350
2–2

图 7-4　结构施工 2 号图

4. C10 素混凝土基础垫层,厚 300mm。

1－1 截面:垫层宽度 600mm。

$(37.8+3+5.35)\times0.6\times0.3=8.31\text{m}^3$

其中 $3=3.6-0.6,5.35=3+3-0.35-0.3$

2－2 截面:垫层宽度 700mm。

$(3.25\times2+8.4)\times0.7\times0.3=3.13\text{m}^3$

其中 $3.25=3.9-0.3-0.35,8.4=9-0.3\times2$

5. 中粗砂垫层,厚 300mm。

1－1 截面:垫层宽度 600mm。

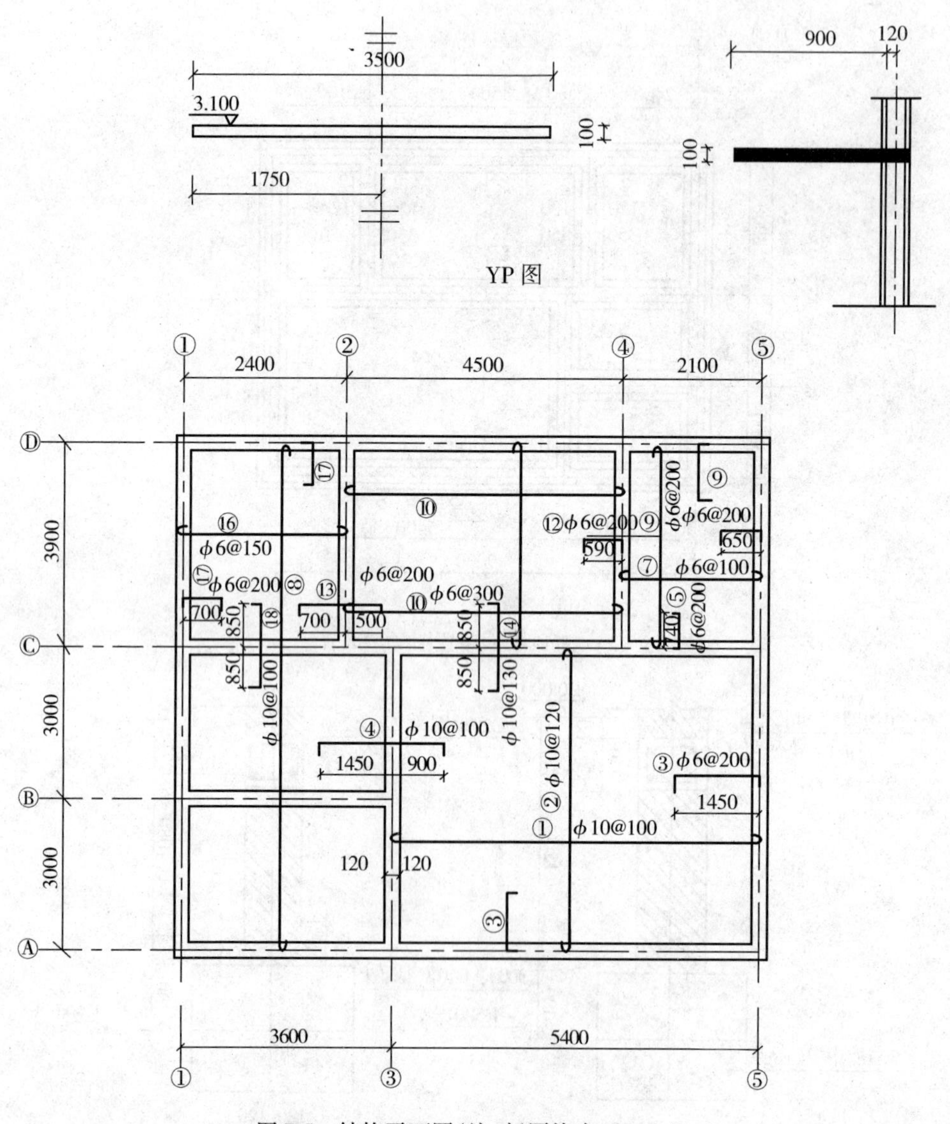

图 7-5　结构平面图(注:板厚均为 100mm)

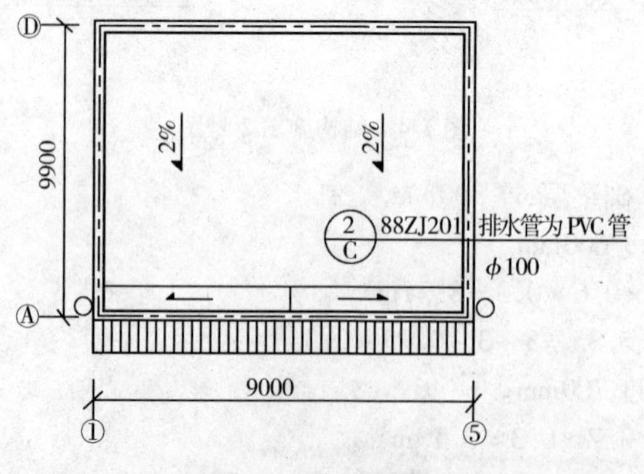

图 7-6　屋面示意图

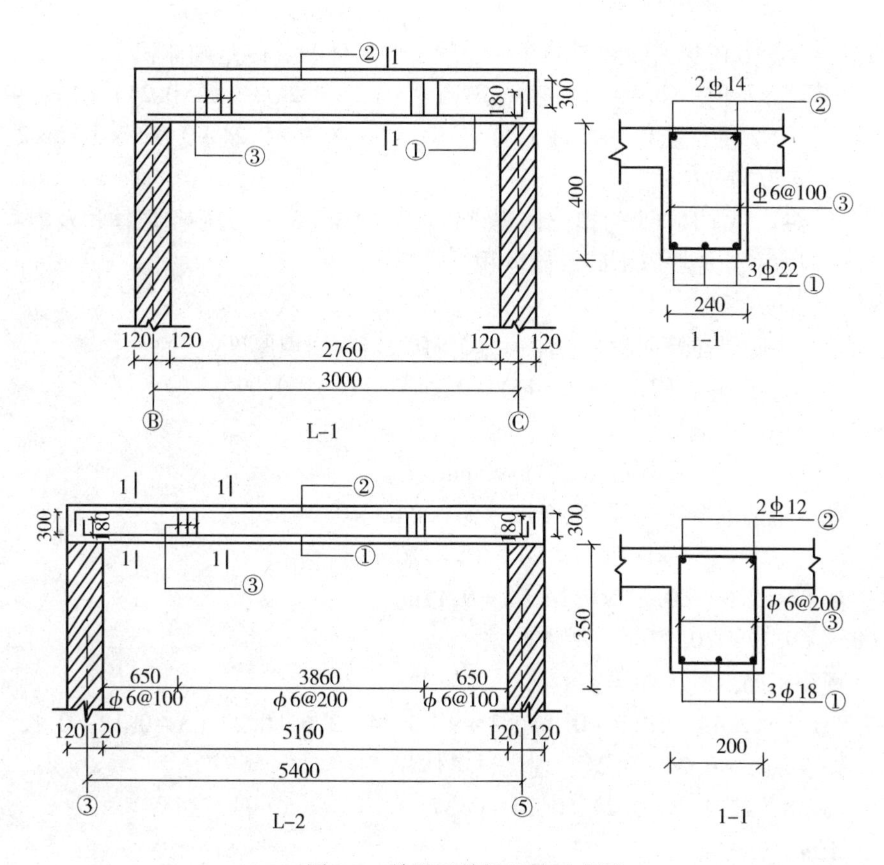

图 7-7 单梁及单梁配筋示意图

(37.8 +3 +3 −0.35 −0.3 +3.6 −0.6) ×0.6 ×0.3 =8.31m³(解释同上)

2−2 截面:垫层宽度 700mm。

(3.25 ×2 +8.4) ×0.7 ×0.3 =3.13m³(解释同上)

6. C20 现浇钢筋混凝土地圈梁:

1−1 截面:

(37.8 +3.36 +5.76) ×0.24 ×0.24 =2.7m³

其中断面尺寸为 0.24m ×0.24m;3.36 =3.6 −0.24;5.76 =6 −0.24

2−2 截面:

(8.76 +3.66 ×2) ×0.24 ×0.24 =0.93m³

其中断面尺寸为 0.24m ×0.24m;8.76 =9 −0.24;3.66 =3.9 −0.24

7. M5 水泥砂浆砖基础:

1−1 截面:

[(37.8 +3 ×2 −0.24 +3.6 −0.24) ×1.2 ×0.24 −2.7] =10.81m³

2−2 截面:

{[(3.9 −0.24) ×2 +9 −0.24] ×(1.2 ×0.24 +0.065 ×0.12 ×2) −0.93}

=4.88 −0.93

=3.95m³

解释:因地圈梁部分不砌砖,因此,应减去地圈梁的体积。

8. 基础回填土(夯填):

基础回填土 = 挖方体积 - 砂垫层体积 - 混凝土垫层体积 - 砖基础体积

= {57.19 - 11.44 - 11.44 - (37.8 + 3 × 2 - 0.24 + 3.6 - 0.24) × (1.2 - 0.3) × 0.24 - [(3.9 - 0.24) × 2 + 9 - 0.24] × (0.9 × 0.24 + 0.065 × 0.12 × 2)}

= 20.46m^3

其中 57.19 = 41.54 + 15.65 为挖方体积，11.44 = 8.31 + 3.13 为砂垫层体积及混凝土垫层体积；砖基础体积为室外地坪以下砖基础体积。

9. 室内回填土（夯填）：

室内回填土 = [底层建筑面积 - ($L_{中}$ + $L_{内}$) × 0.24] × 回填厚度

= [93.69 - (37.8 + 22.44) × 0.24] × (0.3 - 0.09)

= 16.64m^3

其中 22.44 为内墙净长，地面（总厚度 90mm）

10. C20 现浇钢筋混凝土过梁，截面尺寸为 0.24m × 0.24m。

C - 2 过梁：(1.2 + 0.5) × 0.24 × 0.24 × 2 = 0.20m^3；

C - 3 过梁：(1 + 0.5) × 0.24 × 0.24 × 2 = 0.17m^3。

合计：(0.2 + 0.17) = 0.37m^3

11. C20 现浇钢筋混凝土圈梁：

$L_{中}$ = 37.8，$L_{内}$ = 22.44 = (3.9 - 0.4) × 2 + 9 - 0.24 + 3.6 - 0.24 + 3 - 0.12 + 0.12

圈梁 = ($L_{中}$ + $L_{内}$) × 0.24 × 0.24 - 现浇过梁体积

= [(37.8 + 22.44) × 0.24 × 0.24 - 0.37]

= 3.10m^3

12. 预制过梁制作、安装及灌缝：查过梁图集 92ZG313 可得每根过梁体积为：

C - 1 过梁 GL21242：0.112 × 1 = 0.112m^3

M - 1 过梁 GL15242：0.058 × 1 = 0.058m^3

C - 4 过梁 GL15242：0.058 × 2 = 0.116m^3

M - 2 过梁体积：0.04 × 2 = 0.08m^3

M - 3 过梁体积：0.037 × 2 = 0.074m^3

合计：(0.112 + 0.058 + 0.116 + 0.08 + 0.074) = 0.44m^3

13. M5 混合砂浆砌一砖外墙：

{[37.8 × (3.5 - 0.24) - (2.1 × 1.8 + 1.2 × 0.8 + 1 × 0.8 + 1.5 × 1.8 × 2 + 1.5 × 2.8)] × 0.24 - 0.112(C - 1 过梁) - 0.058(M - 1 过梁体积) - 0.058 × 2(C - 4 过梁体积) - (1.2 + 0.5) × 0.24 × 0.24(C - 2 过梁体积) - (1 + 0.5) × 0.24 × 0.24(C - 3 过梁体积)}

= 25.47m^3

其中，(3.5 - 0.24) 中 3.5：屋顶标高；0.24：圈梁高；2.1 × 1.8：C - 1；1.2 × 0.8：C - 2；1 × 0.8：C - 3；1.5 × 1.8 × 2：C - 4；1.5 × 2.8：M - 1

14. M5 混合砂浆砌一砖内墙：

[22.44 × (3.5 - 0.24) - (0.9 × 2.1 × 2 + 0.8 × 2.5 × 2 + 1.2 × 0.8 + 1 × 0.8] × 0.24 - 0.04 × 2(M - 2 过梁体积) - 0.037 × 2(M - 3 过梁体积) - (1.2 + 0.5) × 0.24 × 0.24(C - 2 过梁体积) - (1 + 0.5) × 0.24 × 0.24(C - 3 过梁体积)

= 14.93m^3

其中，(3.5 - 0.24) 中 3.5：屋高；0.24：圈梁高；0.9 × 2.1 × 2：M - 2 面积；0.8 × 2.5 × 2：M

-3 面积;1.2×0.8:C-2 面积;1×0.8:C-3 面积

15. 现浇 C30 钢筋混凝土单梁:

单梁 L-1,截面尺寸 0.24×0.4。

$(3+0.12+0.12)\times0.24\times0.4=0.31m^3$

单梁 L-2,截面尺寸 0.2×0.35。

$(5.4+0.24)\times0.2\times0.35=0.39m^3$

合计:$0.31+0.39=0.70m^3$

16. C30 现浇钢筋混凝土平板,板厚 100mm:

$V=0.10\times[(3.9-0.24)\times(2.4-0.24+4.5-0.24+2.1-0.24)+(3.0-0.24)\times3.6+(5.4-0.24)\times(6.0-0.24)+(3.0-0.24)\times(3.6-0.24)]$

$=7.92m^3$

17. 现浇 C20 钢筋混凝土挑檐:

$(9+0.24)\times[1\times0.1+(0.1+0.7\times1.414)\times0.08]=1.73m^3$

18. 现浇混凝土雨篷:

$3.5\times0.9\times0.1=0.315m^3$

19. C15 混凝土台阶

$(1.5+0.6+0.6)\times1.2-(1.5-0.6)\times(0.6-0.3)=2.97m^2$

20. 散水混凝土,C15,70mm 厚:

$[(9.90+0.24+1\times2)\times1\times2+(9.00+0.24)\times1\times2-(0.6\times2+1.5)\times1]$

$=40.06m^2$

其中 0.6×2+1.5 为台阶宽,1 为散水宽。

21. 屋面排水管,100PVC 落水管:

屋面$(3.5+0.3)\times2=7.6m$

22. 二毡三油玛瑺脂防水卷材:

$(9.9-0.24)\times(9.0-0.24)$

$=84.62m^2$

23. 1∶8水泥珍珠岩保温层:

$(9-0.24)\times(9.9-0.24)=84.62m^2$

装饰装修工程

1. 细石混凝土楼地面:

$S=[(2.40-0.24)\times(3.90-0.24)+(4.50-0.24)\times(3.90-0.24)+(3.90-0.24)\times(2.10-0.24)+(5.40-0.24)\times(6.00-0.24)+3.60\times(3.00-0.24)+(3.00-0.24)\times(3.60-0.24)+(1.50-0.30\times2)\times(0.60-0.30)]$

$=79.51m^2$

2. 踢脚线(釉面瓷砖):

$S=[(4.50-0.24+3.90-0.24)\times2-0.90+0.07\times2$ 大卧室 $+(3.00-0.24)+3.6\times2-0.80+0.07\times2$ 餐厅 $+(6.00-0.24+3.00)+(5.40-0.24)\times2-0.90-1.50+0.70\times8-0.90-0.80$ 客厅 $+(3.00-0.24+3.60-0.24)\times2-0.90+0.07\times2$ 小卧室$]\times0.15$

$=8.466m^2$

注:每个门框按 100mm 厚计算,门设于中间。

3. 水泥砂浆台阶面:

$S=[(1.50+0.60\times2)\times(0.60+0.30\times2)-(1.50-0.30\times2)\times(0.60-0.30)]$
$=2.97\text{m}^2$

4. 外墙贴面砖:

$S=[(9.00+0.24+9.90+0.24)\times2\times(3.5+0.3)-2.1\times1.8(C-1)-1.2\times0.8(C-2)-1.0\times0.8(C-3)-1.5\times1.8\times2(C-4)-1.5\times2.8(M-1)-0.1\times(1.5+0.6\times2+1.5+0.6+1.5)$台阶$]$
$=131.32\text{m}^2$

5. 墙面一般抹灰(除卫生间、厨房的内墙均计算):

$S=\{[(4.50-0.24+3.90-0.24)\times2+(3.00-0.24)+3.60\times2+(6.00-0.24)+3.00+(5.40-0.24)\times2+(3.00-0.24+3.60-0.24)\times2]\times(3.50-0.10-0.15)-1.5\times1.8\times2(C-4)-1.00\times0.80(C-3)-2.10\times1.80(C-1)-1.20\times0.80\times2(C-2)-1.5\times2.80(M-1)-0.90\times2.10(M-2)\times4-0.80\times2.50\times2(M-3)\}$
$=157.98\text{m}^2$

6. 块料墙面(卫生间、厨房的内墙):

内墙:$S=\{[(2.40-0.24+3.90-0.24)\times2+(2.10-0.24+3.90-0.24)\times2]\times(3.50-0.10)-1.20\times0.8(C-2)-1.00\times0.80\times2(C-3)-0.80\times2.50\times2(M-3)\}$
$=70.55\text{m}^2$

门窗工程

1. $C-1$:$S=2.10\times1.80\times1=3.78\text{m}^2$
2. $C-2$:$S=1.20\times0.80\times2=1.92\text{m}^2$
3. $C-3$:$S=1.00\times0.80\times2=1.60\text{m}^2$
4. $C-4$:$S=1.50\times1.80\times2=5.40\text{m}^2$
5. $M-1$:$S=1.50\times2.80=4.20\text{m}^2$
6. $M-2$:$S=0.90\times2.10\times2=3.78\text{m}^2$
7. $M-3$:$S=0.80\times2.50\times2=4.00\text{m}^2$

钢筋工程

1. L-1 单梁:

HRB335 直径 22mm

$L=(3.00+0.24-0.025\times2$保护层$+0.18$直弯钩$)\times3=10.11\text{m}$

HRB335 直径 14mm

$L=(3+0.24-0.025\times2$保护层$+0.30$直弯钩$)\times2=6.98\text{m}$

HPB235 直径 6mm 的箍筋

$L=[(3.24-0.025\times2)/0.10+1]\times[(0.24+0.40)\times2-8\times0.025+6.25\times2\times0.006$弯钩增加值$]$
$=38.00\text{m}$

2. L-2 单梁:

HRB335 直径 18mm

$L=(5.40+0.24-0.025\times2+0.18\times2)\times3=17.85\text{m}$

HRB335 直径 12mm

$L=(5.40+0.24-0.025\times2+0.30\times2)\times2=12.38\text{m}$

HPB235 直径 6mm 的箍筋

$L=[3.86/0.20+(0.65\times2+0.24\times2-0.025\times2)/0.10+1]\times[(0.20-0.025\times2+0.35-0.025\times2)\times2+6.25\times2\times0.006]$
$=36.66\text{m}$

HRB335 直径 22mm：　$10.11\times2.984\text{kg}=30.17\text{kg}=0.030\text{t}$

HRB335 直径 18mm：　$17.85\times1.998\text{kg}=35.66\text{kg}=0.036\text{t}$

HRB335 直径 14mm：　$6.98\times1.21\text{kg}=8.446\text{kg}=0.008\text{t}$

HRB335 直径 12mm：　$12.38\times0.888\text{kg}=10.99\text{kg}=0.011\text{t}$

HPB235 直径 6mm 的箍筋：　$(38.00+36.66)\times0.222\text{kg}=16.575\text{kg}=0.017\text{t}$

HPB235 级钢筋:0.017t

HRB335 级钢筋:$(0.030+0.036+0.008+0.011)\text{t}=0.085\text{t}$

表 7-2　清单工程量计算表

序号	项目编码	项目名称	项目特征描述	计量单位	工程量
A.1 土石方工程					
1	010101001001	平整场地	坚土,土方就地挖填找平	m^2	93.69
2	010101003001	挖沟槽土方	坚土,垫层宽度 600mm,挖土深度 1.5m,1－1 截面	m^3	41.54
3	010101003002	挖沟槽土方	坚土,垫层宽度 700mm,挖土深度 1.5m,2－2 截面	m^3	15.65
4	010103001001	回填方	基础回填,人工夯实,原土	m^3	20.46
5	010103001002	土(石)方回填	室内回填,机械夯实,原土	m^3	16.64
A.3 砌筑工程					
6	010401001001	砖基础	M5 水泥砂浆砖基础,基础底标高－1.200m	m^3	10.81
7	010401001002	砖基础	M5 水泥砂浆砖基础,基础底标高－1.200m,有一层大放脚	m^3	3.95
8	010401003001	实心砖墙	M5 混合砂浆砌砖外墙,MU7.5 黏土砖,$H=3.26\text{m}$	m^3	25.47
9	010401003002	实心砖墙	M5 混合砂浆砌砖内墙,MU7.5 黏土砖,$H=3.26\text{m}$	m^3	14.93
A.4 混凝土及钢筋混凝土工程					
10	010503004001	圈梁	现浇 C20 混凝土,截面尺寸 0.24m×0.24m,梁底标高－0.300m	m^3	3.63
11	010503004002	圈梁	现浇 C20 混凝土,截面尺寸为 0.24m×0.24m,梁底标高 3.36m	m^3	3.10
12	010503005001	过梁	梁底标高 1.800m,截面尺寸 0.24m×0.24m,现浇 C20 混凝土	m^3	0.37
13	010503005001	过梁	单件体积 0.112m^3,C20 砾 40,安装高度 1.8m	m^3	0.112
14	010503005002	过梁	单件体积 0.058m^3,C20 砾 40,安装高度 2.8m	m^3	0.174
15	010503005003	过梁	单件体积 0.04m^3,C20 砾 40,安装高度 2.1m	m^3	0.08
16	010503005004	过梁	单件体积 0.037m^3,C20 砾 40,安装高度 2.5m	m^3	0.074
17	010503002001	矩形梁	现浇 C30 混凝土单梁截面尺寸为 0.24m×0.4m,梁底标高 3.10	m^3	0.31
18	010503002002	矩形梁	现浇 C30 混凝土单梁截面尺寸为 0.2m×0.35m,梁底标高 3.15m	m^3	0.39

（续）

序号	项目编码	项目名称	项目特征描述	计量单位	工程量
19	010505003001	平板	板厚100mm，板底标高3.40m，C30现浇钢筋混凝土	m^3	7.92
20	010505007001	挑檐板	现浇C20钢筋混凝土	m^3	1.73
21	010505008001	雨篷板	现浇C25混凝土雨篷	m^3	0.315
22	010507001001	散水	C15混凝土散水，厚70mm，宽1m	m^2	40.06
			A.7 屋面及防水工程		
23	010902001001	屋面卷材防水	二毡三油玛琋脂防水卷材，4mm厚，1∶3水泥砂浆找平层	m^2	84.62
24	010902004001	屋面排水管	ϕ100PVC水落管，雨水斗2个	m	7.60
			A.8 防腐、隔热保温工程		
25	011001001001	保温隔热屋面	1∶8水泥珍珠岩	m^2	84.62
			B. 装饰装修工程		
26	011101003001	细石混凝土楼地面	60厚C15混凝土垫层，素水泥浆结合层一道，30厚C20细石混凝土随打随抹光	m^2	79.51
27	011105003001	块料踢脚线	踢脚线高150mm，1∶3水泥砂浆底层，1∶1水泥砂浆结合层，釉面瓷砖面层	m^2	8.47
28	011107004001	水泥砂浆台阶面	80厚3∶7灰土垫层，C15混凝土台阶，水泥砂浆台阶面	m^2	2.97
29	011201001001	墙面一般抹灰	15厚1∶1∶6水泥石灰砂浆底层，面层为5厚1∶0.5∶3水泥石灰砂浆	m^2	157.98
30	011204003001	块料墙面	15厚1∶3水泥砂浆底层，刷素水泥砂浆一道，3～4厚水泥胶结合层，8厚面砖，1∶1水泥砂浆勾缝	m^2	131.32
31	011204003002	块料墙面	15厚1∶1∶6水泥砂浆底层，刷素水泥浆一道，3厚水泥胶结层，贴白瓷砖	m^2	70.55
32	010802001001	金属（塑钢）门	洞口尺寸1500mm×2800mm	m^2	4.20
33	010802001002	金属（塑钢）门	洞口尺寸900mm×2100mm	m^2	3.78
34	010802001003	金属（塑钢）门	洞口尺寸800mm×2500mm	m^2	4.00
35	010807001001	金属（塑钢、断桥）窗	铝合金推拉窗2100mm×1800mm	m^2	3.78
36	010807001002	金属（塑钢、断桥）窗	铝合金推拉窗1200mm×800mm	m^2	1.92
37	010807001003	金属（塑钢、断桥）窗	铝合金推拉窗1000mm×800mm	m^2	1.60
38	010807001004	金属（塑钢、断桥）窗	铝合金推拉窗1500mm×1800mm	m^2	5.40
39	010515001001	现浇构件钢筋	HRB335级直径22mm	t	0.030
40	010515001002	现浇构件钢筋	HRB335级直径18mm	t	0.036
41	010515001003	现浇构件钢筋	HRB335级直径14mm	t	0.008
42	010515001004	现浇构件钢筋	HRB335级直径12mm	t	0.011
43	010515001005	现浇构件钢筋	HPB235级直径6mm	t	0.017

二、定额工程量

1. 平整场地：

$S = (9.00 + 0.24) \times (9.90 + 0.24) = 93.69m^2$

共93.69m^2，套用定额1－21，计量单位：100m^2。

2. 人工挖沟槽:

$h=(1.5+0.3-0.3)\text{m}=1.5\text{m}$,≤1.50m,不放坡;每边增加300mm工作面。

1-1截面:

$V=[(9.00+9.90)\times2+(3.00+3.00-0.35-0.30-0.30\times2)+(3.60-0.30\times2-0.30\times2)]\times(0.60+0.30\times2)\times1.50$

$=(37.80+4.75+2.40)\times1.2\times1.50$

$=80.91\text{m}^3$

2-2截面:

$V=[(9.00-0.60-0.30\times2)+(3.90-0.30\times2-0.30-0.35)\times2]\times(0.70+0.3\times2)\times1.50$

$=(7.80+5.30)\times(0.70+0.3\times2)\times1.50$

$=25.55\text{m}^3$

共$(80.91+25.55)\text{m}^3=106.46\text{m}^3$,套用定额1-11,计量单位:$100\text{m}^3$。

3. 素土夯实:

1-1截面:$S=[37.80+(6.00-0.65)+(3.60-0.60)]\times0.60$

$=27.69\text{m}^2$

2-2截面:$S=[9.0-0.60+(3.90-0.65)\times2]\times0.70$

$=10.43\text{m}^2$

共$(27.69+10.43)=38.12\text{m}^2$,套用定额1-22,计量单位:$100\text{m}^2$。

4. 300厚中粗砂垫层:

$L_{1-1}=[(9.00+9.90)\times2+(6.00-0.35-0.30)+(3.60-0.60)]$

$=46.15\text{m}$

$L_{2-2}=[(9.00-0.60)+(3.90-0.30-0.35)\times2]$

$=14.90\text{m}$

$V=L_{1-1}\times0.60\times0.30+L_{2-2}\times0.70\times0.30$

$=(46.15\times0.60\times0.30+14.90\times0.70\times0.30)$

$=11.44\text{m}^3$

共11.44m^3,套用定额3-1,进行换算,计量单位:10m^3。

5. 300厚C10混凝土垫层:

计算方法,工程量同300厚中粗砂垫层,则工程量$V=11.44\text{m}^3$。

共11.44m^3,套用定额4-125,进行换算,计量单位:10m^3。

6. C20现浇混凝土地圈梁:

其工程量同清单工程量。

$V_{1-1}=2.7\text{m}^3$

$V_{2-2}=0.93\text{m}^3$

$V_{总}=V_{1-1}+V_{2-2}=2.7+0.93=3.63\text{m}^3$

共3.63m^3,套用定额4-136,计量单位:10m^3。

7. M5水泥砂浆砖基础:

计算方法及工程量同清单

$V_{总}=V_{1-1}+V_{2-2}=10.81+3.95=14.76\text{m}^3$

共14.76m^3,套用定额3-13,进行换算,计量单位:10m^3。

8. 基础回填土：

V = 挖方体积 − 砂垫层体积 − 混凝土垫层体积 − 砖基础体积（室外地坪下）

$= 106.46 - 11.44 - 11.44 - (37.8 + 3.00 \times 2 - 0.24 + 3.6 - 0.24) \times 0.9 \times 0.24 - [(3.9 - 0.24) \times 2 + 9 - 0.24] \times (0.9 \times 0.24 + 0.065 \times 0.12 \times 2)$

$= 69.72m^3$

共 $69.72m^3$，套用定额 1－24，计量单位：$100m^3$。

9. 室内回填土：

计算方法及工程量同清单

工程量 $V = 16.64m^3$。

共 $16.64m^3$，套用定额 1－24，计量单位：$100m^3$。

10. 余土外运量（人工运土方 50m）：

V = 挖方体积 − 基础回填土体积 − 室内回填土体积

$= 106.46 - 69.72 - 16.64$

$= 20.1m^3$

共 $20.1m^3$，套用定额 1－26，计量单位：$100m^3$。

11. M5 混合砂浆砌一砖外墙：

计算方法及工程量同清单

$V = 25.47m^3$，套用定额 3－21，计量单位：$10m^3$。

12. M5 混合砂浆砌一砖内墙：

计算方法及工程量同清单

$V = 14.93m^3$，套用定额 3－21，计量单位：$10m^3$。

13. C20 混凝土圈梁：

计算方法及工程量同清单，$V = 3.10m^3$

共 $3.10m^3$，套用定额 4－136，计量单位：$10m^3$。

14. 单梁 L－1：

计算方法及工程量同清单，$V = 0.31m^3$

共 $0.31m^3$，套用定额 4－135，进行换算，计量单位：$10m^3$。

15. 单梁 L－2：

计算方法及工程量同清单，$V = 0.39m^3$

共 $0.39m^3$，套用定额 4－135，进行换算，计量单位：$10m^3$。

16. C30 混凝土平板：

计算方法及工程量同清单，$V = 7.92m^3$

共 $7.92m^3$，套用定额 4－138，进行换算，计量单位：$10m^3$。

C20 现浇钢筋混凝土过梁；

计算方法及工程量同清单

$V = 0.37m^3$，套用定额 4－136，计量单位：$10m^3$

17. 预制过梁制作：

共 $(0.112 + 0.174 + 0.08 + 0.074) = 0.44m^3$，

套用定额 4－335，计量单位：$10m^3$。

18. 预制过梁安装：

共(0.112 + 0.174 + 0.08 + 0.074) = 0.44m^3,

套用定额 4 - 432,计量单位:10m^3。

19. 挑檐板:

共 1.73m^3,套用定额 4 - 151,计量单位:10m^3。

20. 雨篷:

$3.5 \times 0.9 = 3.15m^2$

套用定额 4 - 148,进行换算,计量单位:10m^2。

21. 台阶 3∶7 灰土垫层,80 厚:

$V = (0.6 + 1.5 + 0.6) \times 1.2 \times 0.08 = 0.26m^3$

共 0.26m^3,套用定额 3 - 11,计量单位:10m^3。

水泥砂浆台阶面:

计算方法及工程量同清单

共 2.97m^2,套用定额 10 - 163,计量单位 100m^2

22. 散水中砂垫层,50mm 厚:

$V = 40.06 \times 0.05 = 2.00m^3$

共 2.00m^3,套用定额 3 - 1,计量单位:10m^3。

散水 C15 混凝土面层:

共计 40.06m^2,套用定额 9 - 92,进行换算,计量单位:100m^2

23. 屋面 20mm 厚 1∶3 水泥砂浆找平层:

$S = (9 - 0.24) \times (9.9 - 0.24) = 84.62m^2$

共 84.62m^2,套用定额 10 - 1,计量单位:100m^2。

24. 15mm 厚 1∶3 水泥砂浆找平层:

$S = (9 - 0.24) \times (9.9 - 0.24) = 84.62m^2$

共 84.62m^2,套用定额 10 - 1,进行换算,计量单位:100m^2。

25. 二毡三油石油沥青玛琋脂防水卷材,厚 4mm:

$S = 84.62 + (8.76 + 9.66) \times 2 \times 0.25 = 93.83m^2$

共 93.83m^2,套用定额 7 - 39,计量单位:100m^2。

屋面排水管,100PVC 落水管:

计算方法及工程量同清单

共 7.60m,套用《北京市建设工程预算定额》12 - 55,计量单位预算 10m。

26. 保温隔热层:

$V = 84.62 \times 0.04 = 3.38m^3$

套用定额 8 - 104,进行换算,计量单位:10m^3。

27. 60 厚 C10 混凝土垫层:

$$V = [79.51 - (1.50 - 0.30 \times 2) \times (0.60 - 0.30)] \times 0.06 = 4.75m^3$$

共 4.75m^3,套用定额 4 - 125,进行换算,计量单位:10m^3。

28. 细石混凝土楼地面:

$S = 79.51m^2$

共 79.51m^2,套用定额 10 - 12,计量单位:100m^2。

29. 踢脚：
计算方法及工程量同清单
$S=8.466m^2$
共 8.466m^2，套用定额 10－90，计量单位：100m^2。
30. 水泥砂浆台阶面：
$S=2.97+[1.5+1.5+0.6+1.5+0.6\times2+0.6\times2+(0.6+0.3)\times2+(0.6+0.3\times2)\times2]\times0.1$
$=4.14m^2$
共 4.14m^2，套用定额 10－163，计量单位：100m^2。
31. 外墙贴面砖：
共 131.52m^2，套用定额 11－92，计量单位：100m^2。
32. 内墙一般抹灰：
共 157.98m^2，套用定额 11－6，计量单位：100m^2。
33. 内墙块料面层：
共 70.55m^2，套用定额 11－86，计量单位：100m^2。
34. 塑钢门 M－1：
共 4.20m^2，套用定额 13－46，计量单位：100m^2。
35. 塑钢门 M－2：
共 3.78m^2，套用定额 13－46，计量单位：100m^2。
36. 塑钢门 M－3：
共 4.00m^2，套用定额 13－46，计量单位：100m^2。
37. 金属推拉窗 C－1：
共 3.78m^2，套用定额 13－77，计量单位：100m^2。
38. 金属推拉窗 C－2：
共 1.92m^2，套用定额 13－77，计量单位：100m^2。
39. 金属推拉窗 C－3：
共 1.60m^2，套用定额 13－77，计量单位：100m^2。
40. 金属推拉窗 C－4：
共 5.40m^2，套用定额 13－77，计量单位：100m^2。
41. HRB335 级钢筋直径 22mm：
共 0.030t，套用定额 4－397，计量单位：t。
42. HRB335 级钢筋直径 18mm：
共 0.036t，套用定额 4－397，计量单位：t。
43. HRB335 级钢筋直径 14mm：
共 0.008t，套用定额 4－397，计量单位：t。
HRB335 级钢筋直径 12mm：
共 0.011t，套用定额 4－397，计量单位：t。
44. HPB235 级钢筋直径 6mm：
单梁 L－1　$[(3.24-0.025\times2)/0.10+1]\times[(0.24+0.4)\times2-8\times0.025+6.25\times2\times0.006]=38.00$

L－2　$[3.86/0.20+(0.65\times2+0.24\times2-0.025\times2)/0.10+1]\times[(0.2+0.35)\times2-8\times0.025+6.25\times2\times0.006]=36.66$

$(38.00+36.66)\times0.222=16.575kg=0.017t$

共0.017t，套用定额4－393，计量单位：t。

表7-3　工程施工图预算表

序号	定额编号	分项工程名称	计量单位	工程量	基价/元	其中:/元			合价
						人工费	材料费	机械费	
1	1－21	场地平整	$100m^2$	0.937	130	129.60	—	—	121.81
2	1－11	人工挖沟槽	$100m^3$	1.065	946	945.6	—	—	1007.49
3	3－1	砂垫层	$10m^3$	1.144	750	127.4	620.10	2.19	858
4	$4-125_H$	C10混凝土垫层	$10m^3$	1.144	1660.02	270.40	1345.91	43.88	1899.06
5	4－136	C20钢筋混凝土地圈梁	$10m^3$	0.363	2393	579.8	1706.74	106.04	868.66
6	$3-13_H$	M5水泥砂浆砖基础	$10m^3$	1.476	1701.76	286.00	1399.14	16.98	2511.8
7	1－24	基础回填土，夯填	$100m^3$	0.697	447	400.80	—	46.24	311.56
8	1－24	房心回填土	$100m^3$	0.166	447	400.80	—	46.24	74.20
9	1－26	余土运输	$100m^3$	0.201	389	388.80	—	—	78.19
10	3－21	M5混合砂浆砌一砖外墙	$10m^3$	2.547	1826	377.0	1431.84	17.43	4650.82
11	3－21	M5混合砂浆砌一砖内墙	$10m^3$	1.493	1823	377.0	1431.84	17.43	2721.74
12	4－136	C20钢筋混凝土圈梁	$10m^3$	0.310	2393	579.8	1706.74	106.04	741.83
13	$4-135_H$	C30钢筋混凝土梁	$10m^3$	0.031	2315.13	369.20	1876.11	69.86	71.77
14	$4-135_H$	C30钢筋混凝土梁	$10m^3$	0.039	2315.13	369.20	1876.11	69.86	90.29
15	$4-138_H$	C30钢筋混凝土平板	$10m^3$	0.792	2431.59	293.80	2066.73	71.06	1925.82
16	4－136	C20钢筋混凝土过梁	$10m^3$	0.037	2393	579.80	1706.74	106.04	88.54
17	4－335	预制混凝土过梁制作	$10m^3$	0.044	2436	481	1761.76	192.98	107.18
18	4－432	预制混凝土过梁安装	$10m^3$	0.044	873	236.60	85.18	551.32	38.41
19	4－151	C20钢筋混凝土挑檐板	$10m^3$	0.173	2688	572.00	2006.57	109.69	465.02
20	$4-148_H$	C25雨篷	$10m^2$	0.315	238.58	54.60	173.92	10.32	75.15
21	3－11	台阶3:7灰土垫层	$10m^3$	0.026	700	158.6	531.66	10.17	18.2
22	3－1	散水中砂垫层	$10m^3$	0.200	750	127.40	620.10	2.19	150.00
23	$9-92_H$	墙脚护坡（混凝土面）	$100m^2$	0.401	2863.54	738.40	2001.87	123.27	1148.28
24	10－1	20厚水泥砂浆找平层	$100m^2$	0.846	561	195.00	352.49	13.41	474.61
25	$10-1_H$	15厚水泥砂浆找平层	$100m^2$	0.846	469	195.00	263.79	10.28	396.77
26	7－39	石油沥青玛琋脂（二毡三油带砂）卷材	$100m^2$	0.938	2270	163.80	2105.88	0.23	2129.26
27	12－55（套北京定额）	ϕ100塑料水落管	m	7.60	28.50	5.88	22.25	0.37	216.60
28	$8-104_H$	现浇水泥珍珠岩保温隔热层	$10m^3$	0.338	1972.9	187.20	1785.71	—	666.84
29	$4-125_H$	60厚C10混凝土垫层	$10m^3$	0.475	1660.02	270.40	1345.91	43.88	788.51
30	10－12	细石混凝土楼地面	$100m^2$	0.795	883	318.00	526.11	38.76	701.99
31	10－90	彩釉砖踢脚	$100m^2$	0.085	3776	1443.30	2324.62	8.49	320.96
32	10－163	水泥砂浆台阶面	$100m^2$	0.0297	1593	779.40	791.68	22.35	47.31
33	11－92	外墙面砖（水泥砂浆粘贴）	$100m^2$	1.315	3715	1304.10	2400.41	10.73	4885.23

（续）

序号	定额编号	分项工程名称	计量单位	工程量	基价/元	其中:/元			合价
						人工费	材料费	机械费	
34	11-6	内墙一般抹灰	$100m^2$	1.580	819.50	454.50	347.79	17.21	1294.81
35	11-6	内墙块料底层抹灰	$100m^2$	0.706	872	427.80	427.43	17.21	615.63
36	11-86	内墙瓷砖面层	$100m^2$	0.706	3366	1478.70	1877.91	8.94	2376.40
37	13-46	塑钢门 M-1	$100m^2$	0.042	27424	1098.90	26324.91	—	1151.81
38	13-46	塑钢门 M-2	$100m^2$	0.038	27424	1098.90	26324.91	—	1042.11
39	13-46	塑钢门 M-3	$100m^2$	0.040	27424	1098.90	26324.91	—	1096.96
40	13-77	金属推拉窗 C-1	$100m^2$	0.0378	20183	681.30	19502.15	—	762.92
41	13-77	金属推拉窗 C-2	$100m^2$	0.0192	20183	681.30	19502.15	—	387.51
42	13-77	金属推拉窗 C-3	$100m^2$	0.016	20183	681.30	19502.15	—	322.93
43	13-77	金属推拉窗 C-4	$100m^2$	0.054	20183	681.30	19502.15	—	1089.88
44	4-397	HRB335 级钢筋直径 22mm	t	0.030	3304	403.00	2878.49	22.32	99.12
45	4-397	HRB335 级钢筋直径 18mm	t	0.036	3304	403.00	2878.49	22.32	118.94
46	4-397	HRB335 级钢筋直径 14mm	t	0.008	3304	403.00	2878.49	22.32	26.43
47	4-397	HRB335 级钢筋直径 12mm	t	0.011	3304	403.00	2878.49	22.32	36.34
48	4-393	HPB235 级钢筋直径 6mm	t	0.017	2808	335.40	2429.08	43.24	47.74
合计									41242.98

关于换算的问题

4-125： 基价 1963　人工费 270.40　材料费 1648.89　机械费 43.88

换后基价　$1963+10.15\times(129.11-158.96)=1660.02$

换后材料费　$1648.89+10.15\times(129.11-158.96)=1345.91$

3-13： 基价 1720　人工费 286　材料费 1417.38　机械费 16.98

换后基价　$1720+2.3\times(123.09-131.02)=1701.76$

换后材料费　$1417.38+2.3\times(123.09-131.02)=1399.14$

10-1： 基价 561　人工费 195　材料费 352.49　机械费 13.41

10-2　基价 92　人工费 0　材料费 88.70　机械费 3.13

$10-1_H=[10-1]-1\times[10-2]$

表 7-4　分部分项工程量清单与计价表

工程名称：　　　　　　　　　　标段：　　　　　　　　　　第　页　共　页

序号	项目编码	项目名称	项目特征描述	计量单位	工程量	金额/元		
						综合单价	合价	其中:暂估价
1	010101001001	平整场地	三类土，土方就地挖填找平	m^2	93.69	3.52	329.79	—
2	010101003001	挖沟槽土方	三类土，垫层宽度 600mm，挖土深度 1.5m，1-1 截面	m^3	41.54	25.08	1041.82	—

（续）

序号	项目编码	项目名称	项目特征描述	计量单位	工程量	金额/元		
						综合单价	合价	其中：暂估价
3	010101003002	挖沟槽土方	三类土，垫层宽度 700mm，挖土深度 1.5m，2-2 截面	m^3	15.65	20.95	327.87	—
4	010103001001	回填方	基础回填，人工夯实，原土	m^3	20.46	20.74	424.34	—
5	010103001002	回填方	室内回填，机械夯实，原土	m^3	16.64	10.62	176.72	—
6	010401001001	砖基础	M5 水泥砂浆砖基础，基础底标高 -1.200m	m^3	10.81	438.09	4735.75	—
7	010401001002	砖基础	M5 水泥砂浆砖基础，基础底标高 -1.200m，有一层大放脚	m^3	3.95	438.09	1730.46	—
8	010401003001	实心砖墙	M5 混合砂浆砌砖外墙，MU7.5 黏土砖，$H=3.26$m	m^3	25.47	191.38	4874.45	—
9	010401003002	实心砖墙	M5 混合砂浆砌砖，内墙，MU7.5 黏土砖，$H=3.26$m	m^3	14.93	191.38	2857.30	—
10	010503004001	圈梁	现浇 C20 混凝土，截面尺寸0.24m×0.24m，梁底标高 -0.300m	m^3	3.63	263.94	958.10	—
11	010503004002	圈梁	现浇 C20 混凝土，截面尺寸为 0.24m×0.24m，梁底标高 3.36m	m^3	3.10	263.94	818.21	—
12	010503005001	过梁	梁底标高 1.800m，截面尺寸 0.24m×0.24m，现浇 C20 混凝土	m^3	0.37	263.94	97.66	—
13	010503005001	过梁	单件体积 0.112m^3，C20 砾 40，安装高度 1.8m	m^3	0.112	383.52	42.95	—
14	010503005002	过梁	单件体积 0.058m^3，C20 砾 40，安装高度 2.8m	m^3	0.174	383.52	66.73	—
15	010503005003	过梁	单件体积 0.04m^3，C20 砾 40，安装高度 0.8.m	m^3	0.08	383.52	30.68	—
16	010503005004	过梁	单件体积 0.037m^3，C20 砾 40，安装高度 2.5m	m^3	0.074	383.52	28.32	—
17	010503002001	矩形梁	现浇 C30 混凝土单梁截面尺寸为 0.24m×0.4m，梁底标高 3.100m	m^3	0.31	247.33	76.67	—
18	010503002002	矩形梁	现浇 C30 混凝土单梁截面尺寸为 0.2m×0.35m，梁底标高 3.150m	m^3	0.39	247.33	96.46	—
19	010505003001	平板	板厚 100mm，板底标高 3.400m，C30 现浇钢筋混凝土	m^3	7.92	256.25	2029.50	—
20	010505007001	挑檐板	现浇 C20 钢筋混凝土	m^3	1.73	293.37	507.53	—
21	010505008001	雨篷板	现浇 C25 混凝土雨篷	m^3	0.315	262.21	83.91	—
22	010507001001	散水	C15 混凝土散水，厚 70mm，宽 1m	m^2	40.06	35.71	1430.54	—

（续）

序号	项目编码	项目名称	项目特征描述	计量单位	工程量	金额/元		
						综合单价	合价	其中：暂估价
23	010902001001	屋面卷材防水	二毡三油玛瑅脂防水卷材，4mm 厚，1:3水泥砂浆找平层	m^2	93.83	46.22	4336.82	—
24	010902004001	屋面排水管	ϕ100PVC 水落管，雨水斗 2 个	m	7.60	22.25	169.10	—
25	011001001001	保温隔热屋面	1:8水泥珍珠岩	m^2	84.62	8.16	690.50	—
26	011101003001	细石混凝土楼地面	60 厚 C15 混凝土垫层，素水泥浆结合层一道，30 厚 C20 细石混凝土随打随抹光	m^2	79.51	20.75	1649.83	—
27	011105003001	块料踢脚线	踢脚线高 150mm，1:3水泥砂浆底层，1:1水泥砂浆结合层，釉面瓷砖面层	m^2	8.47	43.00	364.21	—
28	011107004001	水泥砂浆台阶面	80 厚 3:7灰土垫层，C15 混凝土台阶，水泥砂浆台阶面	m^2	2.97	25.66	76.21	—
29	011201001001	墙面一般抹灰	15 厚 1:1:6水泥石灰砂浆底层，面层为 5 厚 1:0.5:3水泥石灰砂浆	m^2	157.98	9.90	1564.00	—
30	011204003001	块料墙面	15 厚 1:3水泥砂浆底层，刷素水泥砂浆一道，3～4 厚水泥胶结合层，8 厚面砖，1:1水泥砂浆勾缝	m^2	131.52	41.88	5508.06	—
31	011204003002	块料墙面	15 厚 1:1:6水泥砂浆底层，刷素水泥浆一道，3 厚水泥胶结层，贴白瓷砖	m^2	70.55	49.34	3480.94	—
32	010802001001	金属（塑钢）门	洞口尺寸 1500mm×2800mm	m^2	4.20	278.20	1168.44	—
33	010802001002	金属（塑钢）门	洞口尺寸 900mm×2100mm	m^2	3.78	278.20	1051.60	—
34	010802001003	金属（塑钢）门	洞口尺寸 800mm×2500mm	m^2	4.00	278.20	1112.80	—
35	010807001001	金属（塑钢、断桥）窗	铝合金推拉窗 2100mm×1800mm	m^2	3.78	204.28	772.18	—
36	010807001002	金属（塑钢、断桥）窗	铝合金推拉窗 1200mm×800mm	m^2	1.92	204.28	392.22	—
37	010807001003	金属（塑钢、断桥）窗	铝合金推拉窗 1000mm×800mm	m^2	1.60	204.28	326.85	—
38	010807001004	金属（塑钢、断桥）窗	铝合金推拉窗 1500mm×1800mm	m^2	5.40	204.28	1103.11	—
39	010515001001	现浇构件钢筋	HRB335 级直径 22mm	t	0.030	3456.93	103.71	—
40	010515001002	现浇构件钢筋	HRB335 级直径 18mm	t	0.036	3456.93	124.45	—
41	010515001003	现浇构件钢筋	HRB335 级直径 14mm	t	0.008	3456.93	27.66	—
42	010515001004	现浇构件钢筋	HRB335 级直径 12mm	t	0.011	3456.93	38.03	—
43	010515001005	现浇构件钢筋	HPB235 级直径 6mm	t	0.017	2944.03	50.05	—
本页小计								
合　计								46876.53

表 7-5　工程量清单综合单价分析表

工程名称:土建工程　　　　　　　　　　标段:　　　　　　　　　　第　页　共　页

项目编码	010101001001	项目名称	平整场地	计量单位	m^2

清单综合单价组成明细											
定额编号	定额名称	定额单位	数量	单价				合价			
				人工费	材料费	机械费	管理费和利润	人工费	材料费	机械费	管理费和利润
1－21	场地平整	$100m^2$	0.02	129.60	—	—	46.66	2.592	—	—	0.93
人工单价		小计						2.592	—	—	0.93
24.00 元/工日		未计价材料费						—			
清单项目综合单价								3.52			
材料费明细	主要材料名称、规格、型号				单位	数量	单价/元	合价/元	暂估单价/元	暂估合价/元	
	其他材料费										
	材料费小计							—			

注:建筑工程中企业管理费及利润均以(人工费＋机械费)为计算基础,管理费费率为 24%,利润率为 12.00%。

表 7-6　工程量清单综合单价分析表

工程名称:土建工程　　　　　　　　　　标段:　　　　　　　　　　第　页　共　页

项目编码	010101003001	项目名称	挖沟槽土方	计量单位	m^3

清单综合单价组成明细											
定额编号	定额名称	定额单位	数量	单价				合价			
				人工费	材料费	机械费	管理费和利润	人工费	材料费	机械费	管理费和利润
1－11	人工挖沟槽	$100m^3$	0.0195	945.6			340.416	18.44			6.64
人工单价		小计						18.44			6.64
24.00 元/工日		未计价材料费						—			
清单项目综合单价								25.08			
材料费明细	主要材料名称、规格、型号				单位	数量	单价/元	合价/元	暂估单价/元	暂估合价/元	
	其他材料费										
	材料费小计							—			

表 7-7 工程量清单综合单价分析表

工程名称:土建工程　　　　标段:　　　　第　页　共　页

项目编码	010101003002	项目名称	挖沟槽土方	计量单位	m^3

清单综合单价组成明细											
定额编号	定额名称	定额单位	数量	单价				合价			
				人工费	材料费	机械费	管理费和利润	人工费	材料费	机械费	管理费和利润
1 - 11	人工挖沟槽	$100m^3$	0.0163	945.6			340.416	15.40			5.55
人工单价		小计						15.40			5.55
24.00 元/工日		未计价材料费						—			
清单项目综合单价								20.95			

材料费明细	主要材料名称、规格、型号	单位	数量	单价/元	合价/元	暂估单价/元	暂估合价/元
	其他材料费						
	材料费小计				—		

表 7-8 工程量清单综合单价分析表

工程名称:土建工程　　　　标段:　　　　第　页　共　页

项目编码	010103001001	项目名称	回填方	计量单位	m^3

清单综合单价组成明细											
定额编号	定额名称	定额单位	数量	单价				合价			
				人工费	材料费	机械费	管理费和利润	人工费	材料费	机械费	管理费和利润
1 - 24	基础回填土	$100m^3$	0.0341	400.80		46.24	160.93	13.67		1.58	5.49
人工单价		小计						13.67	1.58		5.49
24.00 元/工日		未计价材料费						—			
清单项目综合单价								20.74			

材料费明细	主要材料名称、规格、型号	单位	数量	单价/元	合价/元	暂估单价/元	暂估合价/元
	其他材料费						
	材料费小计				—		

表 7-9　工程量清单综合单价分析表

工程名称：土建工程　　　　　　　　标段：　　　　　　　　第　页　共　页

项目编码	010103001002	项目名称	回填方	计量单位	m^3

清单综合单价组成明细											
定额编号	定额名称	定额单位	数量	单价				合价			
				人工费	材料费	机械费	管理费和利润	人工费	材料费	机械费	管理费和利润
1－24	室内回填土	100m^3	0.01	400.80	—	46.24	160.93	4.008	—	0.46	1.61
1－26	余土外运	100m^3	0.0086	388.80	—	—	139.97	3.34	—	—	1.20
人工单价		小计						7.35	—	0.46	2.81
24.00 元/工日		未计价材料费						—			
清单项目综合单价								10.62			

材料费明细	主要材料名称、规格、型号	单位	数量	单价/元	合价/元	暂估单价/元	暂估合价/元
	其他材料费						
	材料费小计				—		

表 7-10　工程量清单综合单价分析表

工程名称：土建工程　　　　　　　　标段：　　　　　　　　第　页　共　页

项目编码	010401001001	项目名称	砖基础	计量单位	m^3

清单综合单价组成明细											
定额编号	定额名称	定额单位	数量	单价				合价			
				人工费	材料费	机械费	管理费和利润	人工费	材料费	机械费	管理费和利润
$3-13_H$	砖基础	10m^3	0.1	286.00	1399.14	16.98	109.07	28.6	139.91	1.7	10.91
3－1	中粗砂垫层	10m^3	0.1	127.4	620.10	2.19	46.65	12.74	62.01	0.22	4.67
$4-125_H$	C10 混凝土垫层	10m^3	0.1	270.40	1345.91	43.88	113.14	27.04	134.59	4.39	11.31
人工单价		小计						68.38	336.51	6.31	26.89
26.00 元/工日		未计价材料费						—			
清单项目综合单价								438.09			

材料费明细	主要材料名称、规格、型号	单位	数量	单价/元	合价/元	暂估单价/元	暂估合价/元
	M5 水泥砂浆	m^3	0.23	123.09	28.31		
	标准砖 240×115×53	千块	0.528	211.00	111.41		
	水	m^3	1.0	1.95	1.95		
	砂	t	1.755	35.00	61.425		
	现浇现拌混凝土 C10(40)	m^3	1.015	129.11	131.05		
	草袋	m^2	0.53	4.48	2.37		
	其他材料费				—		
	材料费小计				336.52		

表 7-11 工程量清单综合单价分析表

工程名称:土建工程　　　　　　　　　　标段:　　　　　　　　　　第　页　共　页

项目编码	010401001002	项目名称	砖基础	计量单位	m^3

清单综合单价组成明细

定额编号	定额名称	定额单位	数量	单价				合价			
				人工费	材料费	机械费	管理费和利润	人工费	材料费	机械费	管理费和利润
$3-13_H$	砖基础	$10m^3$	0.1	286.00	1399.14	16.98	109.07	28.6	139.91	1.7	10.91
3-1	中粗砂垫层	$10m^3$	0.1	127.4	620.10	2.19	46.65	12.74	62.01	0.22	4.67
$4-125_H$	C15 混凝土垫层	$10m^3$	0.1	270.40	1345.91	43.88	113.14	27.04	134.59	4.39	11.31
人工单价		小计						68.38	336.51	6.31	26.89
26.00 元/工日		未计价材料费						—			
清单项目综合单价								438.09			

材料费明细	主要材料名称、规格、型号	单位	数量	单价/元	合价/元	暂估单价/元	暂估合价/元
	M5 水泥砂浆	m^3	0.23	123.09	28.31		
	标准砖 240×115×53	千块	0.528	211.00	111.41		
	水	m^3	1.0	1.95	1.95		
	砂	t	1.755	35.00	61.425		
	现浇现拌混凝土 C10(40)	m^3	1.015	129.11	131.05		
	草袋	m^2	0.53	4.48	2.37		
	其他材料费				—		
	材料费小计				336.52		

表 7-12 工程量清单综合单价分析表

工程名称:土建工程　　　　　　　　　　标段:　　　　　　　　　　第　页　共　页

项目编码	010401003001	项目名称	实心砖墙	计量单位	m^3

清单综合单价组成明细

定额编号	定额名称	定额单位	数量	单价				合价			
				人工费	材料费	机械费	管理费和利润	人工费	材料费	机械费	管理费和利润
3-21	砌一砖外墙	$10m^3$	0.1	337.00	1431.84	17.43	127.59	33.7	143.18	1.74	12.76
人工单价		小计						33.7	143.18	1.74	12.76
26.00 元/工日		未计价材料费						—			
清单项目综合单价								191.38			

材料费明细	主要材料名称、规格、型号	单位	数量	单价/元	合价/元	暂估单价/元	暂估合价/元
	标准砖 240×115×53	千块	0.529	211.00	111.62		
	M5 混合砂浆	m^3	0.236	131.02	30.92		
	水	m^3	0.11	1.95	0.21		
	其他材料费				0.43		
	材料费小计				143.18	—	

表 7-13　工程量清单综合单价分析表

工程名称:土建工程　　　　　　标段:　　　　　　第　页　共　页

项目编码	010401003002	项目名称	实心砖墙	计量单位	m^3

清单综合单价组成明细

定额编号	定额名称	定额单位	数量	单价				合价			
				人工费	材料费	机械费	管理费和利润	人工费	材料费	机械费	管理费和利润
3-21	砌一砖内墙	$10m^3$	0.1	337.00	1431.84	17.43	127.59	33.7	143.18	1.74	12.76
人工单价		小计						33.7	143.18	1.74	12.76
26.00 元/工日		未计价材料费						—			
清单项目综合单价								191.38			

材料费明细	主要材料名称、规格、型号	单位	数量	单价/元	合价/元	暂估单价/元	暂估合价/元
	标准砖 240×115×53	千块	0.529	211.00	111.62	—	
	M5 混合砂浆	m^3	0.236	131.02	30.92	—	
	水	m^3	0.11	1.95	0.21		
	其他材料费				0.43		
	材料费小计				143.18	—	

表 7-14　工程量清单综合单价分析表

工程名称:土建工程　　　　　　标段:　　　　　　第　页　共　页

项目编码	010503004001	项目名称	圈梁	计量单位	m^3

清单综合单价组成明细

定额编号	定额名称	定额单位	数量	单价				合价			
				人工费	材料费	机械费	管理费和利润	人工费	材料费	机械费	管理费和利润
4-136	地圈梁	$10m^3$	0.1	579.8	1706.74	106.04	246.90	57.98	170.67	10.60	24.69
人工单价		小计						57.98	170.67	10.60	24.69
26.00 元/工日		未计价材料费						—			
清单项目综合单价								263.94			

材料费明细	主要材料名称、规格、型号	单位	数量	单价/元	合价/元	暂估单价/元	暂估合价/元
	现浇现拌混凝土 C20(40)	m^3	1.015	158.96	161.34		
	草袋子	m^3	1.36	4.48	6.09		
	水	m^3	1.66	1.95	3.24		
	其他材料费						
	材料费小计				170.67	—	

表 7-15　工程量清单综合单价分析表

工程名称:土建工程　　　　　　　　　　标段:　　　　　　　　　　　　第　页　共　页

项目编码	010503004002	项目名称	圈梁	计量单位	m^3

清单综合单价组成明细											
定额编号	定额名称	定额单位	数量	单价				合价			
				人工费	材料费	机械费	管理费和利润	人工费	材料费	机械费	管理费和利润
4-136	圈梁	$10m^3$	0.1	579.8	1706.74	106.04	246.90	57.98	170.67	10.60	24.69
人工单价		小计						57.98	170.67	10.60	24.69
26.00 元/工日		未计价材料费						—			
清单项目综合单价								263.94			

	主要材料名称、规格、型号	单位	数量	单价/元	合价/元	暂估单价/元	暂估合价/元
材料费明细	现浇现拌混凝土 C20(40)	m^3	1.015	158.96	161.34	—	
	草袋子	m^3	1.36	4.48	6.09	—	
	水	m^3	1.66	1.95	3.24		
	其他材料费						
	材料费小计				170.67	—	

表 7-16　工程量清单综合单价分析表

工程名称:土建工程　　　　　　　　　　标段:　　　　　　　　　　　　第　页　共　页

项目编码	010503005001	项目名称	过梁	计量单位	m^3

清单综合单价组成明细											
定额编号	定额名称	定额单位	数量	单价				合价			
				人工费	材料费	机械费	管理费和利润	人工费	材料费	机械费	管理费和利润
4-136	C20 钢筋混凝土过梁	$10m^3$	0.1	579.80	1706.74	106.04	246.90	57.98	170.67	10.60	24.69
人工单价		小计						57.98	170.67	10.60	24.69
26.00 元/工日		未计价材料费						—			
清单项目综合单价								263.94			

	主要材料名称、规格、型号	单位	数量	单价/元	合价/元	暂估单价/元	暂估合价/元
材料费明细	现浇现拌混凝土 C20(40)	m^3	1.015	158.96	161.34		
	草袋子	m^3	1.36	4.48	6.09		
	水	m^3	1.66	1.95	3.24		
	其他材料费						
	材料费小计				170.67	—	

表 7-17　工程量清单综合单价分析表

工程名称:土建工程　　　　　　　　　　　　标段:　　　　　　　　　　　　第　页　共　页

项目编码	010510003001	项目名称	预制混凝土过梁	计量单位	m^3

清单综合单价组成明细											
定额编号	定额名称	定额单位	数量	单价				合价			
				人工费	材料费	机械费	管理费和利润	人工费	材料费	机械费	管理费和利润
4-335	预制混凝土过梁制作	$10m^3$	0.1	481.00	1761.76	192.98	242.63	48.1	176.18	19.3	24.26
4-432	预制混凝土过梁安装	$10m^3$	0.1	236.60	85.18	551.32	283.65	23.66	8.52	55.13	28.37
人工单价		小计						71.76	184.7	74.43	52.63
26.00 元/工日		未计价材料费						—			
清单项目综合单价								383.52			

材料费明细	主要材料名称、规格、型号	单位	数量	单价/元	合价/元	暂估单价/元	暂估合价/元
	C20 预制混凝土	m^3	1.015	165.30	167.78		
	草袋子	m^3	0.93	4.48	4.17		
	垫木	m^3	0.0031	915.00	2.84		
	C20 现浇混凝土	m^3	0.017	172.99	2.94		
	木模板	m^3	0.002	915.00	1.83		
	水	m^3	1.7	1.95	3.32		
	水泥砂浆 1:3	m^3	0.008	173.92	1.39		
	镀锌铁钉 50mm	kg	0.05	3.69	0.185		
	其他材料费				0.25		
	材料费小计				184.71	—	

表 7-18　工程量清单综合单价分析表

工程名称:土建工程　　　　　　　　　　　　标段:　　　　　　　　　　　　第　页　共　页

项目编码	010510003002	项目名称	预制混凝土过梁	计量单位	m^3

清单综合单价组成明细											
定额编号	定额名称	定额单位	数量	单价				合价			
				人工费	材料费	机械费	管理费和利润	人工费	材料费	机械费	管理费和利润
4-335	预制混凝土过梁制作	$10m^3$	0.1	481.00	1761.76	192.98	242.63	48.1	176.18	19.3	24.26
4-432	预制混凝土过梁安装	$10m^3$	0.1	236.60	85.18	551.32	283.65	23.66	8.52	55.13	28.37
人工单价		小计						71.76	184.7	74.43	52.63
26.00 元/工日		未计价材料费						—			
清单项目综合单价								383.52			

（续）

	主要材料名称、规格、型号	单位	数量	单价/元	合价/元	暂估单价/元	暂估合价/元
材料费明细	C20 预制混凝土	m^3	1.015	165.30	167.78		
	草袋子	m^3	0.93	4.48	4.17		
	垫木	m^3	0.0031	915.00	2.84		
	C20 现浇混凝土	m^3	0.017	172.99	2.94		
	木模板	m^3	0.002	915.00	1.83		
	水	m^3	1.7	1.95	3.32		
	水泥砂浆 1:3	m^3	0.008	173.92	1.39		
	镀锌铁钉 50mm	kg	0.05	3.69	0.185		
	其他材料费				0.25		
	材料费小计				184.71	—	

表 7-19　工程量清单综合单价分析表

工程名称：土建工程　　　　标段：　　　　第　页　共　页

项目编码	010510003003	项目名称	预制混凝土过梁	计量单位	m^3

清单综合单价组成明细

定额编号	定额名称	定额单位	数量	单价				合价			
				人工费	材料费	机械费	管理费和利润	人工费	材料费	机械费	管理费和利润
4－335	预制混凝土过梁制作	$10m^3$	0.1	481.00	1761.76	192.98	242.63	48.1	176.18	19.3	24.26
4－432	预制混凝土过梁安装	$10m^3$	0.1	236.60	85.18	551.32	283.65	23.66	8.52	55.13	28.37
人工单价		小计						71.76	184.7	74.43	52.63
26.00 元/工日		未计价材料费						—			
清单项目综合单价								383.52			

	主要材料名称、规格、型号	单位	数量	单价/元	合价/元	暂估单价/元	暂估合价/元
材料费明细	C20 预制混凝土	m^3	1.015	165.30	167.78		
	草袋子	m^3	0.93	4.48	4.17		
	垫木	m^3	0.0031	915.00	2.84		
	C20 现浇混凝土	m^3	0.017	172.99	2.94		
	木模板	m^3	0.002	915.00	1.83		
	水	m^3	1.7	1.95	3.32		
	水泥砂浆 1:3	m^3	0.008	173.92	1.39		
	镀锌铁钉 50mm	kg	0.05	3.69	0.185		
	其他材料费				0.25		
	材料费小计				184.71	—	

表 7-20　工程量清单综合单价分析表

工程名称:土建工程　　　　　　标段:　　　　　　第　页　共　页

项目编码	010510003004	项目名称	预制混凝土过梁	计量单位	m^3

清单综合单价组成明细											
定额编号	定额名称	定额单位	数量	单价				合价			
				人工费	材料费	机械费	管理费和利润	人工费	材料费	机械费	管理费和利润
4-335	预制混凝土过梁制作	$10m^3$	0.1	481.00	1761.76	192.98	242.63	48.1	176.18	19.3	24.26
4-432	预制混凝土过梁安装	$10m^3$	0.1	236.60	85.18	551.32	283.65	23.66	8.52	55.13	28.37
人工单价		小计						71.76	184.7	74.43	52.63
26.00 元/工日		未计价材料费						—			
清单项目综合单价								383.52			

材料费明细	主要材料名称、规格、型号	单位	数量	单价/元	合价/元	暂估单价/元	暂估合价/元
	C20 预制混凝土	m^3	1.015	165.30	167.78		
	草袋子	m^3	0.93	4.48	4.17		
	垫木	m^3	0.003	915.00	2.84		
	C20 现浇混凝土	m^3	0.017	172.99	2.94		
	木模板	m^3	0.002	915.00	1.83		
	水	m^3	1.7	1.95	3.32		
	水泥砂浆 1:3	m^3	0.008	173.92	1.39		
	镀锌铁钉 50mm	kg	0.05	3.69	0.185		
	其他材料费				0.25		
	材料费小计				184.71	—	

表 7-21　工程量清单综合单价分析表

工程名称:土建工程　　　　　　标段:　　　　　　第　页　共　页

项目编码	011702006001	项目名称	矩形梁	计量单位	m^3

清单综合单价组成明细											
定额编号	定额名称	定额单位	数量	单价				合价			
				人工费	材料费	机械费	管理费和利润	人工费	材料费	机械费	管理费和利润
$4-135_H$	C30 混凝土梁	$10m^3$	0.1	369.2	1876.11	69.86	158.06	36.92	187.61	6.99	15.81
人工单价		小计						36.92	187.61	6.99	15.81
26.00 元/工日		未计价材料费						—			
清单项目综合单价								247.33			

材料费明细	主要材料名称、规格、型号	单位	数量	单价/元	合价/元	暂估单价/元	暂估合价/元
	现浇现拌混凝土 C30(40)	m^3	1.015	179.17	181.86		
	草袋子	m^3	0.64	4.48	2.87		
	水	m^3	1.48	1.95	2.89		
	其他材料费						
	材料费小计				187.62	—	

表 7-22　工程量清单综合单价分析表

工程名称：土建工程　　　　　　　　　　　　标段：　　　　　　　　　　　　第　页　共　页

项目编码	011702006002	项目名称	矩形梁	计量单位	m^3

清单综合单价组成明细											
定额编号	定额名称	定额单位	数量	单　价				合　价			
				人工费	材料费	机械费	管理费和利润	人工费	材料费	机械费	管理费和利润
$4-135_H$	C30 混凝土梁	$10m^3$	0.1	369.2	1876.11	69.86	158.06	36.92	187.61	6.99	15.81
人工单价		小计						36.92	187.61	6.99	15.81
26.00 元/工日		未计价材料费						—			
清单项目综合单价								247.33			

材料费明细	主要材料名称、规格、型号	单位	数量	单价/元	合价/元	暂估单价/元	暂估合价/元
	现浇现拌混凝土 C30(40)	m^3	1.015	179.17	181.86		
	草袋子	m^3	0.64	4.48	2.87		
	水	m^3	1.48	1.95	2.89		
	其他材料费						
	材料费小计				187.62		

表 7-23　工程量清单综合单价分析表

工程名称：土建工程　　　　　　　　　　　　标段：　　　　　　　　　　　　第　页　共　页

项目编码	011702016001	项目名称	平板	计量单位	m^3

清单综合单价组成明细											
定额编号	定额名称	定额单位	数量	单　价				合　价			
				人工费	材料费	机械费	管理费和利润	人工费	材料费	机械费	管理费和利润
$4-138_H$	C30 钢筋混凝土平板	$10m^3$	0.1	293.8	2066.73	71.06	131.35	29.38	206.67	7.06	13.14
人工单价		小计						29.38	206.67	7.06	13.14
26.00 元/工日		未计价材料费						—			
清单项目综合单价								256.25			

材料费明细	主要材料名称、规格、型号	单位	数量	单价/元	合价/元	暂估单价/元	暂估合价/元
	现浇现拌混凝土 C20(20)	m^3	1.015	189.68	192.53	—	
	草袋子	m^3	2.27	4.48	10.17	—	
	水	m^3	2.04	1.95	3.98		
	其他材料费				8.4		
	材料费小计				206.68	—	

表 7-24　工程量清单综合单价分析表

工程名称:土建工程　　　　　　　　　　标段:　　　　　　　　　　第　页　共　页

项目编码	010505007001	项目名称	挑檐板	计量单位	m^3

清单综合单价组成明细											
定额编号	定额名称	定额单位	数量	单价				合价			
				人工费	材料费	机械费	管理费和利润	人工费	材料费	机械费	管理费和利润
4－151	挑檐板	$10m^3$	0.1	572.00	2006.57	109.69	245.41	57.2	200.66	10.97	24.54
人工单价		小计						57.2	200.66	10.97	24.54
26.00 元/工日		未计价材料费						—			
清单项目综合单价								293.37			

材料费明细	主要材料名称、规格、型号	单位	数量	单价/元	合价/元	暂估单价/元	暂估合价/元
	现浇现拌混凝土 C20(16)	m^3	1.015	172.99	175.58	—	
	草袋子	m^3	4.16	4.48	18.64	—	
	水	m^3	3.3	1.95	6.44		
	其他材料费						
	材料费小计				200.66	—	

表 7-25　工程量清单综合单价分析表

工程名称:土建工程　　　　　　　　　　标段:　　　　　　　　　　第　页　共　页

项目编码	011702023001	项目名称	雨篷	计量单位	m^3

清单综合单价组成明细											
定额编号	定额名称	定额单位	数量	单价				合价			
				人工费	材料费	机械费	管理费和利润	人工费	材料费	机械费	管理费和利润
$4-148_H$	雨篷	$10m^2$	1.0	54.6	173.92	10.32	23.37	54.6	173.92	10.32	23.37
人工单价		小计						54.6	173.92	10.32	23.37
26.00 元/工日		未计价材料费						—			
清单项目综合单价								262.21			

材料费明细	主要材料名称、规格、型号	单位	数量	单价/元	合价/元	暂估单价/元	暂估合价/元
	现浇现拌混凝土 C25(40)	m^3	0.92	172.63	158.82	—	
	草袋子	m^2	2.5	4.48	11.2		
	水	m^3	2.0	1.95	3.9		
	—						
	其他材料费						
	材料费小计				173.92	—	

表 7-26 工程量清单综合单价分析表

工程名称:土建工程　　　　　　　　　　标段:　　　　　　　　　　第　页　共　页

项目编码	011702029001	项目名称	散水	计量单位	m^2

清单综合单价组成明细											
定额编号	定额名称	定额单位	数量	单价				合价			
				人工费	材料费	机械费	管理费和利润	人工费	材料费	机械费	管理费和利润
3 - 1	散水中砂垫层	$10m^3$	0.005	127.40	620.10	2.19	46.65	0.64	3.10	0.01	0.23
$9-9_{2H}$	墙脚护坡	$100m^2$	0.01	738.40	2001.87	123.27	310.20	7.38	20.02	1.23	3.10
人工单价		小计						8.02	23.12	1.24	3.33
26.00 元/工日		未计价材料费						—			
清单项目综合单价								35.71			

材料费明细	主要材料名称、规格、型号	单位	数量	单价/元	合价/元	暂估单价/元	暂估合价/元
	砂	t	0.088	35.00	3.08		
	水	m^3	0.10	1.95	0.20		
	现浇现拌混凝土 C15(40)	m^3	0.0812	144.24	11.71		
	木模	m^3	0.0003	915.00	0.27		
	水泥砂浆 1:1	m^3	0.006	246.13	1.48		
	镀锌铁钉 50mm	kg	0.004	3.69	0.01		
	碎石 13 ~ 25	t	0.028	32.90	0.92		
	碎石 38 ~ 70	t	0.168	32.90	5.53—		
	其他材料费						
	材料费小计				23.20	—	

表 7-27 工程量清单综合单价分析表

工程名称:土建工程　　　　　　　　　　标段:　　　　　　　　　　第　页　共　页

项目编码	010902001001	项目名称	屋面卷材防水	计量单位	m^2

清单综合单价组成明细											
定额编号	定额名称	定额单位	数量	单价				合价			
				人工费	材料费	机械费	管理费和利润	人工费	材料费	机械费	管理费和利润
10 - 1	20 厚水泥砂浆找平层	$100m^2$	0.009	195.00	325.49	13.41	75.03	1.76	2.93	0.12	0.68
$10-1_H$	15 厚水泥砂浆找平层	$100m^2$	0.009	195.00	263.79	10.28	73.90	1.76	2.37	0.09	0.67
7 - 39	石油沥青玛琋脂(二毡三油带砂)卷材	$100m^2$	0.01	163.80	2105.88	0.23	59.05	1.64	21.06	0.0023	0.59
人工单价		小计						5.16	26.36	0.21	1.94
26.00 元/工日		未计价材料费						12.55			
清单项目综合单价								46.22			

（续）

	主要材料名称、规格、型号	单位	数量	单价/元	合价/元	暂估单价/元	暂估合价/元
材料费明细	水泥砂浆 1:3	m^3	0.032	173.92	5.57	—	
	水	t	0.0054	1.95	0.01		
	冷底子油	kg	0.48	2.97	1.43		
	石油沥青玛琋脂	m^3	0.0064	1880.20	12.03		
	石油沥青油毡 350g	m^2	2.45	2.57	6.30		
	木柴	kg	3.39	0.18	0.61		
	杉格椽	m^3	0.0002	876.00	0.18		
	绿豆砂	t	0.0073	60.00	0.44		
	石油沥青	kg	6.85	1.832	12.55		
	其他材料费				0.08		
	材料费小计				39.20	—	

表 7-28　工程量清单综合单价分析表

工程名称：土建工程　　　　标段：　　　　第　页　共　页

项目编码	010902004001	项目名称	屋面排水管	计量单位	m

清单综合单价组成明细											
定额编号	定额名称	定额单位	数量	单价				合价			
				人工费	材料费	机械费	管理费和利润	人工费	材料费	机械费	管理费和利润
12－55	φ100 塑料排水管	m	1.00	5.88	22.25	0.37	2.25	5.88	22.25	0.37	2.25
人工单价		小计						5.88	22.25	0.37	2.25
26.00 元/工日		未计价材料费						—			
清单项目综合单价								30.75			

	主要材料名称、规格、型号	单位	数量	单价/元	合价/元	暂估单价/元	暂估合价/元
材料费明细	塑料水落管 φ100	m	1.047	19.66	20.58		
	铁件	kg	0.144	3.10	0.45		
	膨胀螺栓 φ6	套	1.050	0.42	0.44		
	密封胶 KS 型	kg	0.028	15.610	0.44		
	其他材料费				0.34		
	材料费小计				22.25	—	

表 7-29　工程量清单综合单价分析表

工程名称:土建工程　　　　标段:　　　　第　页　共　页

项目编码	011001001001	项目名称	保温隔热屋面	计量单位	m^2

清单综合单价组成明细

定额编号	定额名称	定额单位	数量	单价				合价			
				人工费	材料费	机械费	管理费和利润	人工费	材料费	机械费	管理费和利润
$8-104_H$	现浇水泥珍珠岩	$10m^3$	0.004	187.2	1785.71	—	67.39	0.75	7.14	—	0.27
人工单价		小计						0.75	7.14	—	0.27
26.00 元/工日		未计价材料费						—			
清单项目综合单价								8.16			

材料费明细	主要材料名称、规格、型号	单位	数量	单价/元	合价/元	暂估单价/元	暂估合价/元
	水泥珍珠岩	m^3	0.0408	175.07	7.14		
	其他材料费						
	材料费小计				7.14	—	

表 7-30　工程量清单综合单价分析表

工程名称:土建工程　　　　标段:　　　　第　页　共　页

项目编码	011101003001	项目名称	细石混凝土楼地面	计量单位	m^2

清单综合单价组成明细

定额编号	定额名称	定额单位	数量	单价				合价			
				人工费	材料费	机械费	管理费和利润	人工费	材料费	机械费	管理费和利润
$4-125_H$	楼地面 C10 混凝土垫层	$10m^3$	0.006	270.04	1345.91	43.88	113.01	1.62	8.08	0.26	0.68
10-12	细石混凝土楼地面	$100m^2$	0.01	318.00	526.11	38.76	128.43	3.18	5.26	0.39	1.28
人工单价		小计						4.8	13.34	0.65	1.96
26.00 元/工日		未计价材料费						—			
清单项目综合单价								20.75			

材料费明细	主要材料名称、规格、型号	单位	数量	单价/元	合价/元	暂估单价/元	暂估合价/元
	C10 普通混凝土	m^3	0.061	129.11	7.88	—	
	C20 现浇混凝土	m^3	0.0303	172.99	5.24	—	
	草袋	m^2	0.032	4.48	0.14	—	
	水	kg	0.046	1.95	0.09		
	—						
	其他材料费						—
	材料费小计				13.35	—	

表 7-31 工程量清单综合单价分析表

工程名称:土建工程 标段: 第 页 共 页

项目编码	011105003001	项目名称	块料踢脚线	计量单位	m^2

清单综合单价组成明细

定额编号	定额名称	定额单位	数量	单价				合价			
				人工费	材料费	机械费	管理费和利润	人工费	材料费	机械费	管理费和利润
10-90	釉面砖踢脚	$100m^2$	0.01	1443.30	2324.62	8.49	522.64	14.43	23.25	0.085	5.23
人工单价		小计						14.43	23.25	0.085	5.23
30.00 元/工日		未计价材料费						—			
清单项目综合单价								43.00			

材料费明细	主要材料名称、规格、型号	单位	数量	单价/元	合价/元	暂估单价/元	暂估合价/元
	釉面砖踢脚	m^2	1.02	18.37	18.74		
	水泥砂浆 1:2	m^3	0.0182	207.70	3.78	—	
	白水泥	kg	0.21	0.550	0.12		
	纯水泥浆	m^3	0.001	407.63	0.41		
	棉纱头	kg	0.006	9.23	0.06		
	水	m^3	0.026	1.95	0.05		
	其他材料费				0.098		
	材料费小计				23.25	—	

表 7-32 工程量清单综合单价分析表

工程名称:土建工程 标段: 第 页 共 页

项目编码	011107004001	项目名称	水泥砂浆台阶面	计量单位	m^2

清单综合单价组成明细

定额编号	定额名称	定额单位	数量	单价				合价			
				人工费	材料费	机械费	管理费和利润	人工费	材料费	机械费	管理费和利润
3-11	台阶 3:7 灰土垫层	$10m^2$	0.009	158.6	531.66	10.71	60.95	1.43	0.10	0.55	
10-163	水泥砂浆台阶面	$100m^2$	0.01	779.40	791.68	22.35	288.63	7.79	7.92	0.22	2.87
人工单价		小计						9.22	12.70	0.32	3.42
30.00 元/工日		未计价材料费						25.66			
清单项目综合单价								11.71			

材料费明细	主要材料名称、规格、型号	单位	数量	单价/元	合价/元	暂估单价/元	暂估合价/元
	灰土 3:7	m^3	0.0909	52.64	4.78		
	水泥砂浆 1:3	m^3	0.0299	207.70	6.21		
	白水泥	kg	2.55	0.55	1.40		
	水	m^3	0.0621	1.95	0.12		
	其他材料费				0.18		
	材料费小计				12.69	—	

表 7-33 工程量清单综合单价分析表

工程名称:土建工程　　　　标段:　　　　第　页　共　页

项目编码	011201001001	项目名称	墙面一般抹灰	计量单位	m^2

清单综合单价组成明细											
定额编号	定额名称	定额单位	数量	单价				合价			
				人工费	材料费	机械费	管理费和利润	人工费	材料费	机械费	管理费和利润
$11-11_H$	内墙一般抹灰	$100m^2$	0.01	454.50	347.79	17.21	169.82	4.55	3.48	0.17	1.70
人工单价		小计						4.55	3.48	0.17	1.70
30.00 元/工日		未计价材料费						—			
清单项目综合单价								9.90			

材料费明细	主要材料名称、规格、型号	单位	数量	单价/元	合价/元	暂估单价/元	暂估合价/元
	水泥石灰砂浆 1:1:6	m^3	0.0162	134.99	2.19		
	水泥石灰砂浆 1:0.5:3	m^3	0.0069	172.91	1.19		
	水	m^3	0.035	1.95	0.07		
	其他材料费				0.03		
	材料费小计				3.48		

表 7-34 工程量清单综合单价分析表

工程名称:土建工程　　　　标段:　　　　第　页　共　页

项目编码	011204003001	项目名称	块料墙面(外墙)	计量单位	m^2

清单综合单价组成明细											
定额编号	定额名称	定额单位	数量	单价				合价			
				人工费	材料费	机械费	管理费和利润	人工费	材料费	机械费	管理费和利润
11-92	外墙贴面砖	$100m^2$	0.01	1304.1	2400.41	10.73	473.34	13.04	24.00	0.11	4.73
人工单价		小计						13.04	24.00	0.11	4.73
30.00 元/工日		未计价材料费						—			
清单项目综合单价								41.88			

材料费明细	主要材料名称、规格、型号	单位	数量	单价/元	合价/元	暂估单价/元	暂估合价/元
	水泥砂浆 1:2	m^3	0.0055	207.70	1.14		
	纯水泥浆	m^3	0.001	407.63	0.41		
	水泥砂浆 1:1	m^3	0.0038	246.13	0.94		
	外墙面砖 45×95	m^2	0.836	25.10	20.98		
	白水泥	kg	0.206	0.55	0.11		
	棉纱头	kg	0.01	9.23	0.09		
	石料切割锯片	片	0.01	27.7	0.28		
	水	m^3	0.009	1.95	0.02—		
	其他材料费				0.03		
	材料费小计				24.00	—	

表7-35 工程量清单综合单价分析表

工程名称:土建工程　　　　标段:　　　　第　页　共　页

项目编码	011204003002	项目名称	块料墙面(内墙)	计量单位	m^2

清单综合单价组成明细

定额编号	定额名称	定额单位	数量	单价				合价			
				人工费	材料费	机械费	管理费和利润	人工费	材料费	机械费	管理费和利润
11-6	内墙一般抹灰	$100m^2$	0.01	427.8	427.43	17.21	160.20	4.28	4.27	0.17	1.6
11-86	内墙块料	$100m^2$	0.01	1478.70	1877.91	8.94	535.55	14.79	18.78	0.09	5.36
人工单价		小计						19.07	23.05	0.26	6.96
30.00元/工日		未计价材料费						—			
清单项目综合单价								49.34			

	主要材料名称、规格、型号	单位	数量	单价/元	合价/元	暂估单价/元	暂估合价/元
材料费明细	瓷砖152×152	m^2	1.02	16.45	16.78	—	
	水泥砂浆1:2	m^3	0.0051	207.70	1.06		
	水泥砂浆1:3	m^3	0.016	173.92	2.78		
	水泥砂浆1:2.5	m^3	0.0069	189.20	1.31		
	白水泥	kg	0.206	0.55	0.11		
	棉纱头	kg	0.01	9.23	0.09		
	石料切割锯片	片	0.01	27.70	0.28		
	纯水泥浆	m^3	0.001	407.63	0.41		
	水	m^3	0.072	1.95	0.14		
	其他材料费				0.063		
	材料费小计				23.02	—	

表7-36 工程量清单综合单价分析表

工程名称:土建工程　　　　标段:　　　　第　页　共　页

项目编码	010802001001	项目名称	金属(塑钢)门	计量单位	m^2

清单综合单价组成明细

定额编号	定额名称	定额单位	数量	单价				合价			
				人工费	材料费	机械费	管理费和利润	人工费	材料费	机械费	管理费和利润
13-46	塑钢平开门	$100m^2$	0.01	1098.90	26324.91	—	395.60	10.99	263.25	—	3.96
人工单价		小计						10.99	263.25	—	3.96
30.00元/工日		未计价材料费						—			
清单项目综合单价								278.20			

（续）

	主要材料名称、规格、型号	单位	数量	单价/元	合价/元	暂估单价/元	暂估合价/元
材料费明细	塑钢平开门	m^2	0.962	240.00	230.88	—	
	膨胀螺栓 M10	个	14.487	1.39	20.14		
	地脚	个	7.24	0.35	2.53		
	玻璃胶 310g	支	0.595	11.45	6.81		
	发泡剂 750ml	支	0.131	20.52	2.69		
	其他材料费				0.2		
	材料费小计				263.25	—	

表 7-37　工程量清单综合单价分析表

工程名称：土建工程　　　　标段：　　　　第　页　共　页

项目编码	010802001002	项目名称	金属（塑钢）门	计量单位	m^2

清单综合单价组成明细

定额编号	定额名称	定额单位	数量	单价				合价			
				人工费	材料费	机械费	管理费和利润	人工费	材料费	机械费	管理费和利润
13-46	塑钢平开门	$100m^2$	0.01	1098.90	26324.91	—	395.60	10.99	263.25	—	3.96
人工单价		小计						10.99	263.25	—	3.96
30.00 元/工日		未计价材料费									
清单项目综合单价								278.20			

	主要材料名称、规格、型号	单位	数量	单价/元	合价/元	暂估单价/元	暂估合价/元
材料费明细	塑钢平开门	m^2	0.962	240.00	230.88	—	
	膨胀螺栓 M10	个	14.487	1.39	20.14		
	地脚	个	7.24	0.35	2.53		
	玻璃胶 310g	支	0.595	11.45	6.81		
	发泡剂 750ml	支	0.13	20.52	2.69		
	其他材料费				0.2		
	材料费小计				263.25	—	

表 7-38　工程量清单综合单价分析表

工程名称：土建工程　　　　　　　　　　标段：　　　　　　　　　　第　页　共　页

项目编码	010802001003	项目名称	金属（塑钢）门	计量单位	m^2

清单综合单价组成明细

定额编号	定额名称	定额单位	数量	单价				合价			
				人工费	材料费	机械费	管理费和利润	人工费	材料费	机械费	管理费和利润
13－46	塑钢平开门	$100m^2$	0.01	1098.90	26324.91	—	395.60	10.99	263.25	—	3.96
人工单价		小计						10.99	263.25	—	3.96
30.00 元/工日		未计价材料费									
清单项目综合单价								278.20			

材料费明细	主要材料名称、规格、型号	单位	数量	单价/元	合价/元	暂估单价/元	暂估合价/元
	塑钢平开门	m^2	0.962	240.00	230.88	—	
	膨胀螺栓 M10	个	14.487	1.39	20.14		
	地脚	个	7.24	0.35	2.53		
	玻璃胶 310g	支	0.595	11.45	6.81		
	发泡剂 750ml	支	0.13	20.52	2.69		
	其他材料费				0.2		
	材料费小计				263.25	—	

表 7-39　工程量清单综合单价分析表

工程名称：土建工程　　　　　　　　　　标段：　　　　　　　　　　第　页　共　页

项目编码	010807001001	项目名称	金属（塑钢、断桥）窗	计量单位	m^2

清单综合单价组成明细

定额编号	定额名称	定额单位	数量	单价				合价			
				人工费	材料费	机械费	管理费和利润	人工费	材料费	机械费	管理费和利润
13－77	铝合金推拉窗	$100m^2$	0.01	681.30	19502.15	—	245.27	6.81	195.02	—	2.45
人工单价		小计						6.81	195.02	—	2.45
30.00 元/工日		未计价材料费						—			
清单项目综合单价								204.28			

材料费明细	主要材料名称、规格、型号	单位	数量	单价/元	合价/元	暂估单价/元	暂估合价/元
	铝合金推拉窗	m^2	0.9464	180	170.35	—	
	膨胀螺栓 M10	套	9.956	1.39	13.84		
	玻璃胶 310g	支	0.502	11.45	5.75		
	软填料	kg	0.3975	7.91	3.14		
	地脚	个	4.98	0.35	1.74		
	其他材料费				0.2		
	材料费小计				195.02	—	

表 7-40　工程量清单综合单价分析表

工程名称:土建工程　　　　　　　　　　标段:　　　　　　　　　　　　第　页　共　页

项目编码	010807001002	项目名称	金属(塑钢、断桥)窗	计量单位	m^2

清单综合单价组成明细											
定额编号	定额名称	定额单位	数量	单价				合价			
				人工费	材料费	机械费	管理费和利润	人工费	材料费	机械费	管理费和利润
13-77	铝合金推拉窗	$100m^2$	0.01	681.30	19502.15	—	245.27	6.81	195.02	—	2.45
人工单价		小计						6.81	195.02	—	2.45
30.00 元/工日		未计价材料费						—			
清单项目综合单价								204.28			

材料费明细	主要材料名称、规格、型号	单位	数量	单价/元	合价/元	暂估单价/元	暂估合价/元
	铝合金推拉窗	m^2	0.9464	180	170.35	—	
	膨胀螺栓 M10	套	9.956	1.39	13.84		
	玻璃胶 310g	支	0.502	11.45	5.75		
	软填料	kg	0.3975	7.91	3.14		
	地脚	个	4.98	0.35	1.74		
	其他材料费				0.2		
	材料费小计				195.02	—	

表 7-41　工程量清单综合单价分析表

工程名称:土建工程　　　　　　　　　　标段:　　　　　　　　　　　　第　页　共　页

项目编码	010807001003	项目名称	金属(塑钢、断桥)窗	计量单位	m^2

清单综合单价组成明细											
定额编号	定额名称	定额单位	数量	单价				合价			
				人工费	材料费	机械费	管理费和利润	人工费	材料费	机械费	管理费和利润
13-77	铝合金推拉窗	$100m^2$	0.01	681.30	19502.15	—	245.27	6.81	195.02	—	2.45
人工单价		小计						6.81	195.02	—	2.45
30.00 元/工日		未计价材料费						—			
清单项目综合单价								204.28			

材料费明细	主要材料名称、规格、型号	单位	数量	单价/元	合价/元	暂估单价/元	暂估合价/元
	铝合金推拉窗	m^2	0.9464	180	170.35	—	
	膨胀螺栓 M10	套	9.956	1.39	13.84		
	玻璃胶 310g	支	0.5	11.45	5.75		
	软填料	kg	0.3975	7.91	3.14		
	地脚	个	4.98	0.35	1.74		
	其他材料费				0.2		
	材料费小计				195.02	—	

表 7-42　工程量清单综合单价分析表

工程名称:土建工程　　　　　　　　　　　　标段:　　　　　　　　　　　　第　页　共　页

项目编码	010807001004	项目名称	金属(塑钢、断桥)窗	计量单位	m^2

清单综合单价组成明细

定额编号	定额名称	定额单位	数量	单价				合价			
				人工费	材料费	机械费	管理费和利润	人工费	材料费	机械费	管理费和利润
13-77	铝合金推拉窗	$100m^2$	0.01	681.30	19502.15	—	245.27	6.81	195.02	—	2.45
人工单价		小计						6.81	195.02	—	2.45
30.00 元/工日		未计价材料费						—			
清单项目综合单价								204.28			

材料费明细	主要材料名称、规格、型号	单位	数量	单价/元	合价/元	暂估单价/元	暂估合价/元
	铝合金推拉窗	m^2	0.9464	180	170.35	—	
	膨胀螺栓 M10	套	9.956	1.39	13.84		
	玻璃胶 310g	支	0.5	11.45	5.75		
	软填料	kg	0.3975	7.91	3.14		
	地脚	个	4.98	0.35	1.74		
	其他材料费				0.2		
	材料费小计				195.02	—	

表 7-43　工程量清单综合单价分析表

工程名称:土建工程　　　　　　　　　　　　标段:　　　　　　　　　　　　第　页　共　页

项目编码	010515001001	项目名称	现浇构件钢筋 HRB335 直径 22mm	计量单位	t

清单综合单价组成明细

定额编号	定额名称	定额单位	数量	单价				合价			
				人工费	材料费	机械费	管理费和利润	人工费	材料费	机械费	管理费和利润
4-397	冷轧带肋钢筋	t	1.00	403.00	2878.49	22.32	153.12	403.00	2878.49	22.32	153.12
人工单价		小计						403.00	2878.49	22.32	153.12
30.00 元/工日		未计价材料费						—			
清单项目综合单价								3456.93			

材料费明细	主要材料名称、规格、型号	单位	数量	单价/元	合价/元	暂估单价/元	暂估合价/元
	冷轧带肋钢筋 22mm	t	1.020	2777	2832.54	—	
	镀锌铁丝 22 号	kg	8.572	5.36	45.95	—	
	其他材料费						
	材料费小计				2878.49	—	

表 7-44　工程量清单综合单价分析表

工程名称:土建工程　　　　　　　　标段:　　　　　　　　第　页共　页

项目编码	010515001002		项目名称		现浇构件钢筋 HRB335 直径 18mm			计量单位		t	
清单综合单价组成明细											
定额编号	定额名称	定额单位	数量	单价				合价			
				人工费	材料费	机械费	管理费和利润	人工费	材料费	机械费	管理费和利润
4－397	冷轧带肋钢筋	t	1.00	403.00	2878.49	22.32	153.12	403.00	2878.49	22.32	153.12
人工单价		小计						403.00	2878.49	22.32	153.12
30.00 元/工日		未计价材料费						—			
清单项目综合单价								3456.93			
材料费明细	主要材料名称、规格、型号				单位	数量		单价/元	合价/元	暂估单价/元	暂估合价/元
	冷轧带肋钢筋 18mm				t	1.020		2777	2832.54	—	
	镀锌铁丝 22 号				kg	8.572		5.36	45.95	—	
	其他材料费										
	材料费小计								2878.49	—	

表 7-45　工程量清单综合单价分析表

工程名称:土建工程　　　　　　　　标段:　　　　　　　　第　页共　页

项目编码	010515001003		项目名称		现浇构件钢筋 HRB335 直径 14mm			计量单位		t	
清单综合单价组成明细											
定额编号	定额名称	定额单位	数量	单价				合价			
				人工费	材料费	机械费	管理费和利润	人工费	材料费	机械费	管理费和利润
4－397	冷轧带肋钢筋	t	1.00	403.00	2878.49	22.32	153.12	403.00	2878.49	22.32	153.12
人工单价		小计						403.00	2878.49	22.32	153.12
30.00 元/工日		未计价材料费						—			
清单项目综合单价								3456.93			
材料费明细	主要材料名称、规格、型号				单位	数量		单价/元	合价/元	暂估单价/元	暂估合价/元
	冷轧带肋钢筋 14mm				t	1.020		2777	2832.54	—	
	镀锌铁丝 22 号				kg	8.572		5.36	45.95	—	
	其他材料费										
	材料费小计								2878.49	—	

表 7-46 工程量清单综合单价分析表

工程名称:土建工程　　　　　　　　　　　　标段:　　　　　　　　　　　　第　页　共　页

项目编码	010515001004	项目名称	现浇构件钢筋 HRB335 直径 12mm	计量单位	t

清单综合单价组成明细

定额编号	定额名称	定额单位	数量	单价				合价			
				人工费	材料费	机械费	管理费和利润	人工费	材料费	机械费	管理费和利润
4-397	冷轧带肋钢筋	t	1.00	403.00	2878.49	22.32	153.12	403.00	2878.49	22.32	153.12
人工单价		小计						403.00	2878.49	22.32	153.12
30.00 元/工日		未计价材料费						—			
清单项目综合单价								3456.93			

	主要材料名称、规格、型号	单位	数量	单价/元	合价/元	暂估单价/元	暂估合价/元
材料费明细	冷轧带肋钢筋 12	t	1.020	2777	2832.54	—	
	镀锌铁丝 22 号	kg	8.572	5.36	45.95	—	
	其他材料费						
	材料费小计				2878.49	—	

表 7-47 工程量清单综合单价分析表

工程名称:土建工程　　　　　　　　　　　　标段:　　　　　　　　　　　　第　页　共　页

项目编码	010515001005	项目名称	现浇构件钢筋 HPB235 直径 6mm	计量单位	t

清单综合单价组成明细

定额编号	定额名称	定额单位	数量	单价				合价			
				人工费	材料费	机械费	管理费和利润	人工费	材料费	机械费	管理费和利润
4-393	现浇构件圆钢	t	1.00	335.4	2429.08	43.24	136.31	335.4	2429.08	43.24	136.31
人工单价		小计						335.4	2429.08	43.24	136.31
30.00 元/工日		未计价材料费						—			
清单项目综合单价								2944.03			

	主要材料名称、规格、型号	单位	数量	单价/元	合价/元	暂估单价/元	暂估合价/元
材料费明细	圆钢综合	t	1.02	2326.00	2372.52	—	
	镀锌铁丝 22 号	kg	8.572	5.36	45.95	—	
	电焊条 STJ422	kg	0.95	3.35	3.18		
	水	m^3	0.018	1.95	0.04		
	其他材料费				7.4		
	材料费小计				2429.08	—	

实际工程中有些招标人具有编制工程量清单和招标控制价的资质,有些招标人不具有编制工程量清单和招标控制价的资质,所以要委托工程造价咨询人编制,针对以上两种情况,将封面制作成以下两种方式供选择。

一、工程量清单

××建筑装饰工程

工程量清单

招标人:______________ 工程造价咨询人:____________________

（单位盖章） （单位资质专用章）

法定代表人 法定代表人

或其授权人: 或其授权人:________________

（签字或盖章） （签字或盖章）

编制人:________________________ 复核人:________________________

（造价人员签字盖专用章） （造价工程师签字盖专用章）

编制时间： 年 月 日 复核时间： 年 月 日

封—1

注:此为招标人自行编制工程量清单的封面

××建筑装饰工程

工程量清单

招标人：______________
（单位盖章）

工程造价咨询人：__________________________
（单位资质专用章）

法定代表人
或其授权人：______________
（签字或盖章）

法定代表人
或其授权人：______________________________
（签字或盖章）

编制人：____________________
（造价人员签字盖专用章）

复核人：__________________
（造价工程师签字盖专用章）

编制时间：　　年　月　日

复核时间：　　年　月　日

封—1

注：此为招标人委托工程造价咨询人编制工程量清单的封面

总说明

工程名称：××建筑装饰工程　　　　　　　　　　　　　　　　　　第　页　共　页

1. 工程概况：

（1）本工程建筑面积：93.69m^2。

（2）建筑构造及用料，做法：中南标 88ZJ001。

1）屋面：屋5，二毡三油玛瑞脂防水卷材。

2）地面：地7。

3）内墙：内墙3，卫生间、厨房白瓷砖做到顶棚。天棚做法同内墙3。

4）外墙：外墙8，部位及颜色见立面。

（3）室外装修及配件 88ZJ901。

1）散水：88ZJ901－3－4，宽1000mm。

2）踢脚：88ZJ501－3－2。

（4）门窗表 88ZJ601，门框位于门洞中间，门框宽100mm。

（5）基础计算按地基容许承载力标准值 $f_k=200$kPa，土质为坚土。

（6）采用材料：

混凝土：基础垫层为C10级。

钢筋：Ⅰ级（HPB235），Ⅱ级（HRB335）。

砌体：砖用 MU7.5 黏土砖，±0.000 以下用 M5 水泥砂浆砌，±0.000 以上用 M5 混合砂浆砌。

（7）梁柱箍筋的末端应做成不小于135°弯钩，弯钩端头平直段长度不应小于 10d（d 为箍筋直径）。钢筋采用135°弯钩，弯钩按 4.9d 计算；采用180°弯钩，弯钩按 6.25d 计算。

（8）凡无梁通过的洞口均按 92ZG313 相应洞口的二级过梁考虑。

（9）未注明分布钢筋及架立筋，均为 ϕ6.5@250。

（10）内外墙均设 240mm×240mm 圈梁，配筋同地圈梁。

（11）窗 C－2，C－3 的过梁为现浇构件，其他门、窗过梁均为预制构件。

2. 工程招标范围：本次招标范围为某建筑物施工图范围内的建筑装饰工程。

3. 工程量清单编制依据：

（1）该建筑物施工图

（2）《房屋建筑与装饰工程工程量计算规范》

表 7-48　分部分项工程量清单与计价表

工程名称：××建筑装饰工程　　　　标段：　　　　　　　　　　　　第　页　共　页

序号	项目编码	项目名称	项目特征描述	计量单位	工程量	金额/元		
						综合单价	合价	其中：暂估价
本页小计								
合　计								

注：此表调用例题的分部分项清单与计价表，其中合价与综合单价暂不填写。

表 7-49　措施项目清单与计价表

工程名称：××建筑装饰工程　　　　标段：　　　　　　　　　　　　第　页　共　页

序号	项目名称	计算基础	费率(%)	金额/元
1	环境保护费	人工费+机械费	0.1~0.2	
2	文明施工费	人工费+机械费	0.9~1.4	
3	安全施工费	人工费+机械费	0.3~0.8	
4	临时设施费	人工费+机械费	4.5~5.1	
5	夜间施工增加费	人工费+机械费	0.0~0.1	
6	缩短工期增加费	人工费+机械费	2.3~3.4	
7	二次搬运费	人工费+机械费	0.9~1.3	
8	已完工程及设备保护费	人工费+机械费	0.0~0.1	

注：该表费率参考《浙江省建设工程施工取费定额》(2003)。

表 7-50　其他项目清单与计价汇总表

工程名称：××建筑装饰工程　　　　标段：　　　　　　　　　　　　第　页　共　页

序号	项目名称	计量单位	金额/元	备注
1	暂列金额	项		一般按分部分项工程的10%~15%
2	暂估价			
2.1	材料暂估价			
2.2	专业工程暂估价	项	40000	按有关规定估算
3	计日工			
4	总承包服务费			一般为专业工程估价的3%~5%

注：第1、4项备注参考《房屋建筑与装饰工程工程量计算规范》。

材料暂估单价进入清单项目综合单价，此处不汇总。

表 7-51　计日工表

工程名称：××建筑装饰工程　　　　标段：　　　　第　页　共　页

编号	项目名称	单位	暂定数量	综合单价	合价
一	人工				
1	普工	工日	60		
2	技工(综合)	工日	20		
3					
4					
人工小计					
二	材料				
1					
2					
3					
4					
5					
6					
材料小计					
三	施工机械				
1	灰浆搅拌机	台班	2		
2	自升式塔式起重机	台班	3		
3					
4					
施工机械小计					
总计					

注：此表项目名称由招标人填写，编制招标控制价时，单价由招标人按有关计价规定确定；投标时，单价由投标人自主报价，计入投标总价中。

表 7-52　规费、税金项目清单与计价表

工程名称：××建筑装饰工程　　　　标段：　　　　第　页　共　页

序号	项目名称	计算基础	费率(%)	金额/元
一	规费	直接费+综合费用	4.39	
1.1	工程排污费			
1.2	工程定额测定费			
1.3	社会保障费			
1.4	住房公积金			
1.5	危险作业意外伤害保险费			
二	税金			
2.1	税费	直接费+综合费用+规费	3.413	
2.2	水利建设基金	直接费+综合费用+规费	0.1	
合计				

注：该表费率参考《浙江省建设工程施工取费定额》(2003)。

二、招标控制价

××建筑物工程

招标控制价

招标控制价(小写):______________

(大写):____________________

招标人:________________
(单位盖章)

工程造价咨询人:__________________
(单位资质专用章)

法定代表人
或其授权人:__________
(签字或盖章)

法定代表人
或其授权人:________________
(签字或盖章)

编制人:______________
(造价人员签字盖专用章)

复核人:__________________
(造价工程师签字盖专用章)

编制时间: 年 月 日

复核时间: 年 月 日

封-2

注:此为招标人自行编制招标控制价的封面

××建筑物工程

招标控制价

招标控制价(小写):________

(大写):__________________

招标人:______________　　工程造价咨询人:__________________________

(单位盖章)　　(单位资质专用章)

法定代表人　　法定代表人

或其授权人:________　　或其授权人:__________________________

(签字或盖章)　　(签字或盖章)

编制人:____________　　复核人:________________

(造价人员签字盖专用章)　　(造价工程师签字盖专用章)

编制时间:　年　月　日　　复核时间:　年　月　日

封-2

注:此为招标人委托工程造价咨询人编制招标控制价的封面

总说明

工程名称:××建筑装饰工程　　　　第　页　共　页

1. 工程概况:

(1)本工程建筑面积:93.69m^2。

(2)建筑构造及用料,做法:中南标88ZJ001。

1)屋面:屋5,二毡三油玛琋脂防水卷材。

2)地面:地7。

3)内墙:内墙3,卫生间、厨房白瓷砖做到顶棚。天棚做法同内墙3。

4)外墙:外墙8,部位及颜色见立面。

(3)室外装修及配件88ZJ901。

1)散水:88ZJ901-3-4,宽1000mm。

2)踢脚:88ZJ501-3-2,门框位于门洞中间,门框宽100mm。

(4)门窗表88ZJ601。

(5)基础计算按地基容许承载力标准值f_k=200kPa,土质为坚土。

(6)采用材料:

混凝土:基础垫层为C10级。

钢筋:Ⅰ级(HPB235),Ⅱ级(HRB335)。

砌体:砖用MU7.5黏土砖,±0.000以下用M5水泥砂浆砌,±0.000以上用M5混合砂浆砌。

(7)梁柱箍筋的末端应做成不小于135°弯钩,弯钩端头平直段长度不应小于10d(d为箍筋直径)。钢筋采用135°弯钩,弯钩按4.9d计算;采用180°弯钩,弯钩按6.25d计算。

(8)凡无梁通过的洞口均按92ZG313相应洞口的二级过梁考虑。

(9)未注明分布钢筋及架立筋,均为ϕ6.5@250。

(10)内外墙均设240mm×240mm圈梁,配筋同地圈梁。

(11)窗C-2、C-3的过梁为现浇构件,其他门、窗过梁为预制构件。

2. 工程招标范围:本次招标为某建筑物施工图范围内的建筑装饰工程。

3. 招标控制价编制依据:

(1)招标文件提供的工程量清单

(2)招标文件中有关计价的要求

(3)该建筑物施工图

(4)省建设主管部门颁发的计价定额和计价管理办法及有关计价文件

(5)材料价格采用工程所在地工程造价管理机构×年×月工程造价信息发布的价格信息,对于造价信息没有发布的材料,其价格参照市场价

表 7-53　工程项目招标控制价汇总表

工程名称：××建筑装饰工程　　　　标段：　　　　第　页　共　页

序号	单项工程名称	金额/元	其中		
			暂估价	安全文明施工费	规费
1	某建筑物工程	112671.89	40000	233.46	4594.55
合　计		112671.89	40000	233.46	4594.55

表 7-54　单项工程招标控制价汇总表

工程名称：××建筑装饰工程　　　　标段：　　　　第　页　共　页

序号	单项工程名称	金额/元	其中		
			暂估价	安全文明施工费	规费
1	某建筑物工程	112726.70	40000	233.46	4594.55
合　计		112726.70	40000	233.46	4594.55

表 7-55　单位工程招标控制价汇总表

工程名称：××建筑装饰工程　　　　标段：　　　　第　页　共　页

序号	汇总内容	金额(元)	其中:暂估价(元)
1	分部分项工程	46876.53	
1.1	建筑工程	46876.53	
2	措施项目	1315.88	
2.1	安全文明施工费	795.90	
3	其他项目	56046.84	
3.1	暂列金额	7031.48	
3.2	专业工程暂估价	40000	
3.3	计日工	6015.36	
3.4	总承包服务费	3000	
4	规费	4594.55	
5	税金	3838.09	
招标控制价合计 =1 +2 +3 +4 +5		112671.89	

表 7-56　分部分项工程量清单与计价表

工程名称：××建筑装饰工程　　　　　标段：　　　　　　　　　　第　页　共　页

序号	项目编码	项目名称	项目特征描述	计量单位	工程量	金额/元		
						综合单价	合价	其中：暂估价
本页小计								
合　计								

注：此表调用例题的分部分项清单与计价表。

表 7-57　措施项目清单与计价表

工程名称：××建筑装饰工程　　　　　标段：　　　　　　　　　　第　页　共　页

序号	项目名称	计算基础	费率(%)	金额/元
1	环境保护费	人工费+机械费(10611.92)	0.2	21.22
2	文明施工费	人工费+机械费	1.4	148.57
3	安全施工费	人工费+机械费	0.8	84.90
4	临时设施费	人工费+机械费	5.1	541.21
5	夜间施工增加费	人工费+机械费	0.1	10.61
6	缩短工期增加费	人工费+机械费	3.4	360.81
7	二次搬运费	人工费+机械费	1.3	137.95
8	已完工程及设备保护费	人工费+机械费	0.1	10.61
合计				1315.88

注：该表费率参考《浙江省建设工程施工取费定额》(2003)。

表7-58　其他项目清单与计价汇总表

工程名称:××庭院绿化工程　　　　标段:　　　　　　　　　　　　　　第　页　共　页

序号	项目名称	计量单位	金额/元	备注
1	暂列金额	项	7031.48	一般按分部分项工程的(46876.53)10% ~15%
2	暂估价		40000	
2.1	材料暂估价			
2.2	专业工程暂估价	项	40000	按有关规定估算
3	计日工		6015.36	
4	总承包服务费		3000	总造价的1% ~3%(假定总造价100000)
合计			56046.84	

注:第1、4项备注参考《房屋建筑与装饰装修工程工程量计算规范》。

材料暂估单价进入清单项目综合单价,此处不汇总。

表7-59　计日工表

工程名称:××建筑装饰工程　　　　　标段:　　　　　　　　　　　　　第　页　共　页

编号	项目名称	单位	暂定数量	综合单价	合价
一	人工				
1	普工	工日	60	50	3000
2	技工(综合)	工日	20	70	1400
3					
4					
人工小计					4400
材料					
1					
2					
3					
4					
5					
6					
材料小计					
三	施工机械				
1	灰浆搅拌机	台班	2	18.38	36.76

（续）

编号	项目名称	单位	暂定数量	综合单价	合价
2	自升式塔式起重机	台班	3	526.20	1578.6
3					
4					
施工机械小计					1615.36
总　计					6015.36

注：此表项目名称由招标人填写，编制招标控制价时，单价由招标人按有关计价规定确定；投标时，单价由投标人自主报价，计入投标总价中。

表7-60　规费税金项目清单与计价表

工程名称：××建筑装饰工程　　　　标段：　　　　第　页　共　页

序号	项目名称	计算基础	费率(%)	金额/元
1	规费	直接费+综合费用	4.39	4594.55
1.1	工程排污费			
1.2	工程定额测定费			
1.3	社会保障费			
1.4	住房公积金			
1.5	危险作业意外伤害保险费			
2	税金			3838.09
2.1	税费	直接费+综合费用+规费	3.413	3728.84
2.2	水利建设基金	直接费+综合费用+规费	0.1	109.25
合计				8432.64

注：该表费率参考《浙江省建设工程施工取费定额》(2003)。

表7-61　工程量清单综合单价分析表

工程名称：××建筑装饰工程　　　　标段：　　　　第　页　共　页

项目编码			项目名称					计量单位			
清单综合单价组成明细											
定额编号	定额名称	定额单位	数量	单价				合价			
				人工费	材料费	机械费	管理费和利润	人工费	材料费	机械费	管理费和利润
人工单价		小计									
元/工日		未计价材料费									
清单项目综合单价											
材料费明细	主要材料名称、规格、型号			单位	数量			单价/元	合价/元	暂估单价/元	暂估合价/元
	其他材料费										
	材料费小计										

注：此表调用例题的工程量清单综合单价分析表。

三、投标报价

投 标 总 价

招　　标　　人：________________

工 程 名 称：________________

投标总价(小写)：________________

　　　　(大写)：________________

投　　标　　人：________________

法 定 代 表 人：
或 其 授 权 人：________________

编　　制　　人：________________

编 制 时 间：　　　年　月　日

封 -3

总说明

工程名称：××建筑装饰工程　　　　第　页　共　页

1. 工程概况：

(1)本工程建筑面积:93.69m^2。

(2)建筑构造及用料,做法:中南标88ZJ001。

1)屋面:屋5,二毡三油玛琋脂防水卷材。

2)地面:地7。

3)内墙:内墙3,卫生间、厨房白瓷砖做到顶棚。天棚做法同内墙3。

4)外墙:外墙8,部位及颜色见立面。

(3)室外装修及配件88ZJ901。

1)散水:88ZJ901－3－4,宽1000mm。

2)踢脚:88ZJ501－3－2。

(4)门窗表88ZJ601,门框位于门洞中间,门框宽100mm。

(5)基础计算按地基容许承载力标准值$f_k=200$kPa,土质为坚土。

(6)采用材料:

混凝土:基础垫层为C10级。

钢筋:Ⅰ级(HPB235),Ⅱ级(HRB335)。

砌体:砖用MU7.5黏土砖,±0.000以下用M5水泥砂浆砌,±0.000以上用M5混合砂浆砌。

(7)梁柱箍筋的末端应做成不小于135°弯钩,弯钩端头平直段长度不应小于10d(d为箍筋直径)。钢筋采用135°弯钩,弯钩按4.9d计算;采用180°弯钩,弯钩按6.25d计算。

(8)凡无梁通过的洞口均按92ZG313相应洞口的二级过梁考虑。

(9)未注明分布钢筋及架立筋,均为φ6.5@250。

(10)内外墙均设240mm×240mm圈梁,配筋同地圈梁。

(11)窗C－2、C－3的过梁为现浇构件,其他门、窗过梁均为预制构件。

2. 工程投标范围:为本次招标的某建筑物施工图范围内的建筑工程。

3. 投标控制价编制依据:

(1)招标文件及其所提供的工程量清单和有关计价的要求,招标文件的补充通知和答疑纪要

(2)该建筑物施工图及投标施工组织设计

(3)有关的技术标准、规范和安全管理规定

(4)省建设主管部门颁发的计价定额和计价管理办法及有关计价文件

(5)材料价格采用工程所在地工程造价管理机构×年×月工程造价信息发布的价格信息,对于造价信息没有发布的材料,其价格参照市场价

表 7-62　工程项目招标控制价汇总表

工程名称：× ×建筑装饰工程　　　　标段：　　　　第　页　共　页

序号	单项工程名称	金额/元	其中		
			暂估价	安全文明施工费	规费
1	某建筑物工程	112662.27	40000	779.99	4591.93
合　计		112662.27	40000	233.46	4591.93

表 7-63　单项工程投标报价汇总表

工程名称：× ×建筑装饰工程　　　　标段：　　　　第　页　共　页

序号	单项工程名称	金额/元	其中		
			暂估价	安全文明施工费	规费
1	某建筑物工程	113027.68	40000	779.99	4591.93
合　计		113027.68	40000	779.99	4591.93

表 7-64　单位工程投标报价汇总表

工程名称：× ×建筑装饰工程　　　　第　页　共　页

序号	汇总内容	金额/元	其中：暂估价/元
1	分部分项工程	46876.53	
1.1	建筑工程	46876.53	
2	措施项目	1241.61	
2.1	安全文明施工费	779.99	
3	其他项目	56116.29	
3.1	暂列金额	7086.29	
3.2	专业工程暂估价	40000	
3.3	计日工	6030	
3.4	总承包服务费	3000	
4	规费	4591.93	
5	税金	3835.91	
合计 =1 +2 +3 +4 +5		112662.27	

表 7-65　分部分项工程量清单与计价表

工程名称：××建筑装饰工程　　　　标段：　　　　第　页　共　页

序号	项目编码	项目名称	项目特征描述	计量单位	工程量	金额/元		
						综合单价	合价	其中：暂估价
本页小计								
合　计								

注：此表调用例题的分部分项清单与计价表。

表 7-66　措施项目清单与计价表

工程名称：××建筑装饰工程　　　　标段：　　　　第　页　共　页

序号	项目名称	计算基础	费率（%）	金额/元
1	环境保护费	人工费＋机械费（10611.92）	0.15	15.92
2	文明施工费	人工费＋机械费	1.4	148.57
3	安全施工费	人工费＋机械费	0.8	84.90
4	临时设施费	人工费＋机械费	5	530.60
5	夜间施工增加费	人工费＋机械费	0.05	5.31
6	缩短工期增加费	人工费＋机械费	3	318.36
7	二次搬运费	人工费＋机械费	1.2	127.34
8	已完工程及设备保护费	人工费＋机械费	0.1	10.61
合计				1241.61

注：该表费率参考《浙江省建设工程施工取费定额》（2003）。

表7-67 其他项目清单与计价汇总表

工程名称：××建筑装饰工程　　　　标段：　　　　　　　　　　第　页　共　页

序号	项目名称	计量单位	金额/元	备注
1	暂列金额	项	7086.29	一般按分部分项工程的10%～15%
2	暂估价		40000	
2.1	材料暂估价			
2.2	专业工程暂估价	项	40000	按有关规定估算
3	计日工		6030	
4	总承包服务费		3000	
合　计			56116.29	

注：第1、4项备注参考《房屋建筑与装饰装修工程工程量计算规范》。

材料暂估单价进入清单项目综合单价此处不汇总。

表7-68 计日工表

工程名称：××建筑装饰工程　　　　标段：　　　　　　　　　　第　页　共　页

编号	项目名称	单位	暂定数量	综合单价	合价
一	人工				
1	普工	工日	60	50	3000
2	技工(综合)	工日	20	70	1400
3					
4					
人工小计					4400
二	材料				
1					
2					
3					
4					
5					
6					
材料小计					
三	施工机械				
1	灰浆搅拌机	台班	2	20	40

（续）

编号	项目名称	单位	暂定数量	综合单价	合价
2	自升式塔式起重机	台班	3	530	1590
3					
4					
施工机械小计					1630
总　计					6030

注：此表项目名称由招标人填写，编制招标控制价时，单价由招标人按有关计价规定确定；投标时，单价由投标人自主报价，计入投标总价中。

表 7-69　规费税金项目清单与计价表

工程名称：××建筑装饰工程　　　　标段：　　　　第　页　共　页

序号	项目名称	计算基础	费率(%)	金额/元
1	规费	直接费＋综合费用	4.39	4591.93
1.1	工程排污费			
1.2	工程定额测定费			
1.3	社会保障费			
1.4	住房公积金			
1.5	危险作业意外伤害保险费			
2	税金			3835.91
2.1	税费	直接费＋综合费用＋规费	3.413	3726.71
2.2	水利建设基金	直接费＋综合费用＋规费	0.1	109.19
合计				8427.84

注：该表费率参考《浙江省建设工程施工取费定额》(2003)。

表 7-70　工程量清单综合单价分析表

工程名称：××建筑装饰工程　　　　标段：　　　　第　页　共　页

<table>
<tr><td colspan="2">项目编码</td><td colspan="2"></td><td colspan="2">项目名称</td><td colspan="3"></td><td colspan="2">计量单位</td><td></td></tr>
<tr><td colspan="12">清单综合单价组成明细</td></tr>
<tr><td rowspan="2">定额编号</td><td rowspan="2">定额名称</td><td rowspan="2">定额单位</td><td rowspan="2">数量</td><td colspan="4">单　价</td><td colspan="4">合　价</td></tr>
<tr><td>人工费</td><td>材料费</td><td>机械费</td><td>管理费和利润</td><td>人工费</td><td>材料费</td><td>机械费</td><td>管理费和利润</td></tr>
<tr><td></td><td></td><td></td><td></td><td></td><td></td><td></td><td></td><td></td><td></td><td></td><td></td></tr>
<tr><td colspan="2">人工单价</td><td colspan="6">小计</td><td></td><td></td><td></td><td></td></tr>
<tr><td colspan="2">元/工日</td><td colspan="6">未计价材料费</td><td colspan="4"></td></tr>
<tr><td colspan="8">清单项目综合单价</td><td colspan="4"></td></tr>
<tr><td rowspan="5">材料费明细</td><td colspan="5">主要材料名称、规格、型号</td><td>单位</td><td>数量</td><td>单价/元</td><td>合价/元</td><td>暂估单价/元</td><td>暂估合价/元</td></tr>
<tr><td colspan="5"></td><td></td><td></td><td></td><td></td><td></td><td></td></tr>
<tr><td colspan="5"></td><td></td><td></td><td></td><td></td><td></td><td></td></tr>
<tr><td colspan="7">其他材料费</td><td></td><td></td><td></td><td></td></tr>
<tr><td colspan="7">材料费小计</td><td></td><td></td><td></td><td></td></tr>
</table>

注：此表调用例题的工程量清单综合单价分析表。

四、竣工结算

××建筑装饰工程

竣工结算总价

中标价(小写):________　　　　(大写):__________________

结算价(小写):________　　　　(大写):__________________

发包人:________
(单位盖章)

承包人:________
(单位盖章)

工程造价
咨询人:______________
(单位资质专用章)

法定代表人
或其授权人:__________
(签字或盖章)

法定代表人
或其授权人:__________
(签字或盖章)

法定代表人
或其授权人:__________
(签字或盖章)

编制人:______________
(造价人员签字盖专用章)

核对人:__________________
(造价工程师签字盖专用章)

编制时间:　　年　月　日　　　　核对时间:　　年　月　日

封-4

注:此为承包人报送竣工结算的封面

××建筑装饰工程

竣工结算总价

中标价(小写):________　　　　(大写):____________________

结算价(小写):________　　　　(大写):____________________

发包人:________　　　　承包人:________　　　　工程造价咨询人:____________

(单位盖章)　　　　(单位盖章)　　　　(单位资质专用章)

法定代表人或其授权人:________　　　　法定代表人或其授权人:________　　　　法定代表人或其授权人:________

(签字或盖章)　　　　(签字或盖章)　　　　(签字或盖章)

编制人:______________　　　　核对人:________________

(造价人员签字盖专用章)　　　　(造价工程师签字盖专用章)

编制时间:　　年　月　日　　　　核对时间:　　年　月　日

封-4

注:此为招标人委托工程造价咨询人核对竣工结算的封面

总说明

工程名称：××建筑装饰工程　　　　　　　　　　　　　　　　第　页共　页

1. 工程概况：

(1)本工程建筑面积：93.69m^2。

(2)建筑构造及用料，做法：中南标 88ZJ001。

1)屋面：屋 5，二毡三油玛琋脂防水卷材。

2)地面：地 7。

3)内墙：内墙 3，卫生间、厨房白瓷砖做到顶棚。天棚做法同内墙 3。

4)外墙：外墙 8，部位及颜色见立面。

(3)室外装修及配件 88ZJ901。

1)散水：88ZJ901－3－4，宽 1000mm。

2)踢脚：88ZJ501－3－2。

(4)门窗表 88ZJ601，门框位于门洞中间，门框宽 100mm。

(5)基础计算按地基容许承载力标准值 f_k＝200kPa，土质为坚土。

(6)采用材料：

混凝土：基础垫层为 C10 级。

钢筋：Ⅰ级(HPB235)，Ⅱ级(HRB335)。

砌体：砖用 MU7.5 黏土砖，±0.000 以下用 M5 水泥砂浆砌，±0.000 以上用 M5 混合砂浆砌。

(7)梁柱箍筋的末端应做成不小于 135°弯钩，弯钩端头平直段长度不应小于 10d(d 为箍筋直径)。钢筋采用 135°弯钩，弯钩按 4.9d 计算；采用 180°弯钩，弯钩按 6.25d 计算。

(8)凡无梁通过的洞口均按 92ZG313 相应洞口的二级过梁考虑。

(9)未注明分布钢筋及架立筋，均为 ϕ6.5@250。

(10)内外墙均设 240mm×240mm 圈梁，配筋同地圈梁。

(11)窗 C－2、C－3 的过梁为现浇构件，其他门、窗过梁均为预制构件。

2. 竣工结算编制依据

(1)施工合同，投标文件，招标文件

(2)竣工图，发包人确认的完成工程量和索赔及现场签证资料

(3)省建设主管部门颁发的计价定额和计价管理办法及有关计价文件

(4)省工程造价管理机构发布的人工费调整文件

3. 核对情况说明：本工程合同价为 112727 元，结算价为 112394.14 元。结算价中包括专业工程结算价款

注：此表为承包人报送竣工结算总说明

总说明

工程名称：××建筑装饰工程　　　　第　页　共　页

1. 工程概况：

(1)本工程建筑面积：93.69m^2。

(2)建筑构造及用料，做法：中南标88ZJ001。

1)屋面：屋5，二毡三油玛琋脂防水卷材。

2)地面：地7。

3)内墙：内墙3，卫生间、厨房白瓷砖做到顶棚。天棚做法同内墙3。

4)外墙：外墙8，部位及颜色见立面。

(3)室外装修及配件88ZJ901。

1)散水：88ZJ901－3－4，宽1000mm。

2)踢脚：88ZJ501－3－2。

(4)门窗表88ZJ601，门框位于门洞中间，门框宽100mm。。

(5)基础计算按地基容许承载力标准值$f_k=200kPa$，土质为坚土。

(6)采用材料：

混凝土：基础垫层为C10级。

钢筋：Ⅰ级(HPB235)，Ⅱ级(HRB335)。

砌体：砖用MU7.5黏土砖，±0.000以下用M5水泥砂浆砌，±0.000以上用M5混合砂浆砌。

(7)梁柱箍筋的末端应做成不小于135°弯钩，弯钩端头平直段长度不应小于$10d$(d为箍筋直径)。钢筋采用135°弯钩，弯钩按$4.9d$计算；采用180°弯钩，弯钩按$6.25d$计算。

(8)凡无梁通过的洞口均按92ZG313相应洞口的二级过梁考虑。

(9)未注明分布钢筋及架立筋，均为φ6.5@250。

(10)内外墙均设240mm×240mm圈梁，配筋同地圈梁。

(11)窗C－2、C－3的过梁为现浇构件，其他门、窗过梁均为预制构件。

2. 竣工结算编制依据

(1)承包人报送的竣工结算

(2)施工合同，投标文件，招标文件

(3)竣工图，发包人确认的完成工程量和索赔及现场签证资料

(4)省建设主管部门颁发的计价定额和计价管理办法及有关计价文件

(5)省工程造价管理机构发布的人工费调整文件

3. 核对情况说明：本工程合同价为112727元，结算价为112394.14元。结算价中包括专业工程结算价款

注：此表为发包人核对竣工结算总说明

表 7-71 工程项目竣工结算汇总表

工程名称：××建筑装饰工程　　　　标段：　　　　　　　　　　　　　　第　页　共　页

序号	单项工程名称	金额/元	其中		
			暂估价	安全文明施工费	规费
1	某建筑物工程	112394.14	40000	779.99	4566.19
合计		112394.14	233.46	4566.19	

表 7-72 单项工程竣工结算汇总表

工程名称：××建筑装饰工程　　　　标段：　　　　　　　　　　　　　　第　页　共　页

序号	单项工程名称	金额/元	其中		
			暂估价	安全文明施工费	规费
1	某建筑物工程	112394.14	40000	779.99	4566.19
合计		112394.14	40000	779.99	4566.19

7-73 单位工程竣工结算汇总表

工程名称：××建筑装饰工程　　　　　　　　　　　　　　　　　　　　第　页　共　页

序号	汇总内容	金额/元
1	分部分项工程	46876.53
1.1	建筑工程	46876.53
2	措施项目	1241.61
2.1	安全文明施工费	779.99
3	其他项目	55530.00
3.1	索赔与现场签证	6500
3.2	专业工程暂估价	40000
3.3	计日工	6030
3.4	总承包服务费	3000
4	规费	4566.19
5	税金	3814.41
竣工结算总价合计 = 1 + 2 + 3 + 4 + 5		112028.74

表 7-74　分部分项工程量清单与计价表

工程名称：××建筑装饰工程　　　　标段：　　　　第　页　共　页

序号	项目编码	项目名称	项目特征描述	计量单位	工程量	金额/元		
						综合单价	合价	其中：暂估价
本页小计								
合　计								

注：此表调用例题的分部分项清单与计价表。

表 7-75　措施项目清单与计价表

工程名称：××建筑装饰工程　　　　标段：　　　　第　页　共　页

序号	项目名称	计算基础	费率(%)	金额/元
1	环境保护费	人工费＋机械费(10611.92)	0.15	15.92
2	文明施工费	人工费＋机械费	1.4	148.57
3	安全施工费	人工费＋机械费	0.8	84.90
4	临时设施费	人工费＋机械费	5	530.60
5	夜间施工增加费	人工费＋机械费	0.05	5.31
6	缩短工期增加费	人工费＋机械费	3	318.36
7	二次搬运费	人工费＋机械费	1.2	127.34
8	已完工程及设备保护费	人工费＋机械费	0.1	10.61
合计				1241.61

注：该表费率参考《浙江省建设工程施工取费定额》(2003)。

表 7-76 其他项目清单与计价汇总表

工程名称：××建筑装饰工程　　　　标段：　　　　第　页　共　页

序号	项目名称	计量单位	金额/元	备注
1	暂列金额	项	—	参看表 7－46
2	暂估价		40000	
2.1	材料暂估价			
2.2	专业工程暂估价	项	40000	按有关规定估算
3	计日工		6030	
4	索赔与现场签证		6500	
5	总承包服务费		3000	
合　计			55530.00	

注：第 1、4 项备注参考《房屋建筑与装饰装修工程工程量计算规范》。

材料暂估单价计入清单项目综合单价，此处不汇总。

表 7-77 计日工表

工程名称：××建筑装饰工程　　　　标段：　　　　第　页　共　页

编号	项目名称	单位	暂定数量	综合单价	合价
一	人工				
1	普工	工日	60	50	3000
2	技工（综合）	工日	20	70	1400
3					
4					
人工小计					4400
二	材料				
1					
2					
3					
4					
5					
6					
材料小计					
三	施工机械				
1	灰浆搅拌机	台班	2	20	40

（续）

编号	项目名称	单位	暂定数量	综合单价	合价
2	自升式塔式起重机	台班	3	530	1590
3					
4					
施工机械小计					1630
总　计					6030

注：此表项目名称由招标人填写，编制招标控制价时，单价由招标人按有关计价规定确定；投标时，单价由投标人自主报价，计入投标总价中。

表 7-78　规费税金项目清单与计价表

工程名称：××建筑装饰工程　　标段：　　第　页　共　页

序号	项目名称	计算基础	费率(%)	金额/元
1	规费	直接费+综合费用	4.39	4566.19
1.1	工程排污费			
1.2	工程定额测定费			
1.3	社会保障费			
1.4	住房公积金			
1.5	危险作业意外伤害保险费			
2	税金			3814.41
2.1	税费	直接费+综合费用+规费	3.413	3705.83
2.2	水利建设基金	直接费+综合费用+规费	0.1	108.58
合计				8380.60

注：该表费率参考《浙江省建设工程施工取费定额》(2003)。

表 7-79　工程量清单综合单价分析表

工程名称：××建筑装饰工程　　标段：　　第　页　共　页

项目编码		项目名称		计量单位	

清单综合单价组成明细											
定额编号	定额名称	定额单位	数量	单价				合价			
				人工费	材料费	机械费	管理费和利润	人工费	材料费	机械费	管理费和利润
人工单价		小计									
元/工日		未计价材料费									
清单项目综合单价											

材料费明细	主要材料名称、规格、型号	单位	数量	单价/元	合价/元	暂估单价/元	暂估合价/元
	其他材料费						
	材料费小计						

注：该表调用例题的工程量清单综合单价分析表。

表7-80　工程款支付申请(核准)表

工程名称:××建筑装饰工程　　　　　　　　标段:　　　　　　　　　　　编号:××

致:（发包人全称）

我方于______年___月____日致______年_____月____日期间已完成了____工作,根据施工合同的约定,现申请支付本期的工程款额为(大写)叁万元,(小写)30000元,请予核准:

序号	名称	金额/元	备注
1	累积已完成的工程价款	70000	
2	累积已实际支付的工程价款	40000	
3	本周期已完成的工程价款	40000	
4	本周期完成的计日工金额		
5	本周期应增加和扣减的变更金额		
6	本周期应增加和扣减的索赔金额		
7	本周期应抵扣的预付款		
8	本周期应扣减的质保金		
9	本周期应增加或扣减的其他金额		
10	本周期实际应支付的工程价款	30000	

承包人(章)

承包人代表:________

日期:____年____月____日

复核意见:	复核意见:
□与实际施工情况不相符,修改意见见附件。 ☑与实际施工情况相符,具体金额由造价工程师复核 监理工程师:________ 日　期:______年____月____日	你方提出的支付申请经复核,本期间已完成工程款额为(大写)肆万元,(小写)40000元,本期间应支付金额为(大写)叁万元,(小写)30000元。 造价工程师:________ 日　期:______年____月____日

审核意见:

□不同意。

☑同意,支付时间为本表签发的15天内。

发包人(章)

发包人代表:________

日　期:______年____月____日

表 7-81　费用索赔申请(核准)表

工程名称:××建筑装饰工程　　　　标段:　　　　编号:××

致:(发包人全称)

根据施工合同条款____条的约定,由于______原因,我方要求索赔金额(大写)叁仟元,(小写)3000 元,请予核准。

附:1. 费用索赔的详细理由和依据:根据发包人"关于暂停施工通知"

2. 索赔金额的计算(略)。

3. 证明材料:监理工程师确认的现场人工、机械、周转材料数量及租赁合同

承包人(章)

承包人代表:________

日期:____年____月____日

复核意见:	复核意见:
根据施工合同条款第____条的约定,你方提出的费用索赔申请经复核: □不同意此项索赔,具体意见见附件。 ☑同意此项索赔,索赔金额的计算,由造价工程师复核。 监理工程师:________ 日　期:____年____月____日	根据施工合同条款第____条的约定,你方提出的费用索赔申请经复核,索赔金额为(大写)叁仟元,(小写)3000 元。 造价工程师:________ 日　期:______年____月____日

审核意见:

□不同意此项索赔。

☑同意此项索赔,与本期进度款同期支付。

发包人(章)

发包人代表:________

日　期:______年____月____日

注:1. 在选择栏中的"□"内作标识"√"。

2. 本表一式四份,由承包人填报,发包人、监理人、造价咨询人、承包人各存一份。

表 7-82　现场签证表

工程名称：××建筑装饰工程　　　　标段：　　　　编号：xx

<table>
<tr><td>施工部位</td><td></td><td>日期</td><td>xxx 年 x 月 x 日</td></tr>
<tr><td colspan="4">致：（发包人全称）
根据____（指令人姓名）______年____月____日的口头指令，我方要求完成此项工作应支付的价款金额为（大写）叁仟伍佰元，（小写）3500 元，请予核准。
附：1. 签证事由及原因：由具体工程而定
2. 附图及计算式（略）

承包人（章）
承包人代表：________
日期：____年____月____日</td></tr>
<tr><td colspan="2">复核意见：
你方提出的此项签证申请经复核：
□不同意此项签证，具体意见见附件。
☑同意此项签证，签证金额的计算，由造价工程师复核。

监理工程师：________
日　期：______年____月____日</td><td colspan="2">复核意见：
☑此项签证按承包人中标的计日工单价计算，金额为（大写）叁仟伍佰元，（小写）3500 元。
□此项签证因无计日工单价，金额为（大写）________元，（小写）________元。

造价工程师：________
日　期：______年____月____日</td></tr>
<tr><td colspan="4">审核意见：
□不同意此项索赔。
☑同意此项索赔，与本期进度款同期支付。

发包人（章）
发包人代表：________
日　期：______年____月____日</td></tr>
</table>

注：1. 在选择栏中的“□”内作标识“√”。

2. 本表一式四份，由承包人在收到发包人（监理人）的口头或书面通知后填报，发包人、监理人、造价咨询人、承包人各存一份。